Inhalt

Vorwort

Liebe Leserin, lieber Leser,
dieses Buch geht wahrhaft zu Herzen. Es ist eine großartige Liebeserklärung an unsere Hunde und an das Leben, oft zum Lachen und manchmal zum Weinen. Karin schildert sehr liebevoll und aufrichtig, was viele Hundebesitzer aus ihrem eigenen Erleben bestens kennen: eine aufregende Reise mit ihrem vierbeinigen Freund. Nicht nur im Alltag, sondern auch auf der Suche nach dem richtigen Verhaltensberater für sich und ihren Hund Billy – mit all den Rückschlägen und Fortschritten, mit den großen und kleinen Dramen im Leben von Mensch und Hund.

Es ist ein Buch, das anderen Hundebesitzern Mut macht. Karin zeigt an ihrer eigenen Geschichte, dass die gute Absicht allein manchmal nicht ausreicht – und dass es nie zu spät ist, einen neuen Weg einzuschlagen. Wer für sich und seinen Hund nach kompetenter Unterstützung sucht, wer offen ist für Neues und für ein verändertes Verhalten und wer bereit ist für ein konsequentes Umsetzen des Gelernten, der kann diesen Weg gehen. Wir dürfen Karin in diesem Buch auf diesem Weg begleiten.

Und auch ich durfte das tun. Ich kann mich noch genau daran erinnern, als ich Karin und Billy das erste Mal in ihrem Haus besucht habe. Wie habe ich mich gefreut, dass ich in diesem autobiografischen Buch vorkommen darf! Karin schildert in ihrer wunderbaren Geschichte, was auch für mich als Hundetrainerin das ganz Besondere an meiner Berufung ist: Ich darf Menschen begegnen und begleiten, die sich das Beste für ihren Hund wünschen; die ihren Hund lieben und ihm in einem gemeinsamen Leben als Partner und Freund gerecht werden wollen. Begegnungen wie zwischen Karin und mir sind es, die mir Bestätigung und Erfüllung geben in meinem Hundetrainer-Dasein.

Das harmonische Miteinander, zu dem Karin und Billy schließlich finden, ist keine Zauberei. Nach meiner Erfahrung kann das ganz einfach sein – wenn man das hündische Verhalten verstehen lernt und wenn man sich darauf einlässt, sein eigenes Verhalten gegenüber dem Hund so zu gestalten, dass es für den Vierbeiner lesbar ist und berechenbar wird. So wird der Mensch in der Wahrnehmung des Hundes zu einem verlässlichen, fairen Partner.

Das A und O dafür sind die verhaltensbiologischen, wissenschaftlichen Grundlagen unserer Hundetrainer-Arbeit. Wir Menschen wissen inzwischen so viel über die Spezies Hund, dass alle Voraussetzungen dafür gegeben sind, den Hund als Hund wahrzunehmen, ohne veraltete Rangordnungstheorien heranzuziehen, die doch nur auf den Vorstellungen von uns Menschen beruhen.

Der Weg zum guten Miteinander mag manchmal steinig sein, aber er lohnt sich, wie Karin so anschaulich und unterhaltsam zeigt. In einer Zeit, in der wir manchmal atemlos nach schnellen Lösungen suchen, zeigt ihre Geschichte, wie wichtig es ist, auf unser Herz zu hören und nicht nur mit dem Hund, sondern auch mit uns selbst achtsam umzugehen.

Ich lade Sie ein, sich auf diese Reise einzulassen, mit offenem Herzen und offenem Geist. Lassen Sie sich berühren, lassen Sie sich inspirieren und finden Sie vielleicht sogar ein Stück Ihrer eigenen Geschichte in den Erlebnissen von Karin und Billy wieder.

Danke, Karin, für dieses aufrichtige und bewegende Buch. Es wird vielen Hundebesitzern Trost, Freude und Inspiration schenken.

Viel Spaß beim Lesen,
Ihre Stephanie Lang von Langen
Tierpsychologin, Hundetrainerin und Ausbilderin

2006
Nie wieder Rockstars

»Schau ihn dir wenigstens an.« Meine Nachbarin hat eine Annonce ausgedruckt. Platziert sie strategisch schlau zwischen unseren Kaffeetassen.

»Ähm …«, sage ich. Und dreh mich weg, um die Espressokanne noch mal zu stopfen.

Ich werde *nicht* auf die Annonce schauen. Ich habe mein Leben *sehr gut* sortiert, endlich einmal. Extrem übersichtlich. Unter Vermeidung jeglicher Aufregung und Zweifel. Es gibt mich, meinen lila Fernsehstuhl und ab 14 Uhr die tägliche Etappe Tour de France. Ich komme hervorragend klar.

»Ich glaube wirklich, dass er zu dir passt.« Meine Nachbarin lächelt die Annonce an und dann mich. Sie heißt Mathilde, aber alle sagen Tilo. Sie ist wie eine große Schwester zu mir und wahrscheinlich hält sie's nicht aus, wie ich lebe. Allein. In meiner 50 Quadratmeter großen Dachgeschosswohnung.

»Passt schon«, murmle ich. »Mir geht's gut.«

»Jeder Mensch braucht jemanden!«, lächelt sie. »Ich seh euch schon richtig zusammen. Ich *fühl's*.«

Ihre Hände streichen über das Foto. Mein Gott. Man kann ja fast nicht *nicht* hinschauen.

Er ist ein Rockstar. Bernsteinaugen, geschmeidig wie ein Tiger, Tennisball im Maul.

»Wir könnten gemeinsam Gassi gehen«, sagt Tilo. Immer, wenn sie was durchsetzen will, klingt ihre Stimme wie Glitzer. »Du kannst ja nicht ewig hier oben eingeigelt bleiben.«

»Doch«, sage ich. Und wünsche mir einen Topf Spaghetti mit Ketchup und Mayonnaise. Tilo würde nicht im Traum Ketchup und Mayonnaise auf *irgendwas* tun.

Ich mache eine Prozedur daraus, die Kaffeekanne auf der Herdplatte zu bewachen. *Vielleicht*, damit ich nicht noch mal auf das

Foto schaue. Weil:

»In den verlieb ich mich. Kenn ich alles. Mach ich nie wieder.«
Tilo legt ungläubig ihre grazile Hand auf die Annonce. »Das kannst du doch nicht vergleichen!«

»Doch. Genau das vergleich ich.«
Sie rührt in ihrem Espresso, während ich Milch schäume für meinen. Tilos Augen sind voller Verständnis. Voller Güte. Diese Art Güte... können nur Menschen haben, die oberhalb der Chaosgrenze leben. Nicht wie ich, vom Schreiben für eine Vorabendserie, ein Job, für den ich »viel zu kantig denke, das will der Fernsehzuschauer nicht«.

Tilo nippt an ihrer Tasse. Wortlos.

»Es muss ja kein Hund sein«, nuschle ich und überflute meinen Kaffee mit Milchschaum. »Ich hol mir ein anderes Tier. Ich mag zum Beispiel gerne... Fische. Ich hol mir einen Fisch.«
Tilo nimmt keine Milch im Kaffee. Zucker auch nicht. Niemals. Ihre schmalen Finger rühren trotzdem. Elegant. »Ein Fisch ist kein Sozialpartner.«

»Einem Fisch kann ich alles erzählen. Ein Fisch ist immer da, wo ich ihn haben will. Für einen Fisch muss ich kein anderer Mensch werden. Ein Fisch ist der *perfekte* Sozialpartner.«

»Ein Hund freut sich, wenn du nach Hause kommst. Ein Hund geht mit dir laufen. Ein sportlicher wie der da...« Sie schiebt die Annonce, auf die ich *nicht* schaue, näher zu mir: »... kann auch mit zum Radfahren. Auf Skitouren. Baden am See.«
Ich weigere mich, die Buchstaben zusammenzusetzen. Nein, nicht mal die Überschrift...

Sportlicher, temperamentvoller Labrador-Mix sucht den einen Menschen, dem er vertrauen kann.
Oh Mann.

Ich schüttle den Kopf. Ich *bin* nicht »der eine Mensch«. Für niemanden. Auch nicht für einen hübschen Labrador-Mix. Und Rad fahren, Skitouren oder baden am See geh ich schon lange nicht mehr.

Tilo hat einen Golden Retriever. Gonzo. Gonzo betet Tilo an. Für Gonzo besteht die ganze Welt nur aus Tilo. Tilo hat Gonzo mit dem kleinen Finger unter Kontrolle. Tilo hat auch *ihr Leben* mit dem kleinen Finger unter Kontrolle.

Ich bin 30. Aber ich schwöre, irgendwas unter Kontrolle – hatte ich noch keine einzige Sekunde. Ich schiebe die Annonce zurück zu Tilo. Ich glaube, sie wird sie auf meinem Küchentisch liegen lassen, wenn sie wieder geht. Und in den Untiefen meines Gehirns weiß ich, dass sie recht hat.

Aber einer wie der da ist gefährlich. Für mich zumindest. Nie wieder werde ich mich an ein Lebewesen verlieren, das auch nur eins der folgenden Attribute besitzt: Männlich. Gut aussehend. Selbstbewusst. Und ein Rockstar.

Nach dem letzten Exemplar dieser Art – andere Spezies, aber gleiches Prinzip – bin ich nach Indien gefahren, um halbwegs von ihm wegzukommen. Ashram. Ayurveda. Himalaya. Das ganze Programm. Ich bin geläutert. Erleuchtet. Im Reinen mit dem, was ist. Und, glauben Sie mir, es war kein Spaß.

Das wird mir auf keinen Fall noch mal passieren. Es wird für mich nur noch neutrale, sichere, überschaubare Kontakte geben. Simple, angenehme Beziehungen. Fische.

Keine Rockstars.

Mann oder Hund.

Einfach keine Rockstars.

Ich warte, bis Tilo ihren Kaffee ausgetrunken hat. Ihr Leben ruft. Kinder, Schule, Haushalt, ein gut laufendes Steuerbüro, Papagei, Friseur, Pilates, Golden Retriever.

Sie küsst mich auf die Wange, wünscht mir alles Beste und ich soll sie anrufen! Vielleicht mal Gassi gehen, mit Gonzo, und …

»Schau ihn dir wenigstens an.«

Ein Hauch von Chanel wabert um mich herum, als ich die Wohnungstür hinter ihr schließe. Klack-klack-klack machen Tilos

Absätze auf der alten Treppe. Elegant und leicht. Für einen Moment horche ich. Horche ihr nach und höre ein Klopfen, das nicht von ihren Schritten kommt, sondern von mir. *Ba-bumm. Ba-bumm.* Herz. Klopft. Unbeirrbar. Einfach ein Muskel, der seinen Job macht. Kein Grund zur Aufregung.

Dann geht die Haustür.

Und dann Stille. Ruhe.

Ruhe, in der ich die Falten in meinem T-Shirt rascheln höre. Vollkommene Ruhe. Durchschnaufen. Allein. Allein ist der beste Zustand. Das ist einfach so.

Aber dann, wenn die Schritte verhallt sind und die Wohnung leer, ist es ... Dann sehe ich die Schatten. Dunkle Flecken, die mein Leben auf mir hinterlassen hat. Die sich ausbreiten wie Tentakel, nach mir greifen. Die Ruhe ist eine Krake.

»Schau ihn dir wenigstens an«, hat Tilo gesagt.

Schau ihn dir wenigstens an.

Ich falte die Annonce. Ins Altpapier damit. So macht es die Vernunft. Das ist der kluge Weg. Ich gehe den klugen Weg.

Es ist jetzt 11.30 Uhr. Noch drei Stunden, bis die elfte Etappe anfängt. Das Feld hat die Berge erreicht. Die Tour de France rettet meine Nachmittage. Ich sehe die Terminator-Beine in die Pedale treten. Treten, treten, treten. Immer gleich. Sausen sie dahin. Bis ich vom Zuschauen in Trance verfalle. Treten, treten, treten. Keine Gedanken mehr. Keine Fragen. Nichts, was ich tun muss. Bis fast halb sechs.

Schau ihn dir wenigstens an.

Längst ist es meine eigene Stimme, die das sagt. Wie ein Ohrwurm. Ich fange an in Schubladen zu kramen. Um ihn nicht mehr zu hören, den Ohrwurm. Ich habe aufgehört zu rauchen. Noch nicht sehr lange her, aber dieses Mal definitiv. Keine Sucht mehr für mich: Zigaretten nicht, Liebe nicht und Hoffnung auf ein glückliches Leben oberhalb der Chaosgrenze auch nicht.

Ich könnte Staub saugen, bis die Etappe anfängt. Mein Bettzeug raushängen. Ordnung und Klarheit schaffen.

Genau. Das mach ich.

Und wie ich meine beiden Küchenstühle wegrücke, damit ich mit meiner Düse unter den Tisch komme, denke ich: Wie groß ist er gleich noch mal… 62 Zentimeter. Das ist ungefähr so hoch wie der Stuhl, oder? Ich messe nach. Der Stuhl hat 40. Okay. 62 ist groß. Aber aussehen tut er richtig toll.

Ba-bumm. Ba-bumm. Macht mein Herz.

Kein Problem. Ein Herz ist ein Muskel. Bloß ein Muskel. Und ich sauge weiter.

Vernünftig sein ist so viel sinnvoller. Gleichgewicht halten. Auf der sicheren Seite bleiben. Ruhig werden. Zielgerichtet. Kein Erdbeben mehr sein.

Ich muss einfach weitersaugen. Ich konzentriere mich. Auf den Boden. Die Brösel…

Bevor ich sie stoppen kann, grabscht meine Hand nach dem gefalteten Papier. Er schaut direkt in die Kamera. Zum Eisbergeschmelzen. Eisberge wie mein Herz.

Ich lese:

Billy-Joe ist im Grunde seines Herzens ein toller Kerl. Nur manchmal reagiert er noch (zu) stark auf seine Umgebung. Trotz seiner Größe ist er ein sehr unsicherer Hund. Neue Menschen und Situationen bringen ihn leicht aus dem Gleichgewicht. Billy-Joe wünscht sich einen Menschen, dem er sein Vertrauen schenken kann und der ihm die sportliche Auslastung bieten kann, die er braucht. Kinder sollten nicht in seinem Haushalt leben.

Er ist hübsch. Viel zu hübsch. Viel zu viele Dinge gleichzeitig in seinem Blick. Gute, witzige Dinge. Ein Sunnyboy-Grinsen. Aber auch die anderen. Die dunklen, glühenden, alles durchdringenden Dinge. Zerbrochen und überlebt.

Ba-bumm. Ba-bumm. Macht mein Herz.

Er ist wie ich.

Da ist ein Fühlen. Eine Verbindung. Wie ein unsichtbarer Faden, von ihm zu mir…

Ich schiebe die Annonce weg. Ans südlichste Ende meines Küchentischs. Es ist bloß ein Foto. Eine Momentaufnahme. Den Rest bilde ich mir ein. Reine Projektion. Alles gut, ich fahr da nicht hin. Auf keinen Fall. Keine Fäden zu irgendwelchen Herzen. Nix mehr. Ich bin ein Hochhaus. Aus Stahlbeton und Glas. Da kommt niemand rein. Die… können mich alle.

Ich ihn auch, übrigens. Wie sich knapp zweieinhalb Stunden später rausstellen wird.

Ich parke meinen VW Passat mit Kilometerstand 387.002 in der Garageneinfahrt einer Villa in Grünwald. Ich klingle. Warte auf den Türsummer. Ein diskretes *Bsss.* Mehr nicht. Keine Sprechanlage, kein »Hallo, kommen Sie rein«. Nur *Bsss.*

Ich schiebe mich durch das schmiedeeiserne Gartentor auf das parkähnliche Anwesen. Krasses Grundstück. Uralte Bäume. Eichen. Zypressen. Ein Tulpenbaum. Moosbewachsene Wege. Eine Steinskulptur. Der Garten umhüllt mich, in Dunkelgrün, wie ein Geheimnis.

Nach Tierschutzverein sieht's hier allerdings nicht aus.

Vielleicht bin ich falsch? Stimmt die Hausnummer? Solche Häuser haben nie Hausnummern. Ich schleiche zur Haustür und klingle dort.

Das Gebell von 100 Höllenhunden bricht los, irgendwo im Inneren dieser Villa. Das heißt, ich bin hier doch richtig.

Ich höre mein Herz klopfen. Laut und aufgeregt, gegen meine Rippen. Wahrscheinlich fängt es an zu hoffen, mein Herz. Genau, was ich nicht brauche.

Ich werde bis 30 zählen, dann bin ich raus. Ich bin ein Hoch-haus. Ich brauche nichts und niemanden und ALLEIN ist ein perfekter Zustand. Bei 28 schiele ich durch eins der gewölbten Glaselemente in der Haustür. Eine absolute Scheußlichkeit aus Mahagoni, die Zierleisten mit Diamantrelief. Wer *macht* bitte so was!? Hoffentlich ist das ein Imitat, denke ich. Fake-Dekor statt Tropenholz. Ich erahne einen Garderobenspiegel, drinnen im Flur. Darüber ein gerahmtes Hand Lettering. Ich lese:

Dass einmal das Wort »Tierschutz« geschaffen werden musste, ist eine der blamabelsten Angelegenheiten der menschlichen Entwicklung. Theodor Heuss.

Jemand hat mich gesehen. Die Tür wird geöffnet. Das Hundegebrüll brandet auf. Und ich werde überrannt.

Eine *Meute* katapultiert sich aus dieser unsäglichsten aller Haustüren. Die Hälfte rast an mir vorbei, in den Garten. Ein paar Terrier kläffen mich an. Ein zottliger junger Hirtenhund macht neben mir Sitz und schleckt meine Hand ab, und zwei Bärentatzen landen auf meiner Schulter. Ein Berner Sennenhund.

Im Dunst seines Leberwurstatems verstehe ich Menschen, die Angst vor Hunden haben. Ich schiebe das Fellkalb weg. Die Terrier haben auch genug von mir und flitzen zur Rosenhecke, um dort geschäftig alle halbe Meter ins Gezweig zu pinkeln. Nur ein Hund, ein wunderschöner Setter, bleibt neben der Frau stehen, die als Letzte in der Tür erscheint. Blauschwarze Föhnmähne, Kunstfellpashmina, Leopardenleggins, orangefarbener Lippenstift. »Ich bin Gabriele«, lächelt sie. »Wir haben telefoniert.«

Ich nicke. Strecke ihr die Hand hin. Von meinem Unterarm baumelt ein Sabberfaden. Aber da drückt mich Gabriele schon an ihre Brust: »Kommen Sie rein, dann erklär ich Ihnen alles.« Ich zögere. Suche eine Lösung für den Sabberfaden in meinen Hosentaschen. Und in meinem latent panischen Kopf eine Ausflucht. Eine höfliche Erklärung, warum das jetzt doch nichts für mich ist mit einem Hund.

Der junge Hirtenhund lehnt sich treu schnaufend an mich. »Das ist Samson«, gurrt Gabriele. »Den lieben wir alle, gell, Samson.«

Gleichzeitig streift mich ein Windhauch. Unmerklich. Nur ein Luftzug. Etwas wischt aus der Tür. Schwarz und geschmeidig. Ah. Den hätte ich beinah übersehen. In federnden Sprüngen zieht er seinen Kreis, als wären wir alle nicht existent. Gabriele nicht. Ich nicht. Oder die anderen Hunde. Nach gut 40 Metern dreht er den Kopf. Mit einem Blick direkt in meine Augen. Bernstein. Ein Blick, den ich mehr fühle als sehe. Und dann verschwindet er hinter den Sträuchern. Vom Erdboden verschluckt.
Das ist er.

Meine Augen bleiben an den Sträuchern hängen. Als wüssten sie nicht, wohin sie jetzt schauen sollten, ohne den schwarzen Hund. Es sind viele Sträucher. Stachelbeeren, größtenteils. Solche hatte meine Oma, hinter ihrem Gasthaus.
Stachelbeeren.
Es ist wie ein Stolpern in ein Luftloch. Diese Sträucher, wie bei meiner Oma. Und der dazugehörige Opa. Wie er mich jedes Mal gefunden hat, bei den Sträuchern, an dem Holzzaun hinter dem Gasthaus, an das ich endlich nicht mehr denke. Hör mir bloß auf mit Stachelbeeren.
Alles klar. Ich werde mich jetzt bei Gabriele entschuldigen, weitere 60 Kilometer auf meinen geschundenen Tacho brummen und die Sache vergessen. Ich bin ein Hochhaus.
Stattdessen höre ich mich fragen: »Der schwarze Hund kann aber nicht abhauen, oder?« Ich spähe um das Haus herum. Das Grundstück hat einen Palisadenzaun. 1,60 m hoch. Sinnvoll, mitten in Grünwald, Villa neben Villa, mit 15 Hunden, die ohne so einen Zaun hemmungslos den Kompost vom Nachbarn leer fressen und dann auf den *gelandscapeten* Rasen kacken

würden. Nein, der schwarze Hund kann sicher nicht abhauen. Nicht zu den Nachbarn. Nicht auf die Straße. Außerdem ist er Gabrieles Problem. Nicht meins. *Nicht* meins. Weil ich jetzt nämlich wieder heimfahre.

»Ach, unser Freigeist«, trällert Gabriele neben meinem Ohr. »Der muss zuerst seine Runden drehen.« Sie lächelt. »Er ist sehr besonders. Unser Billy-Joe.« Gabriele klingt, als könnte sie in seine Seele schauen. Als würde er mit seiner innersten Wahrheit eben *nicht* sagen, wir können ihn alle mal...

Trotzdem. Ihr Problem. Nicht meins. »Freigeister sind schwer zu vermitteln«, murmle ich und will gehen.

Aber Gabriele lacht mich direkt an: »Ja, nur an Gleichgesinnte.« Sie streift dabei meine Schulter mit ihrer gebräunten Hand. »Kaffee?«

Sie ist *wirklich* herzlich. Das weiß ich vom Telefon. Ich weiß aber auch, dass das hier ihr Geschäft ist. Jeder vermittelte Hund bedeutet Business. Tierschutz hin oder her.

Aber Gabriele ist ein Profi. Sie sagt, sie erkennt, wenn zwei Seelen zusammengehören... Überzeugend. Oder sie spielt es so gut, dass man's ihr abnimmt. Genauso wie ihre Haustür.

Sie hat mich, denkt sie.

Aber sie hat mich *nicht*.

Exakt 158 Minuten später hockt er auf der Rückbank meines Passats.

Billy-Joe. Elf Monate alt. Groß. Schwarz. Schneeweiße Zähne.

Ich bin 280 Euro los und habe einen Schutzvertrag unterschrieben, mit Ausschluss- und Haftungsklauseln, vor denen ich fast Angst kriege.

Aber zu spät. Wir fahren auf die Autobahn.

Ich bereue zutiefst, dass ich Gabriele nicht nach einer Toilette gefragt habe. Während Billy-Joe mit halb geschlossenen Augen aus dem Fenster linst. Draußen läuft eine Naturdoku, nur für

ihn. Wiesen. Kühe. Ein Bach. Mein iPod spielt Pearl Jam. Und er sieht aus, als könnte er das komplette Album mitsingen. Als wär's immer schon so gewesen. Ich fahre. Mein Hund lehnt lässig an der Rückbank. Und wir lieben Pearl Jam.
Wir.
Ich und mein Hund.
So viel zu Konsequenz, Klugheit und Vernunft.

Die Erkenntnis trifft mich mit der Durchschlagskraft eines Kometen. Kurz vor Holzkirchen.

Ich habe einen Hund. Krass. Ich brauch Luft. Ich muss die Scheiben runterkurbeln. Mit der Hand. Mein Passat hat noch Fensterkurbler. Es ist mitten im Juli, aber kalt wie im Winter. Meine Haare fangen sich im Fahrtwind und Billy-Joe macht dieses Hundeding mit seiner Nase. Dieses In-der-Luft-Schnuppern. Dann niest er. Und schnuppert noch mal. Seine Lefzen verziehen sich zu einem Hundegrinsen. Er ist wie einer dieser Surfertypen mit ihren zerschundenen Rucksäcken, die am Irschenberg Autostopp machen. Destination Südfrankreich. Atlantik. Ich hab mir oft vorgestellt, wie das ist. So frei zu sein. Egal, was die Welt von dir will, keine Kohle, nur eine *Blues Harp* in der Tasche und die Sonne.
Nur irgendwie... ist das Maximum an Tramperfreiheit in meinem Leben der blaue Daunenschlafsack in meinem Kofferraum. So gut wie unbenutzt. Mittlerweile riecht er wie ein toter Hase, wenn man ihn entstülpt. Aber dabei hab ich ihn immer. Und eine Stirnlampe.
Ich merke, dass ich länger in den Rückspiegel schaue als auf die Straße. Ich habe einen Hund! Sein samtglänzendes Fell. Seine goldenen Augen. Seine muskelbepackte Brust mit dem weißen Fleck drauf und die schwarzen Pfoten. Wenn ich wegschaue, fehlt mir was. Innerlich. Als ob Billy-Joe... mein Herz füllt. Er füllt mein Herz.

»WhFF«, macht er. Von draußen tönt es: »QUAAA, QUAAA, QUAAA!« Und ein Schwarm mittelgroßer Vögel rudert sich mit viel Anlauf in den Himmel.

»WHOFFF!«

»Enten«, erkläre ich. Sein Blick studiert mich. Hellwach. Wie ein Radar ist er. Dann lehnt er sich wieder zum Fenster. Fast stößt sein Kopf an die Decke. Ja, er ist ziemlich groß. Größer, als er in Gabrieles dunkelgrünem Park ausgesehen hat.

Ba-damm. Ba-damm. Macht mein Herz.

Der kann auf dich aufpassen.

Ich habe keine Ahnung, wo der Gedanke auf einmal herkommt. Ein Gedanke, als ob sich vor mir ein Tor öffnet, so groß und schwarz, wie mir sonst die ganze Welt vorkommt. *Ächz, knarz...* Und alles dahinter ist himmelblau. Wunderschön und endlos weit. Das – DAS ist der Ort, an dem man leben sollte. Denke ich. Ohne großes schwarzes Tor.

Manchmal wünsche ich mir einen anderen Kopf. Der andere Dinge denkt. Ich bin ein Freiheitsmensch. Man kann mich unmöglich einsperren. Ich bin nicht Reihenhaus-kompatibel – das hab ich ausprobiert – und zu viele nette Grillabende lassen mich die Flucht ergreifen.

Ich würde immer davonlaufen.

Ich könnte nie bleiben.

Nicht einmal bei jemandem, den ich... liebe.

Nein.

Er heißt Kilian, wenn Sie's interessiert, und ich kenne ihn schon länger. Ich war Sennerin auf einer Alm, damals. Und er der Revierjäger. Der Hirschflüsterer. Ein Rockstar im Alpenglühen.

Kitschig?

Für eine kurze Zeit, ja.

Aber dann habe ich ihm erklärt, mit absoluter Überzeugung und brechender Stimme, dass ich *nicht in seine Welt passe.*

Seine Welt aus Tradition. Brauchtum. Pflicht und Ehre. Jahrhundertealtes Gerüst. Das würde ich niederreißen. Und dann würde es uns unter Schutt und Asche begraben.
Tragisch. Die Liebe würde ein tragisches Ende nehmen mit mir. Also bin ich ab nach Indien.

Es hätte besser werden sollen in Indien. Zumindest wieder so, wie's vorher war. Eher neutral. Eher seltsam. Eher einsam. Aber ohne dieses ständige ... Herzbeben.
Tja.
Es ist nicht besser geworden.
Aber ich bin eisern geblieben. In dem verdammten Ashram. *So lange, bis ich nicht mehr an ihm hänge,* habe ich mir gesagt. *Jedes Gefühl hört auf, wenn genug Zeit vergeht,* habe ich mir gesagt. Genug Zeit jedenfalls, dass er's mir geglaubt hat. Und eine neue Beziehung angefangen. Hervorragend.
Das war genau, was ich wollte. Genau, was ich wollte. Weil ich ein Freiheitsmensch bin. Eine Freie Frau! Die hinter einem großen schwarzen Tor lebt. Weil sie sich fürchtet vor der himmelblauen Welt da draußen. Genial.
Aber jetzt habe ich einen großen schwarzen Hund.

Wir sind da. Mit einem routinierten Schlenker lasse ich den Passat in den provisorischen Stellplatz zwischen Kieferngebüsch und Gartenzaun rollen.
Meine Wohnung ist im Dachgeschoss. Klein. Niedrig. Aber wenn ich im Bett liege, kann ich durch das zugige Fenster unter der Dachrinne zum See hinunterspähen. Das Haus gehört Frau Hörndl. Sie ist 83. Ich sehe sie nicht, aber ich weiß, dass sie hinter einem ihrer gardinenverhangenen Fenster lauert. Billy-Joe wird ihr nicht geheuer sein. Es wird Regeln geben. Kein Hund

im Garten, wegen der Blumen und der Hundehaufen. Keine Pfotenabdrücke im Treppenhaus. Das sowieso ich wische. Weil Frau Hörndl 83 ist und ich 30. Kein Bellen und keine nächtliche Störung wegen Gassigehen.

Frau Hörndl entgeht nichts. Wenn ich in meine Wohnung will oder das Haus verlasse, muss ich an ihrer Tür vorbei. So leise kann ich gar nicht schleichen. Zack, steht sie da. Will mir alte Fotos oder eine Chronik zeigen. Mir die Ski-Wachs-Station ihres 1974 verstorbenen Ehemanns Otto vermachen oder seine ledernen Eishockeyschlittschuhe. Frau Hörndls Otto war bayerischer Meister im Skispringen seinerzeit, das will was heißen, und ich bewundere die Zeitungsartikel über ihn, weil das Frau Hörndl von ihrer Einsamkeit ablenkt.

Aber ein Hund war nicht im Miet- und Lebenspaket.

Keine Ahnung, wie ich ihr das erkläre.

Und natürlich habe ich keine Leine dabei. Halsband auch nicht. Ich bin heute Vormittag schließlich *nicht* losgefahren, um mir einen Hund zu holen. Sondern, um zu beweisen, dass ALLEIN der beste Zustand ist. Ohne Mann. Ohne Kinder. Ohne Hund. Einfach ohne.

»WHOU«, sagt er auf dem Rücksitz.

Ich schiele in den Spiegel. »Hier wohnen wir.«

Ich weiß nicht so genau, was als Nächstes kommt. Was passiert, wenn ich seine Tür aufmache. Ich brauche einen Plan.

Manchmal wünsche ich mir ein Paralleluniversum. Keins im Sinne eines zweiten Ichs auf einem zweiten Planeten... aber vielleicht einen Zustand, eine Realität mit einer komplett anderen Schwingung. In der die anderen Entscheidungen zum Tragen kommen. Die verpassten. Die nicht gewagten. Die mich vielleicht glücklich gemacht hätten. Ich hätte Indien nie gesehen. Ich hätte längst einen Golden Retriever, so einen wie Tilo, und weder die Annonce noch Billy-Joe selbst hätte sich jemals auch nur zur Idee geformt.

So ein Paralleluniversum wird wahrscheinlich nicht existieren. Aber dann will ich wenigstens zurück in meinen lila Fernsehstuhl, ins herzklopfenfreie Vakuum der Tour de France. »WHOOU! WHOOU!«

Okay. Wir können nicht ewig im Auto hocken bleiben. Billy hechelt alle Scheiben neblig. Also. Der Plan ist: Tür auf. Hund am Fell greifen, in den Garten und von dort ins Haus führen.

»Billy, komm.«

Er springt raus. 32 Kilo Hund. Weicht meiner Hand aus wie eine Schlange und trabt davon.

Uuuups.

In meiner Euphorie bin ich davon ausgegangen, dass er weiß, dass er mein Hund ist und ich sein Mensch. Aber woher soll er. Er ist ein Straßenhund. Ein großer schwarzer Straßenhund, der in diesem Moment federnd und um einiges schneller als ich Richtung Kurpark trabt. Dabei schnüffelt er *nicht* völlig versunken am Wegrand, wie's alle anderen Hunde tun. Sondern schaut. Späht. Mit einem Blick wie ein Adler, über den ganzen Kurpark, hinaus auf den See, und weiß der Geier, wohin noch. Er wittert. Alle Fasern startbereit, wie ein Athlet.

Ich laufe ihm nach. Das realisiert er, ohne sich zu mir umzudrehen, und trabt etwas schneller.

»Billy!«, säusle ich. »Komm!« und pfeife, ohne jedes Talent.

Trab, trab, trab.

Was hat mich nur geritten, dass ich nicht Samson, den jungen Hirtenhund, mitgenommen habe?

Mein Gefühl schwappt in das Gegenteil von Sicherheit. Mein Hund läuft mir davon. Ohne Leine, ohne Geschirr, in der Einflugschneise zur Seepromenade eines oberbayerischen Luftkurorts.

Doch auf einen Schlag bleibt er stehen. Wie eine Statue. Reglos, unter Hochspannung. Ein Mann in einem zartrosa Hemd kommt vom Spielplatz herauf. Er schiebt mit einer Hand einen Kinderwagen. Mit der anderen telefoniert er. Er achtet nicht auf den Hund vor ihm. Den großen schwarzen Hund, dessen Rückenfell sich aufstellt wie ein Irokese.

Nicht die ideale Situation. Nicht ideal.

Hund. Zurückholen. Jetzt.

»Billy.«

Wahrscheinlich müsste ich autoritärer klingen.

Oder interessanter.

»Billy!«

Keine Reaktion. Er sieht aus wie ein schwarzer Besen. Ein Besen, dem ich nicht unbedingt allein in einer dunklen Gasse begegnen wollen würde. Wie gut, dass wir nicht in einer dunklen Gasse sind, sondern im luftigen Kurpark. Mit vielen unbedarften Menschen, Kindern und Hunden. Sieht der Mann mit dem rosa Hemd nicht, dass er sein Kind gleich in ein gefletschtes Gebiss schiebt?

Wahrscheinlich nicht. Wichtiges Gespräch.

»Bil-ly...«

Okay. Was mach ich. Handzeichen. Ich strecke beide Arme weit vor und suggeriere dem Mann, dem Kinderwagen, mit maximaler mentaler Kraft: stopp. Nicht weitergehen. Ich würde gern zuerst meinen Hund einfangen. Ja, den mit Ganzkörper-Irokesen!

Der Mann muss mich in seiner Peripherie wahrgenommen haben. Ein kurzer, verwirrter Blick streift mich. Bevor er stehen bleibt, mir den Rücken zudreht und intensiv etwas in sein Telefon erklärt, untermalt von weit ausholenden Gesten seines freien Armes.

Billy duckt sich zur Seite. Schreckhaft. »WHFFF.«

Der Mann. Der Arm.

Ich sage »Hey! Billy!«, laufe hin und schnappe ihn am Fell. Sein Herz rast. Das spüre ich, als ich ihn zurück zum Haus schieben will. *Tak-Tak-Tak-Tak-Tak.* Er duckt sich auch vor mir. Will

weg. Aber dieses Mal bin ich drauf gefasst und lenke ihn zu Frau Hörndls handtuchschmalem Gartentor: »Da rein!«
Mit eingekringeltem Schwanz trabt er vor mir her und ist drin. Im Garten.
Puh. Garten mit Zaun. Zwar nur ein alter Bretterzaun, morsch, wacklig und mehr eine Metapher als eine tatsächliche Barriere. Aber ich setze auf die symbolische Bedeutung und mache schnell: Haustür auf. Zeige in den dunklen, 83 Jahre alten Treppenmief. »Da rauf, komm!«

So. Hund in der Wohnung. Aufatmen.
Er dagegen atmet nicht auf. Sondern durchkreuzt nervös meine 50 Quadratmeter unter der Dachschräge. Wahrscheinlich sucht er einen Fluchtweg. »Hey, komm mal her, Billy…«, sage ich. Seine Krallen tappeln unaufhörlich auf dem billigen PVC. Er schnüffelt alles an, systematisch und schnell. Mein Bett, meinen Schrank, meinen Fernseher, meine Rucksäcke, meine Schuhe, meine Ski. Die hängen platzsparend gleich neben der Wohnungstür.
Frau Hörndls Haus hat keinen Keller und ihr Schuppen ist besetzt von Gartengeräten und Memorabilia von Otto-hab-ihn-selig. Da ist kein Zentimeter Platz mehr für mein Zeug. Nicht, dass ich nennenswert Zeug hätte, außer Ski. Ein Mountainbike noch. Einen alten Stahlesel. Aber die Laufnaben und die Schaltung sind XT. Im Prinzip ein geiles Teil. Das parkt, seit Indien unberührt, hinter Tilos Mülltonnen.
»Billy… Na komm…« Vielleicht will er was fressen. Ich habe … Cornflakes. Milch. Ein Rührei. Hundefutter kauf ich noch. »Willst du Spaghetti?«
Er kriegt meine wunderschöne pink schimmernde Salatschüssel, alle anderen sind zu klein. Aber bevor ich auch nur die

erste Nudel drinhabe, hebt Billy-Joe ein Bein und… pinkelt an meine Gastherme. Von der Gastherme schlängelt sich das gelbe Rinnsal zur Küchenzeile. Geistesgegenwärtig werfe ich ein Geschirrtuch drauf, bevor's unter der Spüle verschwindet. Alles gut. Ich hab eh so viele Geschirrtücher. Braucht kein Mensch. Und Zeit zum Pinkeln war ja nicht. Armer Hund, denke ich. Ich muss sofort noch mal raus mit ihm. Was nehm ich denn als Leine… und noch während ich in meiner Werkzeugschublade nach einem Spanngurt suche, höre ich aus dem Schlafzimmer ein Geräusch. *Knurps, knack.*

Billy zerkaut ein Stück Treibholz.

Wie süß.

Oh, nein!

»Billy, aus!!« Das Treibholz ist ein Andenken an den Tag, an dem ich endgültig meine Zigaretten weggeschmissen habe. Das war am Ufer der wilden Isar. Um mich herum das klare rauschende Wasser. Unter meinen Füßen die glatt geschliffenen Steine. Ich habe Luft geatmet anstatt Rauch. Kraft eingeatmet. Und da war mir klar: Ich kann das Rauchen der Isar überlassen. Bis Bad Tölz, bis München, in die Donau, bis Passau und ins Schwarze Meer soll sie meine Sucht spülen. Alle Suchten, idealerweise. Ich will nichts mehr haben davon. Und damit ich das nie vergesse, hab ich ein Stück Holz mitgenommen. Ein Treibholz, wie ich eins bin.

Es war ein Ritual.

»Billy, das ist meins«, sage ich. Aber er legt entschieden seine Tatze drauf und gibt's nicht her. Dabei schaut er mich frontal an. Territorial.

Ich greife trotzdem danach.

Oh. Hundezähne auf meiner Haut. Okay… Ein Gefühl kriecht über meinen Arm, wie eine Spinne.

»Meins!«, sage ich leicht zittrig und nehme ihm das Treibholz weg. Schnell, bevor sich die Hundezähne fester in meine Haut bohren. Das Holz ist voller Beißlöcher und Spucke. »Pfui.«

Billy klappt seine Ohren nach vorn und schielt das Treibholz sehnsüchtig an. Hundesehnsucht. Füllt das komplette Zimmer. Und irgendwie … denke ich auf einmal: »Es ist ja bloß ein Stück Holz. Viel zu viel Symbolik für einen alten Ast.«
Ich seufze und geb's ihm zurück. »Da.«
Knurps, knack, knack, knurps.
Ohne rechte Alternative bleibe ich neben ihm sitzen. Schaue ihm zu, wie er mein Treibholz zerkaut und schlonzige Späne ausspuckt. Seine Ohren wackeln samtig. Sein Ausdruck babyweich. Der Rockstar.
Mein Herz zerfließt und das Wort »Schlamassel« sucht Zugang zu meinem Gehirn. Und dann macht es *pflopp*. Sein Kopf landet auf meinem Knie. Wenn er ausgestreckt daliegt, ist er fast so lang wie ich. Ich denke über optische Täuschungen nach und darüber, wie viel von einem Menschenleben aus Einbildung besteht…
Da schielt er mich an: »Streicheln?«, sagt er. Also, er sagt das nicht. Aber ich … mach's. Sitze neben ihm auf dem welligen PVC-Boden, berühre vorsichtig das Samtfell an seiner Stirn. Fühle sein Herz klopfen.
Und ich schwöre, davon bebt der Boden in meiner Wohnung.

Ich wache auf, weil's mich friert. Über Nacht drehe ich die Heizkörper ab. Sonst ruckelt und faucht die Gastherme wie ein Güterzug. Außerdem ist Heizen in dieser Wohnung ein Witz. Neulich hat mich im Schlafzimmer ein Windhauch gestreift. Wenn ich Tilo solche Dinge erzähle, sagt sie: »Das gibt's nicht. Dann hast du ein Fenster offen gelassen.«
Hab ich nicht. Ich habe sogar einen Beweis geführt: Wenn ich alle Fenster und alle Türen schließe, der Reihe nach, sorgfältig und bewusst. Und ein Teelicht auf den Boden stelle. Dann bläst

die Zugluft es aus. Durch meine Wohnung weht der Wind. Wissenschaftlich bewiesen.

Das ist gut. Mir ist es lieber, ich spüre Dinge, die wirklich da sind. Fakten. Früher war ich anders. Dünnhäutig. Nur Gefühl. Schwingungen spüren.

So was kann schwierig werden. Einmal, in meiner ersten ernsthaften Beziehung, habe ich behauptet, *sein* Kleiderschrank fühlt sich feindselig an, ich tu meine Unterhosen lieber in einen Wollkorb. Was soll er denken von mir. Ich spüre noch seinen nachsichtigen Blick, sein Lächeln wie eine Wand: »Jetzt spinn halt nicht.«

Deswegen bin ich froh, dass tatsächlich der Wind in meiner Wohnung ein Teelicht ausbläst. Der Wind ist ein Fakt. Ganz normal. Mir ist eh immer zu heiß.

Außer heute.

Heute ist mir eiskalt in meinem Bett. In meinen Hüftknochen bohrt sich etwas Hartes. Ich taste. Kantig. Holz. Und auch ein Fakt. Das ist das Bettgestell. Ich klebe quasi am Rand des Abgrunds. Und warum bin ich nicht zugedeckt?

Wieder taste ich. Erst weit hinter meinen Knien erwische ich einen Zipfel meiner göttlichen Daunenbettdecke. Ein Geschenk von meiner Oma. Wenn meine Oma eines konnte, dann mich zudecken. So dick und so warm zudecken, bis nichts, was war, mehr an mich herankommen konnte. Ich zerre an dem Daunenzipfel in meiner Hand. Aber irgendwie … steckt die Decke fest.

Ein großer schwarzer Hund liegt darauf. Eingekringelt wie ein Donut. Er schläft tief und fest. Seine Ohren klappen samtig weich über seine Pfoten und seine Neoprennase hat er wohlig in ein Daunental gebohrt.

»Billy.« Ich zerre mit der Hand und schiebe mit den Füßen. »Rutsch rüber!«

Nichts zu machen. Er wiegt 32 Kilo. Und direkt aufwecken will ich ihn jetzt auch nicht.

Er macht einen wohligen kleinen Schnarcher. Ich robbe so weit unter die Decke, wie's geht. Mit einem halben Arm und einer Hüfte. Ich bibbere. Und bin zum ersten Mal seit 479 Tagen nicht mehr einsam.

Ich habe ein Polaroid von Billy gemacht und werf's in Tilos Briefkasten. Das wird sie freuen. »Ich hab's ja gewusst!«, wird sie sagen. Und »Ihr passt perfekt zusammen!«
Frau Hörndl dagegen hat sich schockiert ans Herz gefasst, dem Kollaps nahe, weil ich jetzt einen Hund habe. Aber gleichzeitig hat sie gesehen, dass Billy oder nicht Billy keine Debatte ist. Frau Hörndl erkennt eine Pro-und-contra-Situation, wenn sie eine sieht. Und einen guten Deal.
Deswegen schleppe ich jetzt ein 50-Liter-Fass mit Effektiven Mikroorganismen, für das ich 100 Kilometer an den Chiemsee und zurück gefahren bin, an ihren Seerosenteich. Sowie Käscher, Rechen und Eimer. Zum Entalgen.
Billy-Joe liegt schläfrig und dekorativ im Schatten der haushohen Bergkiefer, die den ganzen Garten überspannt. Über so einen braven Hund kann man sich wirklich nicht beschweren. Sagt sogar Frau Hörndl. Der Baum allerdings, die Kiefer, die macht Ärger, seufzt sie geplagt. Alles dunkel macht die Kiefer und die Nachbarn haben jahrein, jahraus Nadeln und Zapfen im Grundstück liegen. So ein Baum macht einfach einen Dreck. Ich notiere in meinem Kopf »Kiefernzapfen zusammenrechen« und murmle, »aber schön ist er, und den Schatten brauchen wir…«. Dann wate ich ans tiefe Ende des Teichs. Mit Algenkäscher und Eimer. Was ist die Definition von Dreck in diesem Dorf, überlege ich. Durch das 4000 Autos am Tag fahren. Und das eine Kläranlage aus dem Jahr 1967 unterhält. Die Menschheit ist mir ein Rätsel.

Und auf einmal ist Billy weg.

Weg.

Nicht mehr im Schatten der Kiefer, nicht mehr am Teich und auch nicht im Blumenbeet, einen Maulwurf ausgraben.

Kurze Panikaktion. Ich schmeiße den Algenkäscher hin und renne los.

Ich renne durchs Dorf. An der Hauptstraße auf und ab. Halte Autos an. Rufe. Suche. Oh Gott, die ganzen Leute. Vielleicht hat er Angst und traut sich nicht mehr heim. Wenn er überhaupt heim will. Er ist ein Straßenhund. Er hatte nie ein Zuhause, warum soll er jetzt eins brauchen...

Eineinhalb Stunden später war ich überall. Kein Mensch im ganzen Ort hat einen großen schwarzen Hund gesehen. Die meisten schütteln nur den Kopf und gehen schnell weiter. Aber ich frage sie alle. Bis mir schwindlig wird. »Entschuldigung. Haben Sie einen großen schwarzen Hund gesehen? Er hat so ein Geschirr an.« Dabei halte ich ihnen Billys nagelneue Camouflage-Leine vors Gesicht. Denn ausgerüstet bin ich mittlerweile. Leine. Geschirr. Futternapf. Kauknochen. Hundebett. Mein Leben als Hundebesitzerin hat total Fahrt aufgenommen. Vorausgesetzt, ich finde ihn wieder.

»Entschuldigung, haben Sie einen großen schwarzen Hund gesehen?«

Die Frau mit der geblümten Bluse unter ihrer Übergangsjacke weicht entsetzt zurück: »Um Gottes willen, läuft der frei rum?« Sie schlägt einen Bogen um mich. Eilt angstvoll weiter. Zum Metzger Mair. Sie kauft vier Paar Weißwürste. Das sehe ich durch das blank geputzte Schaufenster und die gläserne Fleischtheke dahinter. Ihre Angst sehe ich auch. Angst vor dem bösen schwarzen Hund.

Menschen sind auch Fleischfresser, denke ich. Genauso ein Raubtier wie Billy, also... und dann sehe ich mein Spiegelbild in der Scheibe.

Oje.

Kann sein, dass die Frau nicht vor meinem großen schwarzen Hund Angst hatte... sondern vor mir. Seiner tropfnassen, algenbehangenen, aufgelösten Besitzerin.

Ich könnte warten, bis die Frau wieder rauskommt. Derweil die Algen aus meiner Jacke zupfen. Mich entschuldigen. Ihr erklären, dass Billy bestimmt keine Frauen in geblümten Blusen beißt – bei Männern mit rosa Hemden bin ich mir noch nicht ganz sicher, aber unter die Kategorie fällt sie ja nicht.

Oder vielleicht geh ich einfach weiter. Meinen Hund suchen.

Außer Tilo und Frau Hörndl weiß in diesem Ort niemand, wo Billy hingehört.

Anika, denke ich. Der einzige Mensch, mit dem ich seit Indien mehr als ein paar Floskeln austausche... Aber Anika lebt zur Zeit in Brooklyn. Kunststipendium. Sie ist mit einem Musikproduzenten zusammen. Ein Typ, der eine Wikipedia-Seite hat. In Brooklyn ist es jetzt drei Uhr nachts.

Ich bin allein und einer Panikattacke nahe...

Da kommt er angetrabt. Zwischen Apotheke und Schreibwarenladen läuft er, fröhlich und von oben bis unten vollgeschlonzt.

»Ich hab ihn!«, rufe ich in die Metzgerei. Die Frau mit der geblümten Bluse presst besorgt ihre fettfeste Tüte an sich. Ich winke ihr zu.

Erleichterung. Ein haushoher Felsbrocken fliegt von meinen Schultern. Surreale Leichtigkeit. Meine Arme scheinen zu schweben.

Ich hab ihn.

Als er mich sieht, trabt er auf mich zu und rubbelt seinen Schlonz an mir ab. »Billy, pfui Teufel!«, nuschle ich. Mein Herz macht *Ba-damm*. Kann sein, dass der Asphalt von der Druckwelle vibriert.

Wo Billy sich knapp zwei Stunden rumgetrieben hat, weiß ich nicht. Aber seit diesem Tag treffen wir auf unserer Seerunde ab und zu einen schokobraunen Labrador. Paul. Paul flippt jedes Mal total aus, wenn er Billy sieht. Rennt auf uns zu, mit allem, was er hat. Überschlägt sich beim Versuch, Billy zu umkreisen, krabbelt unter ihm durch und hebt ihn dabei hoch. Das machen sie, bis sie beide von oben bis unten voll Labrador-Glücksschlonz sind.

Pauls Herrchen und ich finden's jedes Mal herzzerreißend. Wir sprechen kaum miteinander, tauschen weder Namen noch Telefonnummern aus, weil wir vollauf davon erfüllt sind, unseren Hunden zuzuschauen. Uns einig im Glück.

Affenliebe, nennt Tilo das.

Blinde, unkritische, jegliche Vernunft über Bord werfende Emotion. Und damit wird sie recht haben. Tilo befasst sich viel mit inneren Dynamiken.

Vor mir schnappt Billy vor Übermut in die Luft – »HAFF! HAFF!« Mit Hundegrinsen. Er ist so witzig. So klug. So elegant und so schnell und so toll.

Kennen Sie das? Ist Ihr Hund genauso?

Ach… seufz.

Bei der Aktion ist mein Algenkäscher im Teich versunken und bleibt trotz aller Bergungsversuche bis zum heutigen Tag verschwunden. Ich habe die Algen dann mit der Hand ans Ufer geschlenzt. Drei Stunden lang. Billy hat die ganze Zeit vor der sonnigen Hauswand gedöst. So ein braver Hund.

Nein, wirklich. So ein braver Hund.

2021, 4. Mai, 21:00 Uhr

Ich bin noch unten, in der Küche. Ich bin so müde, dass ich Leuchtpunkte vor meinen Augen tanzen sehe. Diese Leuchtpunkte, in Pink, Gelb, Neonblau und Hellgrün, die sich bewegen, unabhängig davon, wo ich hinschaue. Wie unsichtbare Wesen. Lichtwesen...

Ich reibe meine Augen, damit die Punkte weggehen. Ganz normale Lichtpunkte sind's. Schlafmangel. Sonst nichts.

Ich höre den Hundekorb knarzen. Er blinzelt, halb im Schlaf, halb in diesem Wach-Traum-Zustand, in den er jetzt so oft fällt. Ich könnte einfach ins Bett gehen. Aber ich bring's nicht übers Herz. Ich würde doch nur ins Dunkel starren, irgendeinen Schund lesen, damit ich meine Gedanken nicht mehr höre. Gedanken wie Flugzeuge. Wirbel. Strudel. Zweifel, die einen Sog in meinem Kopf erzeugen, der alles an sich reißt.

Ich hab noch Wäsche in der Maschine. Man ahnt ja nicht, wie viel Wäsche man hat. Zwei Tage, und Wäsche türmt sich überall. Keiner hat mehr Socken. Beide Einhornpullis sind tomatenverbatzt. Die Eulensocken voller Sand.

Ich lächle meine Waschmaschine an. Wäsche ist gut. Aufhängen. Noch unten bleiben, bei Billy.

Jetzt hat er mich bemerkt. Er streckt sich, ungelenkig, in seinem Korb und schielt zu mir rauf, sodass das weiße Tasthaar auf seiner Augenbraue wippt. Er seufzt. Als würde er sagen: »Du bist ein Unruhegeist.«

Tränen fluten meinen Hals. Ich streichle das Samtfell an seiner Stirn. Wie am ersten Tag. Ich habe in meinem ganzen Leben nichts Vergleichbares gefühlt.

BA-DAMM macht mein Herz. Und ich merke, wie es Wellen schlägt. Nach außen strömt. Es fließt um Billys Korb herum. Durch den Hausgang. Ich merke, wie es den Heizungsraum füllt, wo die Waschmaschinen stehen (wir haben zwei – eine für »schöne« Klamotten und die andere für die Realität). Es schwappt weiter zur Treppe. Es überflutet das ganze Haus. Liebe ist keine

Sache für Angsthasen.

Fang an, sagt er. *Mach einfach eins nach dem anderen.*

Ja.

Das Beste, was ich tun kann, ist, den Wäscheständer aufklappen und anfangen.

2007
Keine Wunder

Ich bin auf einen wichtigen Geburtstag eingeladen. Auf der Alm. Mitten im Januar.

Der Gana-Sepp wird 80.

Wenn mein Leben sich anfühlt wie ein Schiff ohne Steuermann, irgendwo im Bermudadreieck, dann ist der Gana-Sepp ein Leuchtturm.

In meinem früheren Leben, in dem ich auch mal Sennerin auf der Alm war, waren der Sepp und ich sozusagen Nachbarn. Eine gute Stunde waren unsere Hütten voneinander entfernt. Ich hab ihn oft besucht. Unter dem Vorwand, dass ich ihm Butter bringe.

Logisch habe ich auf der Alm auch Butter gemacht. Unförmige, mit der Hand geknetete Batzen. Denn die normalen Butterstücke – die perfekten, aus der kunstvoll geschnitzten Buttermodel –, die sind bei mir nix geworden.

Logisch.

Aber nicht verzweifeln. Vieles im Leben wird nix: Butter. Karriere. Kinder. Haus. Mann. Blumen am Balkon.

Und dann ... machst halt Batzen. Alte Sennerinnen-Weisheit.

Außerdem kann man auch in einen unförmigen Butterbatzen ein Blumenmuster ritzen. Oder ein Wort. Angewandte Kunst draus machen. Und solche hab ich dem Gana-Sepp gebracht. Jede Woche einen.

In Wahrheit wollte ich, glaube ich, nur vor seiner Hütte sitzen und ihm zuhören. Ein Holzkobel ist's eher. So nieder und so schwarz, dass man denkt, man ist in einer Höhle. Der Gana-Sepp war schon als 13-jähriger Bub da oben. Auf 1400 Metern. Der kennt jeden Stein auf diesem Berg. Er ist der Berg. Man sollte ihm zuhören, auch wenn er nicht viel sagt.

Jedenfalls wird der Gana-Sepp 80 und hat mich eingeladen.
Anika ist auch eingeladen. Sie fliegt aus New York ein.
Anika war auch auf der Alm, damals. Als Vertretung für den Sepp, als er sich eine neue Hüfte machen lassen musste.
Anika und ich sind zwei gleiche Seelen. Aber weil immer was dazwischenkommt – Indien zum Beispiel –, hat es uns auseinandergespült. Mich ins Dachgeschoss von Frau Hörndl. Sie nach Brooklyn.
Anika ist Künstlerin. Sie baut Schmuck, aus alten Fahrradschläuchen und Metallmüll. Verkauft das meiste an Designerboutiquen. Brooklyn ist gut für Anika.

Es ist schon dunkel, als ich meinen Passat auf den Wanderparkplatz lenke. Mitte Januar. Recht viel dunkler wird's nicht. Ich habe zwei Paar Ski im Kofferraum. Eins für Anika, eins für mich, weil im Winter kommen wir nur mit Skiern auf die Alm. Ein Geschenk für den Sepp hab ich auch dabei. Eine hohle Eisenkugel mit einer kleineren massiven Kugel innen drin. Es ist eine Kuhglocke, die ich aus Indien mitgebracht habe.
Indien. Wo alle hinfahren, um wieder ins Gleichgewicht zu kommen. Klar zu werden. Loszulassen. Geläutert wieder heimzukommen. Menschen gehen übrigens auch auf die Alm, um exakt dasselbe zu tun. Außer mir. Ich brech mir das Herz auf der Alm. Und trampel's tot in Indien.
Wenigstens eine wunderschöne Kuhglocke hab ich mitgebracht.
Billy auf dem Rücksitz hechelt aufgeregt. Autofahren zählt nicht zu seinen Favoriten. Ich habe die Lüftung auf Anschlag

aufgedreht und trotzdem tropfen die Scheiben, voller Dampf und Schlonz. Ich rolle den Parkplatz entlang. Linse durch einen unterarmbreiten Wischfleck in der Windschutzscheibe. Spähe. Intensiv.

Ob irgendwo ein verbeulter Suzuki-Jeep steht, zwischen den ganzen »normalen« Autos.

Nein.

Gut.

Sehr gut.

Dann ist er nicht da.

Kilian.

Ich sollte aufatmen, weil er nicht da ist. Mein Gleichgewicht halten. Ich parke ganz hinten, im knöcheltiefen Schneematsch und warte auf den Aufatmer. Stattdessen sickert ein Gefühl von Verlust in meine Lungen. Langsam, tropfenweise. Er ist nicht da. *Tropf, tropf.* Der Parkplatz ist leer. *Tropf, tropf.* Bis ich mich frage, ob ich an diesem Gefühl langsam ertrinken werde ...

Stopp! Schluss mit dem Schwachsinn! Ich stülpe meine Wollmütze auf den Kopf und hieve mich aus dem klammen Nebelbad, das mein Auto ist. In meiner Hand: Leine. Hundedecke. Rucksack.

»Billy, komm!«, murmle ich. *Ruck!* macht die Leine, in der ich mich natürlich verheddert habe. Ich lande auf dem Hintern. Nass. Schneematsch.

»Billy! Warte!«

Ich seh nichts mehr, weil der Rucksack meine Wollmütze verschoben hat. »Warte!« Wenn ich zu meinem Hund etwas dreimal sage, bekommt das dadurch irgendwie keine größere Bedeutung für ihn. Eher, scheint mir, im Gegenteil.

Leine, *zerr, zerr* ...

Eine umsichtige Hundebesitzerin würde jetzt Rucksack und Autoschlüssel weglegen. Und die Worte »Billy, warte!!!« in *Billy wartet* umsetzen. Aber ... ich hab's eh gleich. Wir sind ja nicht in der Hundeschule. Das geht jetzt schon ...

Ich angle mit meiner verbleibenden freien Hand meine Tourenski aus dem Kofferraum. *Schnüffel, schnüffel.* »WHFF.« Hund
springt ins Gebüsch.

»Uuhps!« Da fliegen meine Ski. Ich schneide mich an der Stahl-
kante und hau mir den Kopf am Kofferraumdeckel an.

»Bil-ly!!«
Ich habe das vage Gefühl, das ist's noch nicht gewesen für
heute.

Und schon höre ich den röhrenden Auspuff. Das leise Klingeln
der Schneeketten.
Shit.
Der Suzuki stoppt neben meinem Passat. Einen Moment lang
passiert nichts. Als müsste der Fahrer überlegen, was er jetzt
tut. Dann klackt die Tür auf.
»Griaß di.« Er. Leise.
»… hi.« Ich.
Ich schiebe meine Wollmütze aus den Augen. Zu weit. Wieder
vor. Und spüre deutlich: Das wird jetzt nicht mehr der Hit, rein
optisch.
Er dagegen hat seinen Hut wie immer verwegen auf dem Kopf.
Jacke lässig auf den Schultern, sogar wenn's ein Lodenjanker
aus betonähnlicher Konsistenz ist.
Kilian.

»Whff!!« Billy hat kein Interesse mehr an seinem Gebüsch. Mit
einem leichten Hüpfer zieht er mich nach vorn. Er ist einein-
halb Jahre alt. Ist breiter geworden. Schwerer. Muskelmasse.
Um ein Haar pralle ich gegen Kilians Brust.
»Ja, hallo, wer bist denn du?«, fragt Kilian meinen Hund.
»Billy«, stelle ich vor. Als ich Kilian das letzte Mal gesehen
habe, in dem Sommer auf der Alm, war ich ja noch ohne Hund.
Oh Gott, ich stehe so nah vor ihm, dass ich ihn spüre wie einen
Heizpilz.

Billy schnüffelt an Kilians Bergschuhen. Hochinteressante Hirschgerüche. Alles an Kilian scheint hochinteressant.

»Der mag dich«, krächze ich. Und er grinst.

Als ich ihn das erste Mal gesehen habe, damals, war mein erster Satz zu ihm: »Jäger kann ich eigentlich nicht ausstehen.«

Und er: »Dann wird's also nix mit unserer Romanze.«

Und ich, mit einem Lächeln: »Auf keinen Fall. Ich bin eine Nomadin.«

Kilian hat mich gemustert, von oben bis unten, und den Kopf geschüttelt. »Ein Reihenhaus hält dich jedenfalls nicht aus.«

»Ein Jägerhaus auch nicht«, habe ich gesagt. Und da stehen wir jetzt. Mitte Januar, am Wanderparkplatz. Wie vom Donner gerührt.

Vierunddreißig Wochen Indien – für die Katz.

Ich stolpere rückwärts, um den Abstand zwischen Kilian und mir wieder herzustellen. Mein ignoranter Straßenköter dagegen blickt hinauf zu ihm, als wäre ein Lob oder allein ein Lächeln von diesem Mann der wertvollste Schatz.

Nicht, dass ich's nicht verstehe, aber... Billy, was geht ab? Du magst keine Männer. Vergessen?

Und dann streift Kilians Lächeln auch mich. So kurz, dass es fast nicht da ist.

Mein Herz rast. Mein Gesicht leuchtet pink unter der Wollmütze. Ich bin froh, dass es dunkel ist. Und irgendwie habe ich mich schon wieder um diese verdammte Hundeleine gewickelt. Kilian bückt sich, um mich zu entheddern. Eine Hundeleine. Eine Hand. Eine unabsichtliche Berührung.

»Äh... danke«, sage ich, zum Schneematsch hinunter. Und als Kilian sich wieder aufrichtet und sein Blick meine Augen trifft, stammle ich: »Geht's dir gut, eigentlich?«

Er nickt.

»Neue Freundin?« Denn das Gerücht habe ich gehört. Die Welt holt einen ein, auch wenn man bis Indien läuft und zurück.

Wieder nickt er.

»Schon … länger?«

Er zuckt mit den Schultern. Schaut weg von mir.

Also ja. Schon länger. Oder schon verbindlich.

Von der Straße drunten blitzen Scheinwerfer durch die Bäume. Ein giftgrüner Mini katapultiert sich durch die Schlaglöcher auf den Wanderparkplatz. Driftet mit schlitterndem Heck auf uns zu.

»Anika«, sage ich.

Kilian zögert. Als würde er die Zeit messen, die noch bleibt. Und dann nimmt er mich in den Arm. Fest. Ungeschickt. Er schiebt mich fast über den Haufen, ein Bulldozer gegen alle meine Prinzipien.

Und dann steigt er in seinen Suzuki. Einmal Warnblinker, eine Schneematschfontäne. Das war's.

Billy hüpft aufgeregt in seine Leine. *Mit! Wir müssen doch mit! Beeil dich!*

Aber er schleift mich nur ein paar Meter. Der giftgrüne Mini stoppt mit einem Slide neben uns. Heraus wirbelt ein Funkenregen. »Hallooo! So gut, dich zu sehen!!«

Anika. Sie ist voller bunter Bänder und Perlen, ihre pechschwarzen Haare raspelkurz, ihr Lippenstift neonpink und nicht mal das stört ihre edlen Züge.

Brooklyn hat seinen Look von ihr, nicht andersrum.

Billy findet sie im ersten Moment eher unheimlich. Aber Anika hockt sich einfach vor ihn hin und zerwuschelt mit ihren glitzergelackten Fingern sein Fell. Er wird sie lieben.

Und dann gehen wir rauf zum Sepp. Anika, Billy und ich. Unsere Ski schleifen im Takt auf dem harten Schnee. »Das Geräusch von Glück …«, murmle ich gedankenverloren.

Ganz nebenbei durchleuchtet mich Anikas Blick. Wie ein FBI-Agent hinter Spiegelglas. »Und was genau möchtest du mir von Kilian erzählen?«

»Nix!«, nuschle ich. Es hat vier Grad minus und der Schnee knirscht unter uns.

Am Rande meines Bewusstseins nehme ich wahr, wie Billy seine Ohren spitzt. Ins Unterholz wittert. Gespannt wie ein Flitzebogen. »Auf keinen Fall, Billy«, sage ich. »Aus.«

Und: »NEIN!«

»WHFFF!« Sprung.

»Uff.« Die Leine reißt an meinem Arm und wieder hocke ich im Schnee. Ski in der Luft. »Billy!« Das nächtliche Unterholz mit all seinen Hasen, Füchsen und Rehen ist einfach stärker als ich.

Und Billy muss einfach noch lernen, was das heißt, wenn ich sage: »Nein.« Und »nix. Aus. Auf keinen Fall«.

Genau.

Bis wir oben sind, steht der Mond hoch über dem Almkessel. Alles funkelt und glitzert, nachthell. Aus einem dicken, glänzenden Schneehaufen ragt ein Kamin. Das ist die Hütte. Bis zum Dach zugeschneit. Erst nach der letzten Wegbiegung sieht man die Fackeln vor der Tür. Die gaslichtleuchtenden Fenster. Die Scheiben sind dick angelaufen und drinnen rockt die Bude. Der Sepp hat Quellwasser, Bier, Wein und Schnaps. Seine Neffen spielen mit der Steirischen, und die sind richtig gut. Anika stürzt sich sofort mit Jubel ins Getümmel.

Ich dagegen gratuliere artig dem Sepp zum Geburtstag, packe umständlich die indische Glocke aus und jemand steigt Billy auf die Pfote.

»WUiiiiii!« Winselnd drückt er sich an die Wand.

Mist.

Ich versuche, ihn zu beruhigen. Zu einem Platz am Fußende des Kanapees zu überreden. Aber keine Chance. Angst, Flucht,

und es wird schlimmer, je öfter ich sage, »Billy, alles gut«.
Der Sepp kommt mit ein paar Bier in der Hand durch die Hintertür vom Stall herein. Und Billy nützt das Schlupfloch.
»Hoppala«, sagt der Sepp. Ich drücke mich eine Entschuldigung murmelnd an ihm vorbei in den eiskalten Kuhstall hinaus.
Billy trabt blicklos herum. Bleibt irgendwann neben dem Heuhaufenrest vom Sommer stehen und zittert. »Hey… is' doch alles gut.«
Ich würde ihn am liebsten einfach schnappen und wieder nach Hause gehen. Ich muss nicht unbedingt die tolle Musik hören. Oder mitfeiern. Aber da streckt Anika ihren Kopf durch die Stubentür. »Kommst du?«
»Billy hat Angst.«
»Das hält er schon aus. Komm! Die spielen Goisern!«
Sie fädelt ihren Arm unter meinen und tanzt mit mir zurück in die Stube.

Später, als alle anderen Gäste oben unterm Dachspitz schnarchen, hole ich meinen Hund aus dem Kuhstall und lege seine Hundedecke vor den Ofen: »Platz.« Auf dem Tisch steht der Enzian. Ich murmle »Auf uns, Billy« und schlucke das brennende Zeug. Mein Kopf hüllt sich wohlig in Watte. Ich lächle ihn an. Er akklimatisiert sich, zögernd, in der warmen Stube. Was im Prinzip heißt, er steigt aufs Kanapee. »Echt jetzt, oder?« Aber ich lehne mich dankbar an ihn und starre aus dem Fenster. Der schneeverwehte Gana-Kessel glitzert wie eine Satellitenschüssel. So ein winziges Schneekorn bin ich. Hierhergeweht von einem launischen Wind.
»Ich nehm mir nur noch Liebhaber, weißt du«, murmelt auf einmal Anika neben mir. Ich hab gar nicht gemerkt, dass sie noch mal runtergekommen ist vom Matratzenlager.
»Was nimmst du nur noch?«
»Liebhaber. Voll die sympathischen Kerle. Sehen mega aus. Ich liebe sie alle.«

»… ??«

»Wirklich!«

Es wäre gegen Anikas Natur, sich an Konventionen zu halten.

»Aber … dein Musikproduzent?«

Anika winkt ab. »Nur noch Männer, von denen ich nichts will. Verstehst du? Das ist das perfekte Lebensmodell.«

»Mehrere.«

»Immer nur einer gleichzeitig. Jetzt sei nicht so verklemmt!«

»Okay.«

»Ich hab's ausprobiert. Solltest du auch.«

»Ja, klar, mach ich.«

»Nein, probier's aus.«

»…«

Ich höre sie lächeln. Ein bisschen beschwipst. »Ich schlaf bei euch. Billy, rutsch rüber«, nuschelt sie und schon hat sie mein Kissen und meinen Hund im Arm.

Ich schau ihnen beim Schnarchen zu. Hellwach. Als würde ich auf ein Wunder warten. Ein Klopfen an der Hüttentür. Eine leise Stimme, die murmelt. »Ich bin's.«

…

Natürlich gibt's keine Wunder. Ich habe gründlich aufgehört, auf eins zu warten. Nix. Aus. Auf keinen Fall.

Ich kippe noch einen Enzian in das abgegriffene Schnapsglas. So.

Und dann krabble ich auf mein Drittel des Kanapees und vergrabe mein Gesicht in Billys Fell. Die fluffigen Haare an seinen Ohren kitzeln mich. Ich bin nicht allein. Ich bin nicht allein.

2021, 4. Mai, 22:00 Uhr
Ich habe die Wäsche fertig gefaltet. Herumliegende Zettel sortiert. Den Spiegel im Bad geputzt.

Jetzt sitze ich neben ihm. Er hat sich auf die kühlen Fliesen im Technikraum gelegt. Ich sehe sein Herz unter seinen Rippen klopfen. Wie an unserem ersten Tag... Aber wenn ich ihn nonstop anstarre und jede seiner Bewegungen verfolge, irritiert ihn das. Er hat immer seine Ruhe gewollt. Er ist ein wilder Hund. Kein Kuscheltier.

Ich nehme sein Gesicht in beide Hände. Küsse seine fluffig samtige Stirn. Es ist das weichste, feinste, zarteste Gefühl. »Gute Nacht, du alter Affe«, murmle ich. »Schlaf gut.«

Er rappelt sich auf und wackelt zurück zu seinem Korb unter der Treppe. Das ist sein Platz. Von dort sieht er alles, aber niemand bedrängt ihn. Nur ab und zu hockt unser Kater auf der dritten Stufe. Lässt in Zeitlupe seinen Schwanz pendeln wie ein grauer Leopard und linst hinunter zum Hundekorb. Der provoziert. Aber irgendwie... juckt Billy das nicht mehr. Er ist okay, da in seinem Korb. Ich kann mich einfach in mein Bett schleichen. Noch was lesen. Schlafen.

Am besten ist alles so wie immer. Das weiß ich.

2008
Almsommer und Hühnerhälse

Also, es war eine Aneinanderreihung ungünstiger Zufälle. Einmal hab ich den Suzuki am Wegrand parken gesehen, als ich mit Billy am Berg unterwegs war. Einmal bin ich über mein eigenes Herzklopfen gestolpert, als Frau Hörndl im Vorbeigehen gefragt hat, ob ich eigentlich noch Kontakt zu dem netten Jäger habe, weil sie gern ein paar Hirschgeweihe hätte wegen Deko?

Und einmal hab ich dem Gana-Sepp auf der Alm geholfen, weil er sich die zweite Hüfte machen lassen musste. Gehen kann er besser als davor, behauptet der Sepp. Nur »den Farn an der

steilen Sau-Leitn mähen« darf er nicht, sagt der Doktor. Und den alten Stacheldraht vom Almzaun durch den steinigen Wald runterzerren, weil er »wegen Tierwohl und überhaupt ist's ein Scheißdreck mit dem Stacheldraht« jetzt eine Elektrolitze zieht – das darf der Sepp auch nicht. Sagt der Doktor. Der im Übrigen lieber selber schauen soll, dass er nicht so viel säuft, weil das darf man auch nicht. Sagt der Sepp.
So.

Was ich sagen will. Die ungünstigen Zufälle. Wir waren einfach, wie von allein, gleichzeitig auf dem gleichen Weg. Kilian mit einer Kraxe voller Salzlecksteine für die Gams. Billy und ich mit Beißzange und Nageleisen, zum Zaunabbauen. Nacheinander Ausschau gehalten haben wir sicher nicht. Man läuft sich einfach über den Weg. Öfter. Ständig. Wenn man am gleichen Berg lebt. Es war sicher nicht Schicksal. Oder Vorsehung. Eher ein Versehen.

Kilian hat, natürlich, einen Jagdhund. Maxl. Der schon zwölf ist. O-Beine hat von seiner Arthrose und eine Bandscheiben-OP. Trotzdem ist Maxl ein total durchgeknallter Vollgaser, was Gams und Hirsch betrifft. Keine Sekunde darf man nachlässig sein, sonst ist er weg. Auch mit umgerechnet 86. Deswegen muss Maxl – und somit auch Billy – immer brav sein, wenn Kilian und ich uns zufällig treffen. Immer Fuß gehen. Immer Platz-und-Bleib. Immer ruhig.
Und Billy … macht's. Irgendwie orientiert er sich an Kilian und ist selig. Und weil er so brav ist, dürfen wir sogar einmal mit, zum Hirschebeobachten in den hinteren Gana-Boden. Ein von der Welt abgeschnittenes Paradies. Steile Wiesen. Umrahmt von Felswänden. Uralte Bergahornbäume. Ein leiser Wasserfall in der Mitte. Und ein Meer aus Dotterblumen. Wir erreichen lautlos eine versteckte Felsnase. Also Kilian, Maxl und Billy lautlos.

Ich weniger. Weil meine Gedanken strudeln: Was machen wir hier? Was bedeutet das alles? Komm ich je wieder los von ihm … Und dabei über nicht eine, sondern zwei Wurzeln stolpere. Einmal mit »Hopp-ah«. Und einmal mit »Au! Oh Gott, Entschuldigung, ich muss leise sein!«.

Kilian reicht mir trotzdem sein Spektiv. Welches ich ungeschickt an mein Auge knalle. »Uff.« Und dann kein Tier sehe, weil ich's vor Aufregung nicht ruhighalten kann. Bis Kilian stützend hingreift. Ans Spektiv.

Und es ist atemberaubend. Ein Rudel Hirschkühe, die Kälber spielen in der Sonne, so nah …

Und Kilian. So nah.

Billy wackelt mit den Ohren eine Fliege fort. Sonst macht er keinen Mucks. Liegt auf dem Felsvorsprung wie ein Profi. Lautlos lauern. Bei der Jagd. Ich bin sehr stolz auf meinen Hund.

Auf mich selber … nicht.

Wenn ich die Zeit zurückdrehen könnte, würde ich … ihn einatmen. Mich auflösen und in seine Haut diffundieren. Ihm auf Schritt und Tritt folgen, nichts mehr anderes tun, nur noch Kilian. Ich würde … mich trauen.

Mit ihm leben.

Ihn heiraten.

Kinder kriegen.

Das ganze Programm.

Rein zur Tarnung glotze ich durch sein Spektiv, auf eine Wildtierszene, die ich so nie wieder miterleben werde, und sehe nur Grasbüschel. Weil ich würd's heute auch tun. Ihn einatmen. Alles. Jetzt sofort. Und ich sollte an so was nicht mal denken, mit einem Mann, der eine neue Freundin hat. Herrschaftzeiten! Die mit Sicherheit besser für ihn ist als … ich. Um Welten besser. Aber wir sind hier. So nah.

Mir wird schwindlig. Vom hin und her wischenden Braun-Grün im Spektiv. Bis er's mir abnimmt. Und dann sehe ich seinen Blick.

Er weiß es genauso gut wie ich.

Der Moment dehnt sich aus. Wir fliegen darin, wie in einem Zeppelin.

Aber dann schüttelt er den Kopf. Schaut zum Boden.

Er hat schon jemand anderem sein Versprechen gegeben. Und dazu steht er. Das ist sein Leben jetzt. Es ist ein gutes Leben. Und das verstehe ich. Ein gutes Leben. Keine Erdbeben. Keine Gefahr. Ich versteh's total. Ich hangle den Lederriemen, an dem das Spektiv befestigt ist, von meinem Hals. »Da«, sage ich. »Dein Spektiv …«

Wir werden uns nie wiedersehen und das ist ein Fakt.

Zu Hause. Edeka. Ich kaufe ein. Zwei große Plastiktüten voll. Damals hatte man noch Plastiktüten. Reißfeste, stabile Plastiktüten. Die viel Gewicht aushalten.

Ich schleppe sie in meine Wohnung. Wo ich wenigstens duschen und meine E-Mails lesen sollte.

Aber ich esse 1,5 Kilo Joghurt, vier Snickers, ein Blech Backofenpommes mit einer Flasche Ketchup und einer Tube Mayo, einen Salat (immerhin), ein paar Käsetoasts und drei Bananen mit Nutella. Ist mir scheißegal.

Mein Fernseher läuft seit 48 Stunden durch und ich verlasse meine Wohnung nicht.

Meine Nachbarin Tilo lässt Billy raus zum Pinkeln. Und passt auf ihn auf, bis ich vom Hausarzt zurück bin. Wo sie für mich einen Termin gemacht hat.

Eine Packung Zoloft verschreibt er mir, der Hausarzt. Gegen depressive Verstimmung. Und gibt mir gleich eine Packung mit nach Hause. Kein Problem.

Und wenn ich diese Packung komplett schlucke? Auch kein Problem. Hinter meiner Waschmaschine verstauben zwei Fla-

schen Prosecco. Taumle ich dann nahtlos ins Jenseits? Wahrscheinlich nicht mal grausig. Höchstwahrscheinlich nicht.
Mit einem kleinen Lächeln lasse ich 120 kleine weiße Tabletten auf eine Untertasse ploppen. Wird ziemlich voll. Sehen ein bisschen aus wie TicTacs. Mein kleines Lächeln bekommt ein anderes Gesicht. Ein dämonisches. *Warum denn nicht*, fragt es. Und für einen Moment finde ich keinen Grund...
Da wabert ein Geruch auf mich zu. Den ich nicht beschreiben will. Er färbt die Luft olivgrün, so ein Geruch. Von unterm Tisch heraus. »Boah, Billy!«
Scheiße.
Was wird dann aus Billy!?

Ich kippe die Untertasse ins Klo und spüle. Und spüle. Und spüle. Bis Frau Hörndl unten an die Decke klopft und fragt, ob sie den Installateur anrufen soll.
»Alles gut!«, rufe ich durch den dünnen Holzboden. Klaube die Leine aus einem Wäschehaufen. Und krächze: »Komm, Billy, Gassi.«
Zwei Minuten später macht er einen riesigen Haufen vor die Friedhofsmauer.
Fix und fertig lehne ich mich so lang ans schwarze Brett der Kirchengemeinde. Und dort hängt eine Anzeige: »Küchenhilfe auf Alpenvereinshütte gesucht. Freie Einteilung. Bezahlung gut.«
Ich weiß, auch ohne meine E-Mails zu lesen, dass meine Tage bei der Vorabendserie gezählt sind. Schon mein letzter Entwurf war eine Aneinanderreihung von Problemen. Zu kantig. Zu kompliziert. Zu weit weg von der Formatvorgabe.
Aber Gastro? Da bin ich aufgewachsen.
Katholisch bin ich schon lange nicht mehr. Aber kann schon sein, dass diesen Job der Himmel geschickt hat.

Die Hüttenwirtin hat einen Weimaraner. Axel. Der ist einen Kopf größer als Billy. Und moppelig. Weil die Gäste ihn mit Wiener Würstl und Kaiserschmarrn füttern, bis er platzt. Axel ist hellgrau und hat trotz seiner Größe eine tapsige Art. Billy dagegen… schwarz. Bewegt sich wie ein Wolf. Kein Mensch verfüttert sein Wiener Würstl an einen Wolf. Die Leute gehen unwillkürlich rückwärts, wenn er ums Hauseck schleicht. Solang Gäste da sind, muss Billy woanders bleiben.

Am besten im Auto, unsichtbar im Schatten hinter der Hütte. Das heißt für mich, ich kriege einen Schrankenschlüssel und eine Fahrgenehmigung. Allerdings sitzt mein tapferer VW Passat so oft auf in den steilen Fahrrinnen, dass Billy auf dem Rücksitz zittert und wimmert wie in Todesangst. Zu Hause lassen geht auch nicht. Also darf er vorausrennen bis kurz vor der Hütte. Ist super für seine Kondition.

Hah. Vielleicht sollte er fahren und ich rennen.

Axel sieht man nie rennen. Ich bin voller Bewunderung für Axel. Er verlässt die Terrasse nie aus eigenen Stücken. Erst wenn die Chefin sagt: »Na gut, geh spielen.«

Bis ich eines Tages Billy aus dem Auto lasse, nach Feierabend. Und sie alle beide weg sind wie ein Pfeil.

»BILLY!!«

Gerade waren sie noch da. Und dann: zack. Nase hoch, und sie fliegen den Berg hinauf. Steil, ins Geröll.

»BILLL-LY!!!!«

Weiter im Tiefflug.

Ich suche mit blinzelnden Augen den verdammten Berg nach einem hellgrauen und einem schwarzen Punkt ab. Ich springe in meinen Passat. Fahre, bis der Weg kein Weg mehr ist. Und renne los.

Ich bin nicht fit. Acht Kilo zu schwer. Bis ich es hinauf schaffe zum Geröllfeld, stehen meine Lungen in Flammen. Aber, hah! Einen hab ich. »Sitz. Auf der Stelle«, schnaufe ich. Axel scharrt wie ein Besessener unterhalb von einem Felsbrocken. Ich existiere nicht für ihn. »Axel!«

Gleichzeitig taucht hinter dem Felsbrocken ein schwarzes Gesicht auf. »BILLY!«

Wenigstens zuckt er ertappt zusammen. Er hat etwas im Maul. Etwas Flauschiges. Hellgraues. Es schaut mich mit großen Augen an.

»Billy. Aus«, japse ich. Ich stehe vor ihm, mit den Händen in den Hüften. Ich kann zwar nicht sprechen vor Atemnot, aber mein Blick fühlt sich streng an. Autoritär. Ausnahmsweise bin ich eine Frau, mit der man keine Scherze macht.

Billy macht tatsächlich zögernd das Maul auf.

Schneehase. Ein kleiner Schneehase. Kaum berühren seine Pfoten den Boden, macht es *PFRRRRR...* und vor uns schwebt nur noch eine Staubwolke in Hasengröße.

»Sehr gut, Billy«, schnaufe ich. »Braver Hund.« Ohne Hasen im Maul. Großer Seufzer. »Sehr, sehr gut!«

Findet er nicht. Mit einem Ruck fliegt sein Kopf zur Seite. *Hey! Hase weg! Fangen!*

Ich erwische ihn nicht mehr. »BILLY!!!«

Weit über mir höre ich Steine klackern. Zuerst purzelt eine Handvoll tennisballgroßer Brocken über die Felswand. Dann ein fettes Teil. Kracht vor mir in die Tiefe und rumpelt mit einem Affenzahn außer Sicht. Weit, weit unter mir scheppert etwas. Stein auf Metall. Da unten parkt mein Passat. Ich werde noch wahnsinnig mit diesem... Köter!

Eine halbe Stunde später kralle ich meine Finger schweißtropfend in Billys schwarzes Fell. Über uns die dunkelgraue Wand. Unter meinen Füßen nicht mehr viel. Mir macht Höhe eigentlich nichts aus, aber wenn die begehbare Fläche so schmal wie ein Handtuch ist und ich mit Hund in der Hand rückwärts aus den Felsenzacken herauskriechen muss, dann find ich das so mittel. Ich frag Sie jetzt nicht, ob Sie das Gefühl kennen. Ich liebe meinen Hund. *Aber.*

Wir schaffen's ohne größere Blessuren aus dem Felsenverhau und stolpern mehr oder weniger einträchtig zurück zum Hasenbau. Axel hat sich in der Zwischenzeit bis zu seinem Bauchnabel vorgearbeitet. *Scharr, scharr, hechel, hechel.* Weiter geht's nicht. Er ist auf Fels gestoßen. Ich stupse ihn am Hintern. »Axel. Nach Hause.« Er schaut mich an wie ein Yogi in Trance. Staub und Steine hängen an seinen Lefzen. Ich nehme meinen Gürtel und fädle ihn durch sein Halsband. »Fuß.« Das versteht er. Immerhin. Ein Köter am Gürtel, den anderen am Fell, stapfe ich bergab. Erfolg, denke ich, ist nichts anderes als der Höhenunterschied zwischen meinem Ausgangspunkt und meinem Jetzt-Punkt.

Ich bringe einen selig sabbernden Weimaraner zum Berggasthof zurück. Den lieben Billy lasse ich im Schatten der Hauswand im Auto hocken. Die zwei vernachlässigbaren Einschläge auf der Motorhaube sehe ich als gutes Zeichen.

Rückruf. Rückruf ist das A und O. Ohne Rückruf … Hase.
Anstatt Tour-de-France-Schauen lese ich jetzt Hundebücher: Wie ich ein Rückrufsignal aufbaue. Mit sehr hochwertiger Belohnung. Indem ich das gewünschte Verhalten (also herkommen) erzeuge und die Belohnung in dem Moment einsetze, wo der Hund bei mir ist.
Okay. Gut. Ich statte mich mit einer Tüte Hundekekse auf Haferbasis aus und bewege mich in Frau Hörndls Garten hin

und her. Billy macht… sein Ding. Schnüffeln. Pinkeln. Spähen. Ich suche einen guten Moment. Er sollte mich zumindest beachten, glaube ich… und als das nix wird, versuch ich's einfach mal: »Billy, komm!«
Kurzer Blick.
Billy späht hinüber zum Kurpark.
»Billy, komm!!«
Nichts.
Ich raschle mit den Haferkeksen.
»Billy. Komm!«
»WHOFFF.« Absprungbereit steht er am Zaun. »WHOFFFF, WHOFFF, WHOFFF!«
Ich sehe eine weiße Katze davonrasen.
Okay. Das war ungünstig.

Ich lese weiter in meinem Buch. Und freunde mich mit der Theorie des Superleckerli an. Für das der Hund alles tun würde. Haferkekse… stehen da nicht auf der Liste. Wer hätte das gedacht.
Also.
Streichwurst kommt in die Top Fünf. Wird aber klar geschlagen von Gummibärlis. Einem stinkenden, schmierigen, überreifen Käse aus den Untiefen meines Kühlschranks. Und getrockneten Hühnerhälsen. Die gibt's beim Zoo Halber im Sonderverkauf. Und ganz ehrlich, wie kann man nur. Auch als Hund.
Ich wäre wirklich glücklich gewesen mit den Haferkeksen. Zur Not auch mit Streichwurst. Aber wenn er meint… dann Hühnerhälse. Das muss es mir wert sein.

Ich kaufe also Hühnerhälse. Vier Megapacks. 100 Stück in einer Tüte. Und Sylvia, die nette Verkäuferin, strahlt mich an. »Das ist das Beste überhaupt.«
Ich lächle, mit geschlossenem Mund. Das Hühnerhalsaroma dringt sage und schreibe durchs Plastik. Aber das muss es mir

wert sein. Und wir üben. Wir werden richtig gut. Billy-kommt-mit-gespitzten-Ohren-zu-mir-gesprungen-gut. Weil mein Hund einfach so klug ist und so feinsinnig. Ich bin so stolz.

Wir haben das nächste Level erreicht. Wir fangen an, wie empfohlen, mit Ablenkungsreizen zu üben.

Und stellen fest, dass ein Murmeltier... ein zu großer Reiz ist. Unseres speziell sitzt auf einem Felsen, regungslos, bass erstaunt, was da auf es zukommt. Ich, in dem Fall. Mit einem schwarzen Hund neben mir. Einem latent gefährlichen schwarzen Hund.

Eigentlich gehe ich davon aus, dass ein Beutetier in freier Wildbahn Gefahren erkennt. Und sich mit Bedacht verzieht.

Aber unser Murmeltier? Macht Männchen. *Mümmel, mümmel, mümmel,* auf seinem Grashalm... Schnell einen Hühnerhals raus. »Billy, komm!«

»FIIIE! FIIIE! FIIIE!«

»WHORR!!«

Und dann – Aktion. Panik. *Hoppel, hoppel,* rennt das Murmeltier zu seinem Bau, mit seinem silbern glänzenden Fell und seinem Wabbelspeck. Und zum ersten Mal, seit ich Gabrieles Grundstück in Grünwald mit Billy auf dem Rücksitz verlassen habe, bin ich richtig froh, dass er so groß ist. Und nicht in den Murmeltierbau passt.

Murmeltiere sind Champions League.

Nein, wirklich, ich frage Sie: Welcher Hund auf der Welt!?

Wir müssen zurück zu den Basics.

Wir üben. Mit einem Fußball. Mit einem Fetzen Gamsfell, das ich bei einem jungen Jäger in Rosenheim abhole. Blicklos und mit einem genuschelten »Was kriegst'n dafür?«. Er ist wahrscheinlich ein total netter Kerl. Nur... Jäger geht gar nicht. Aber danke für das Fell.

Wir üben also weiter. Die zweite Tüte Hühnerhälse durch. Und Wunder über Wunder, Billy ist wieder Übungsweltmeister. Unser Set-up sieht so aus: Ich werfe das Fell. Billy trabt hinterher. Ich singe »Billy, komm!«. Daraufhin kehrt er ohne Zögern um und kommt zu mir. Sitz. »Brav is' er.« Zack, Hühnerhals. Wir sind gut. Wir haben's drauf. Wir sind wieder bereit für eine echte Ablenkung. Live sozusagen.

Ich bin voller Zuversicht.

Meine Chefin auf der Alpenvereinshütte im Gegenzug um ein Huhn ärmer.

Und dabei war Billy an der Leine. Mist, Mist, Mist, Mist, Mist! Ich packe das leblose Huhn an den Beinen. »Oh mein Gott! Die Elsa! Wie kannst du nur!!«

»Haff! Haff!«

Völlig aufgelöst zupfe ich meinem Höllenhund eine Feder aus seinem lächelnden Maul. Und trage Huhn Elsa in die Küche. Durch den Hintereingang. Man will ja unbescholtene Gäste nicht mit ihrer zukünftigen Suppe im Federkleid konfrontieren.

»Es tut mir so leid, aber ... die Elsa ist ...« Ich halte das Huhn an den Beinen hoch. Es baumelt. Die Chefin mustert das Huhn. Fachmännisch. Analytisch.

»Ja, das ist der Lauf der Dinge«, seufzt sie. Solang das nicht jeden Tag vorkommt, ist's kein großer Schaden. Obwohl sie's ihren Gästen so eigentlich nicht mehr vorsetzen kann, das Huhn ...

An den finanziellen Schaden habe ich jetzt primär gar nicht gedacht. Eher an den seelischen. Aber ich zahl der Chefin 20 Euro für ihr Huhn und damit ist sie wieder bester Laune. Ich dagegen grüble. Mit nagendem Gewissen. Wegen der Hühnerhälse. Kann es sein, dass Billy sich den Geschmack angewöhnt hat? Und denkt: Hühnerhals ist Hühnerhals. *Schnapp.* Elsa, bye-bye.

Oh Gott.

Es werden wieder Haferkekse.

Jedenfalls gehört mir jetzt ein totes Huhn und eigentlich will ich's begraben. Andererseits ist das die verwerflichste Verschwendung eines Hühnerlebens. Also koch ich's. Stell's drei Tage in den Kühlschrank, weil ich's nicht über mich bringe, es zu essen. Am vierten Tag löse ich die Knochen aus und verfütter's meinem Hund. »Na also«, wird er sich denken. »Geht doch.«

Das war ein massiver Erziehungsfehler, glaube ich. Aber das arme Huhn ...

Ich setze einfach drauf, dass sein Hundegehirn diese Verknüpfung nicht macht.

Und dann – fangen wir von vorne an.

Wir üben. Ohne Hühnerhälse. Dafür mit Haferkeksen. Streichwurst. Stinkekäse.

Und ohne Ablenkung. Wir üben oberhalb der Baumgrenze, wo keine Rehe und keine Hasen sind, und außerdem ist das gut für meine Fitness. Vier Kilo hab ich schon. Auch wenn Tilo sagt, darum geht's nicht.

Ende August schneit's bis auf 1200 Meter und wir üben im Schnee. Billy lässt sich den Wind um die Nase pfeifen. Sein Adlerblick schweift zu den großen weißen Bergen. Zum Venediger. Als könnte er über den Horizont sehen. Alles erkennen. Wenn er so dasteht, die Pfoten fest in den Berg gestemmt, so stark, so im Einklang mit allem, so zweifellos frei ... dann fühl ich's auch.

Dann lehne ich mich in den Wind. Dann scheuche ich die Wolkenfetzen weiter. Dann stehe ich auf dem Fels und bin da. Alles andere kann mich nicht einholen, hier oben.

Billy schaut mich an, als würde er's merken. Seine Augen leuchten. Wenn er ein Mensch wäre, würde er die Arme hoch in den Himmel reißen und laut »Juhuu« schreien. Er macht's nicht, weil er ein Hund ist. Weil er ein Hund ist, schüttelt er sich irgendwann und stupst meinen Rucksack an: *Brotzeit dabei? Hühnerhals vielleicht?*

Und eines Tages... ist es Abend, bis ich im Tal bin. Wir waren echt weit. Zum ersten Mal seit... seit Indien... schlackern meine Jeans um mich herum. Und mir geht's so gut!
Todmüde latsche ich die letzte Biegung der Forststraße hinunter und überlege, auf den Wanderbus ins Dorf zu warten. Im öffentlichen Nahverkehr habe ich einen Nylonmaulkorb für Billy. Den er natürlich hasst. Aber für zehn Minuten im Bus kann man ihn aushalten, erkläre ich ihm. Zehn Minuten Maulkorb. Gegen zwei Stunden an der Straße nach Hause laufen. Und ich hab nicht mal mehr einen Müsliriegel.
Mitten in diesen Zwiespalt donnert ein 64-PS-Motor. Das Geräusch ist wie ein Reflex in meinen Ohren. Ein Suzuki. Röhrt an uns vorbei. Die Stollenreifen wirbeln Straßenstaub in meine Augen. Kilian erkennt mich nicht. Er hat einen nagelneuen Kindersitz auf der Beifahrerseite.
Natürlich.
Das Leben geht weiter. Was denk ich mir.

Ein Sommer Alpenvereinshütte. 270 Hühnerhälse. Ein Huhn. Acht Kilo Fettgewebe, wenn nicht zehn... Für die Katz?

2021, 4. Mai, 23:00 Uhr
Kaum liege ich im Bett, springt unser Kater vom Fensterbrett.
Ka-WOMMM.
Es ist ein schwerer Kater. Groß und grau. Und Rücksicht ist nicht seine Stärke.

Ich horche nach unten. Billys Korb knarzt. »Bloß der dicke Jaggl«, flüstere ich. Ich hasse es, wenn Billy erschrickt.

Wir haben unser Angstkontingent für dieses Leben längst abgearbeitet. Für uns ist Schluss mit Angst und Schrecken. Brauchen wir nie wieder.

Es bleibt still unten.

Aber am Türstock höre ich scharfe Krallen kratzen.

Hellwach schleiche ich aus dem Bett und füttere meinen fetten Kater, damit er aufhört, von Fensterbrettern zu springen. »Lass den Billy in Ruhe!«, warnt ihn mein Blick.

Und dann horche ich noch ein bisschen, auf die Geräusche, die man an einem anderen Tag einfach nicht hört.

2009
Halsband und Stacheln

Meine Chefin von der Alpenvereinshütte zahlt mich extra für den Jahresputz. Betten waschen, Küche schrubben, Brennnesseln für ihre Entgiftungskur auskochen, Zimmer neu tapezieren. Mit Blumentapeten.

Das ist nicht, was ich mir für mein Leben ausgedacht habe, mit 33. Mit 33 wollte ich… ganz woanders sein. Ich habe so eine Wut auf mein Leben, dass ich zittere. In meinem Kopf drehen sich Dinge, die ich nicht fassen kann. Immer im Kreis. Immer im Kreis. Ich dreh mich im Kreis. Seit 30 Jahren. Jedenfalls.

Zum Jahresputz gehört auch, den Kuhzaun vor dem Winter abzumontieren, sagt die Chefin. Also schnappe ich Beißzange, Nageltasche, meinen Hund, eine Leine und stapfe los.

Der Zaun führt geradeaus bergauf, bis zum Latschenkiefernfeld. Dort schlängelt sich auch der Wanderweg zum Gipfel. Unbequem, steinig, steil.

Ich fange an. Nagel packen. Rausreißen. In die Tasche. Nächster Nagel. In die Tasche. Nächster. Zack. Nach dem zwanzigsten Nagel lasse ich Billys Leine los. Ich brauch einfach beide Hände, sonst werd ich nie fertig.

»Billy, sitz!«, sage ich und entnagle ein paar Meter. Dann: »Billy, komm!« Käsestück.

Das funktioniert. Ich reiße Nägel aus. Wunderbar.

Nebenbei wische ich Tränen von meinem Gesicht. »Heulen überflüssig!«, schimpfe ich. »Selber schuld!« Um mich rum dreht sich ein Strudel, immer schneller, immer schneller. Und ich stürze mich kopfüber hinein. Verschwinde darin. Ich bin nichts. Ich bin …

Ich hör's erst, als es nicht mehr zu überhören ist.

»WHARRRR, WHARRRRR, WHROARRRRRRR!«

30, 40 Meter unter mir steht ein Mann mit Rucksack vor einem wild zuckenden Körperknäuel. Eine Leine führt von der Hand des Mannes zu dem Knäuel. Ein Teil des Knäuels ist schwarz. Und brüllt »WHROARRR! WHROARRR!« wie ein Höllenhund.

»Billy!! Nein!!!«

Ich renne, ich fliege über Felsbrocken, Wurzeln und Wiesenlöcher. Ich pfeife laut. »BILLY!!«

Die zweite Hälfte des Knäuels jault auf. Hellbraun. Ein Retriever.

»BILLYYYY!!!«, heule ich. Und er lässt los.

Der Mann untersucht seinen Hund. Ein blutiges Ohr. Ein Riss an der Schulter. Nicht groß. Aber … Ich warte stumm. Reglos. Bis der Mann sagt: »Alles okay.«

Ich hasple eine Entschuldigung. Will ihm ein Bier zahlen oder eine Schorle. Oder ein Bergsteigeressen, wenn ihm das lieber ist. Aber der Mann zieht es vor, ins Tal zu gehen. Was ich verstehe. Total verstehe. Ich würde auch kein Bergsteigeressen wollen.

Billy liegt flach neben meinen Füßen. Meine Hände kribbeln, von zu viel Sauerstoff.

»Billy. Mein Gott. Wie kannst du so was machen??«

Vielen belesenen Hundebesitzern wird klar sein, warum er das gemacht hat. Ich war nicht präsent. Meine Energie war in Fetzen. Also hat Billy die Verantwortung übernommen und uns verteidigt. Ganz normal. Ein toller Hund. Mit einem Frauchen außer Rand und Band.

Manchmal wünsche ich mir, ich könnte zurückgehen in der Zeit. Mit Ruhe und Gelassenheit alles anders machen. Besser. Meinem Hund Sicherheit geben. Sein Fels in der Brandung sein, wie er's verdient hat.

Aber es war Erdbebenzeit.

Und es ist, was es ist.

Noch lange, nachdem der Mann und sein Retriever als zwei Punkte im Wald unter uns verschwunden sind, sitze ich da. Mit meiner Nageltasche, meiner Beißzange und meinem Hund. Billy, die Bestie. Meine Arme fühlen sich an wie kaltes Papier. Mein Kopf ist leer und alles, was ich tun kann, ist warten. Bis mein Körper wieder Nervenimpulse umsetzt. Sich entscheidet, weiterzumachen.

Eine schwarze Hundeschnauze bohrt sich unter meinen leblosen Arm. Ich lehne wie im Reflex meine Stirn an seine. Er ist wie Samt. Seine eiskalte Nase prustet mich an. »Mein Gott, Billy«, flüstere ich. »Was mach ich nur mit dir.«

Er ist alles, was ich habe.

Und dann mache ich weiter mit meinem Zaun. Billys Leine vorsichtshalber um den Bauch gebunden. Ich versteh nicht, was da gerade passiert ist. Billy mag doch eigentlich Retriever. Paul zum Beispiel. Paul war sein bester Spezl. Und Axel. Okay, Axel ist ein Weimaraner, aber von Weitem einem Retriever doch irgendwie ähnlich. Schlappohren. Großer Hund mit Schlappohren. Aber scheinbar geht's darum nicht. Denn zwei Tage später macht er's noch mal. Der Gegner dieses Mal: ein Schweizer Sennenhund, der gelassen über seinen Bauernhof spaziert. Und noch mal. Mit einem Boarder Collie.

Und ich wünsche mir die Zeit zurück, in der er einfach nur Hasen fangen wollte. Oder Murmeltiere.

Ich lese noch mehr Bücher. Über Hundeverhalten. Ich schau Hundevideos. Ich übe. Und es ist immer das Gleiche: Sobald ein anderer Hund auch nur in Sichtweite kommt, morpht Billy innerhalb von Nanosekunden vom wohlgelaunten Lebenspartner zu 35 Kilo geiferndem Attentäter und ich muss die Flucht ergreifen. Im Wald, auf offener Straße, auf einem schmalen Bergpfad oder irgendwo in der Stadt, wenn ich Dinge zu erledigen habe. Wie neuerdings zu meiner Therapeutin fahren, was mir sehr guttut, aber Billy zerlegt mir in der Zeit den Passat. Okay, der hat eh keinen TÜV mehr, ich muss mich um ein neues Auto kümmern.
Aber ich schweife ab.
Weil ich an das Thema »andere Hunde« nicht einmal mehr denken will. Wir sind mittlerweile der offizielle Horror des Kurparks. Ein hilfsbereiter Hundebesitzer hat mir letztens quer über die Wiese und Billys »RRRHOARRR, RHOARRR, RHOAAARRRRR!!« hinweg zugerufen, dass unsere Probleme wohl daher kommen, dass ich viel mehr der Rudelführer sein müsste.
»Ja!«, habe ich zurückgerufen. »Da haben Sie recht!« Und leise verzweifelnd: »Sitz, Billy.«
»RHOAARRRR, WHHARRRRR, WHARRR!!«
Okay. Rudelführer.

Davon hab ich natürlich gelesen. Man kennt die Werke. Das sind Welt-Bestseller. Und zu Recht! Was drinsteht, macht absolut Sinn. Ich seh's vollkommen ein, verstehe das Konzept, rufe innerlich bei jedem Kapitel »ja, genau!« – und stürze mich beim nächsten Hund, der uns entgegenkommt, wieder kopflos vor ein Auto. Nur um wegzukommen vom Gehweg, weg von dem anderen Hund.

So ist's falsch.

Danke.

Ich weiß!

Achtung, Spaniel mit zwei Teenagern … »GRRRHHOARR!!!«

»Billy! Schluss!! Verdammt – Ah!! Schluss, verdammt noch mal!«

Ich muss das viel besser machen.

Ich muss souverän und selbstbewusst auftreten. Mich etablieren. Das fängt zu Hause an der Haustür an, lese ich. Der Rudelführer bestimmt, wer wann rausgeht. Und verlässt als Erster den Bau. Der Rudelführer.

Also ich.

Äh, ja.

Leute. Ich bin autoritär erzogen worden. Mein Leben lang sollte ich anständig sein, bescheiden, nicht vorlaut und auf keinen Fall unfolgsam. Das wurde einfach vorausgesetzt. Als Mädchen. Das war normal für mich. So wie für viele Frauen meiner Generation. Wir lassen den anderen den Vortritt. Immer. Alles andere wäre unhöflich. Vordrängeln … das *geht* nicht. So *ist* man nicht.

»Unsinn!«, ruft meine Empörung. »Frauen müssen sich nicht mehr hinten anstellen. Willkommen im Jetzt, mach ein Update!«

Und auf YouTube erklärt mir ein versierter Hundeflüsterer: »Ein Hund ist ein Hund ist ein Hund. Und nicht höflich.« Rudelführer sein ist nicht höflich. Nur klar.

Er ist kompetent, selbstbewusst, überzeugend. Der Hundeflüsterer. Ein Mann, der was versteht von seinem Handwerk. Ein

Spezialist. Zu dem ich aufschaue. Vor dem ich mich in gewisser Weise auch fürchte.

Weil, ganz ehrlich: Wenn das mit der Haustür so entscheidend ist, dann ... muss ein anderer der Rudelführer sein. Weil Erster draußen? Das bin ich einfach nicht.

Ich ... ich will einen Begleiter. Einen Freund. Einen, der für immer bei mir bleibt. Ohne Rangordnung, ohne Kampf. Der ... mich liebt, auf seine unterkühlte Billy-Art. Und ich liebe ihn auch. Den Affen. So. Jetzt hab ich's gesagt. Ich liebe meinen Hund und mir geht das Herz auf, wenn ich ihn sehe. Jedes Mal. Auch wenn er Mist baut.

Von Rudelführer war nie die Rede.

Ich brauch eine Frau. Eine gute Hundetrainerin. Alles andere geht sowieso den Bach runter. Also google ich: Hundetrainerin in der Region.

Lustig, dass die ersten zwölf Treffer Männer sind. Aber dann. Dann hab ich sie:

Evelyn Arnheim. Sie ist groß, schlank, nordisch. Blond. Funktionell gekleidet in Outdoor-Schwarz, Grau und Olive. Neben ihr steht ein sie anbetender hellbrauner Adonis. Eine Muskelmaschine in Kupferglanz. Scheint größer als Axel von der Hütte.

Evelyn bietet Problemhundetraining an. Neben Hundesport und Gebrauchshundeausbildung. In ihrer Galerie tauchen Urkunden und Pokale auf. Viele.

»Billy. Deine Lehrerin«, informiere ich ihn und zeige ihm die beeindruckenden Fotos. Er schielt mich an, von seinem tibetischen Knüpfteppich aus, und die zwei langen Tasthaare auf seinen Augenbrauen wippen.

»Nix mehr Hase«, sage ich. »Nix mehr WHORR, WHORRR,

WHORR.« Und buche einen Zehnerblock Einzelstunden.

Mit Herzklopfen klappe ich den Computer zu. Und Billy springt auf. Computer zu heißt: raus!! Schon klebt seine schwarze Schnauze an meiner Wohnungstür.

»Oh«, sage ich und zögere. Ich wollte eigentlich aufs Klo, irgendwann duschen und irgendwie mal staubsaugen… aber okay. Kann ich nachher auch noch machen.

»Warte!« Seine Krallen scharren ungeduldig auf dem eh schon abgewetzten PVC. Frau Hörndl hört das durch die dünne Holzdecke. Sie hat Ohren wie ein Luchs. Mit 86. Wöchentlich macht sie mich drauf aufmerksam: »Mit dem Hund, da schaust aber schon, dass er nix kaputt macht, weißt, den Boden hat mein Thomas verlegt, und sonst hab ich ja niemanden…«

Ihr Thomas ist ihr Sohn. Der, aus Gründen, die sie mir nicht erzählt, jeglichen Kontakt zu ihr abgebrochen hat. Sonst erzählt sie mir alles. Und schickt mich zur Apotheke für Fußcreme und Zeug. Weil sie ja niemanden hat, mit 86.

»Billy, leise«, flüstere ich. Was brauch ich – Leine, Mütze, Pulli, Bergschuhe, Handy…

»Whuff.«

»Sch-sch-scht, ich hab's ja schon.«

Natürlich beuge ich mich über ihn, um an die Klinke zu kommen. Selbstverständlich balanciere ich mein Zeug dabei in einer Hand. Logisch quetscht er sich als Erster durch den Türspalt. Klar haut's mir dabei Leine und Handy aus der Hand. Sowieso rennt Billy schnurstracks zum Gartenzaun und kläfft Passanten an, bis ich mein Zeug wieder eingesammelt habe und in der Lage bin, die Wohnung zu verlassen… »Hallo, Frau Hörndl, ich muss sausen… die Glühbirne? Ja, ich schau's mir nachher gleich an!«

Rudelführer, absolut.

In dem Moment ruft Evelyn Arnheim zurück.

Ich antworte mit einem atemlosen »Hallo?«, jogge zum Gartenzaun und zerre mit der freien Hand meinen schwarzen Ber-

serker zurück. »WHOUH! WHOU! WHOU!«
»Klappe, Billy, ich versteh kein Wort!«

Wir treffen uns auf einem Wanderparkplatz kurz vor Traunstein. Ich parke neben einem nagelneuen Land Rover Defender. Ausgestattet mit millimetergenau passenden Hundeboxen im Kofferraum. Über die komplette Karosserie zieht sich der Aufdruck »Gebrauchshundeausbildung, Vielseitigkeitssport, Problemhundetraining«.
Eine schlanke Gestalt kommt vom Waldweg auf uns zu. Ihr glänzender Herkules von Hund trabt fröhlich um sie herum. Verlässt aber nie den unsichtbaren Zirkel von zehn Metern um sein Frauchen. Das ist ein Ridgeback. Ich bin beeindruckt und eingeschüchtert, noch bevor ich den Motor abstelle. Evelyns Kofferraumdeckel surrt wie von magischer Hand nach oben und sie lässt ihren Hund mit einem minimalen Fingerzeig in seine Transportbox springen. Während Billy auf dem Rücksitzpolster kauert wie ein geladenes Katapult. Pfoten in die Polster gestemmt. Ohren nach hinten geklappt. »HRRRRRRRR.«
»Billy. Platz«, nuschle ich. Hören wird er mich sowieso nicht. Da draußen ist eine Frau. Und ein Hund! *Tappel, tappel, knurr.*
»Platz, Billy!«
Evelyn lächelt mich durch meine Windschutzscheibe an. Zwei Dinge schießen durch meinen Kopf: »Oh nein, ich werd's verkacken.« Und: »Ich hätte mein Auto putzen sollen.«

Ich steige aus und wir schütteln Hände. Evelyn ist absolut freundlich. Sie behandelt mich wie eine ernst zu nehmende erwachsene Frau. Sie ist ein Profi. Ich soll ihr doch mein Ziel schildern, sagt sie. Oder meinen Wunsch, da ich ja keine komplette Gebrauchsausbildung möchte.

Mhm. Mein Wunsch.

Ich erkläre, dass Billy bei jeder Gelegenheit abhaut. Hasen, Rehe, Murmeltiere jagt. Und, äh, Hühner. Dass er stundenlang nicht zurückkommt. Dass er durchs Dorf streunt und ich mir Sorgen mache, dass er von einem Auto überfahren wird. Dass er an der Leine zieht und alles andere interessant findet außer mich.

Evelyn mustert mich. Den Berserker in dem Auto hinter mir. Wartet, bis ich das sage, worum's eigentlich geht.

»WHHHARRRRR, WHARRRR, WHARRRRRR!!«

Genau.

»Ähm ... und seit Neuestem fällt er andere Hunde an«, stottere ich. »Also, jeden anderen Hund. Groß, klein, Rüde, Hündin. Viel Fell, wenig Fell. Ganz egal.« Ich schaue in den Boden. Mein Versagen als Hundebesitzerin wie ein Schatten um mich. Evelyn nickt. Billy und der Geifer an der Seitenscheibe hinter uns sind selbsterklärend. »WHARRR, WHARRR, WHARRR.«

»Wobei ... Axel nicht. Axel ist sein Kumpel. Ein Weimaraner.« Ich schniefe. Warum schniefe ich? »Und ich ... ich glaube, also ... kann es sein, dass mein Leben dran schuld ist?«

Evelyn Arnheim macht nachdenklich und neutral »Hmmm«. Zu viel Info für eine Hundetrainerin. Ich will ja nicht, dass sie meine zweite Therapeutin wird. Ich sollte differenzieren. Mein Leben spielt fürs Hundetraining sicher keine Rolle.

Aber. Hier geht's um meinen Hund. Ich kann die Probleme mit Billy nicht mit Abstand betrachten. Oder in der »richtigen Relation«. Kann ich nicht. Auch wenn ... manchmal schäme ich mich, weil ich keine größeren Probleme habe als meinen Hund. Ich jobbe auf einer Hütte. Schreibe seichte Dialoge für Fernsehserien. Ich habe weder ein Haus abzubezahlen. Noch einen Pflegefall in der Familie. Keine Kinder.

In meinem Leben gibt's nur meinen Hund. Und deswegen stehe

ich vor dieser Frau, die ich heute zum ersten Mal sehe, und schütte ihr mein Herz aus. Restlos.

Evelyns gewohntes Klientel sind erfahrene Hundebesitzer mit Gebrauchshunden, die eine Prüfung ablegen wollen. Profis. Ich sehe, wie sie in ihrem Kopf ihr Konzept ändert. Für eine tränenerstickte Single-Frau Anfang 30 ... oder eher schon Mitte 30. Aber dann nickt sie. Lächelt. Und ich fühle, wie sie mich durchleuchtet. Alle meine Schwächen. Meine Unsicherheit. Mein nervöses Gezapple. Sieht sie alles.

Ich schrumpfe um zwei Zentimeter. Lieber noch würde ich wie ein Maulwurf unter einem Erdhaufen verschwinden. Leider geht das nicht. Trainingsstunde.

»Hol ihn doch mal raus«, bittet ihre schnörkellose, sichere Stimme.

Okay.

Ich war nicht auf die Wucht gefasst, mit der Billy vom Rücksitz schießt und vor Evelyns Land Rover schlittert. Mit dem Plan, ihren Ridgeback kaltzumachen oder was weiß ich, was in seinem Kopf vorgeht. »WHARRRR! WHARRRRR! WHARRR!«

»Uh. Billy.«

Ich klopfe den Kies von meinem Hintern, stammle eine Entschuldigung, und dann sind wir bereit.

Wir üben Leinenführigkeit. Das ist die Basis. Und dabei ist essenziell, dass der Hund auf mich achtet. Erklärt Evelyn.

Ha, ha ... denke ich. Maximal achtet er auf meine Käsewürfel.

Wir unterbrechen Unaufmerksamkeit: Abdriften. Vorausgehen. Exzessiv Schnüffeln. Solche Dinge.

Momentan riecht er irgendwo einen Hasen ...

Und das geht so:

Ich soll eine vorgegebene Strecke gehen. Mein Hund geht an der lockeren Leine neben mir. Sobald er seine Position neben mir verlässt oder mit der Aufmerksamkeit nicht mehr bei mir ist, mache ich kehrt und gebe einen kurzen, exakten Leinenruck.

»Oh. Wow. Okay«, stammle ich. »Aber Billy ist sehr schreckhaft.«

Wichtig ist, dass »Kehrt und Leinenruck« neutral kommt. Erklärt Evelyn. Nicht als Strafe. Nicht mit Emotion. Sondern wie aus dem Nichts. Wir sind nicht brutal. Aber wir sind exakt. Der Hund muss lernen, dass neben mir, bei mir, der richtige Platz ist. Es muss sein Job sein, zu schauen, wo er gehen soll.

Mein Hals ist wie von Staub belegt. Ich schlucke.

Wenn der Hund dann die Aufmerksamkeit wieder bei mir hat, lobe ich ihn. Erklärt Evelyn. Alles gut.

Da bin ich mir nicht so sicher...

Wir versuchen's einfach mal. Keine Angst vor dem Leinenruck. Der kommt kurz, exakt, und dann ist's sofort wieder gut.

Also ich weiß nicht...

Keine Sorge, das ist alles nur ein Hilfsmittel. Erklärt Evelyn. Das Ziel ist ein kontrolliertes, entspanntes Miteinander. Später brauchen wir das alles nicht mehr.

Ich fühle mich wie beim Zahnarzt. Bohren ohne Spritze. Aber es muss sein. Also zerre ich Billy zu einer grasbewachsenen Schneise im Wald. Hier gehen normalerweise keine anderen Hunde. Hier fangen wir an.

Evelyn reicht mir ein Halsband. Nylon. Schlicht. Ihr Logo drauf.

Ich soll die Leine daran befestigen. Am Geschirr ist die Wirkung viel zu schwammig. Damit tun wir dem Hund keinen Gefallen.

Ah, okay... blödes Gefühl.

Und nach unten rucken. Sodass der Hund den Impuls im Nacken hat. Niemals an der Kehle.

Herzlichen Glückwunsch.

Na dann. Nur Mut.

»Billy, Fuß!«, piepse ich und klopfe an mein Bein. Ah, er kommt freudig neben mich und will einen Stinkekäse.

Aber Evelyn schüttelt den Kopf. Leckerlis wären für uns kontraproduktiv. Der Hund muss aktiv leisten, dass er auf mich achtet. Ich bin kein Futterspender, den man dann wieder links liegen lässt.

Ich nicke.

»Billy, Fuß …« Ein Schritt. Zwei. Ich halte die Leine hoch vor mir. Oh Gott, ich gehe, als könnte ich nicht gehen. Billy trabt an mir vorbei.

Evelyn sagt: »Jetzt.«

Oh Gott, jetzt schon? Ich packe die Leine. Bleibe stehen. Drehe mich in die andere Richtung und *ZUPP*.

Billy steht quer zu mir und schaut mich fragend an. Ich drehe mich um zu ihm. Schuldbewusst. Elend.

»Nicht auf den Hund schauen. Weitergehen«, sagt Evelyn.

Okay.

Ich gehe. Ich sehe trockenes Laub zwischen den Grashalmen. Einen Zaun. Billys Rücken. Sonne zwischen den Zweigen einer Buche. Billys Hinterteil …

»Jetzt driftet er ab!«

Ich presse beide Fäuste um die Leine, mache kehrt und *ZUPP*. Der Winsler ist klein, aber sein Blick verstört.

»Weitergehen, weitergehen, nicht anschauen, so ist er brav.«

Ich stoppe. Jetzt schon schweißgebadet. Evelyn nickt. Und an ihrem Nicken sehe ich, das war jetzt so mittel.

Ich sollte Billy sofort loben, nach dem Leinenruck, wenn er mir folgt: »So ist er brav«, aber ich kriege meine Zähne nicht rechtzeitig auseinander. Ich sollte entschlossener geradeaus gehen, aber ich taste mich von einem Schritt zum nächsten wie auf rohen Eiern. Vor allem sollte ich die Leine lockerer halten, aber mit mehr Entschlossenheit den Ruck ausführen. Kurz. Ein Impuls aus dem Nichts.

Evelyn zeigt's mir.

Sie geht drei Schritte mit Billy. Der schaut, was im Gebüsch raschelt – *Zack* – andere Richtung. Und er eilt hinter sie. »So ist er brav.« Und weiter. Gar nicht hinschauen. Gehen.

Billy läuft zu schnell, *Zack*. Und so ist er brav. Unter meinem Schuh knackt ein Zweig. Billy springt zur Seite. *Zack*. Das macht Evelyn dreizehn Mal. Ich hab mitgezählt. Und Billy läuft neben ihr. Schielt hinauf zu ihr. Passt auf.

Ich bin beeindruckt. Eingeschüchtert. Da übernimmt jemand absolut die Kontrolle.

Dann bin ich noch mal dran. Evelyn legt mir eine leere Leine in die Hand. Erklärt mir genau, wie ich den Ruck richtig ausführe. In Zeitlupe. Während Billy neben mir sitzt und wie auf Autopilot ins Unterholz glotzt. Da drin ist etwas. Hase. Vogel. Irgendwas. Also stupse ich an Billys Ohr. »Hey! Brav sein.« Aber er schüttelt sich nur und glotzt weiter.

Vor Evelyn sitzt ein Hund, der sein Ding macht, mit einem Frauchen, die ihm sagt, er soll aufpassen, und damit keinerlei Wirkung erzielt. Glorreich.

»Versuch's noch mal«. Evelyn lächelt.

Ich nicke. Umfasse Billys Leine. Versuche, meine Hand anzusteuern. Meinen Arm. »Billy, Fuß.«

Es macht nicht *ZUPP*, sondern *WHACKKKK*. Die Leine reißt meinen Arm von mir weg. In meiner Schulter macht etwas *TACK*. Es katapultiert mich nach vorn. Ich sage »Ugh«.

»WHARRRR, WHARRR, WHARR.« Eine schwarze Granate schlägt im Unterholz ein. Evelyn macht blitzschnell drei Schritte ins Gebüsch. Nimmt die Leine. Und *ZACK*. Winsel, Ruhe. Billy sitzt.

»Geht's?«, fragt sie mich.

Ich nicke. »Da war ein Hase, glaub ich.«

Sie schaut mich an. »Es sind immer Hasen da.«

Und das ist die blanke Realität.

Es sind immer Hasen da.

Nächste Woche klappt's etwas besser und wir steigern die Herausforderung. Evelyn hat zur Ablenkung ihren Ridgeback unter einem Baum abgelegt. Er heißt Platoon. Genannt Plopp. Wiegt 42 Kilo. Und liegt da. Ganz entspannt. Ohne Leine. Nur der Hund.

Allein davon kriege ich Herzrasen, aber Evelyns Blick sagt mir, um ihren Hund brauch ich mir keine Gedanken zu machen. Also gut. Ich achte nur auf Billy. Die Leine. Das Halsband. Nicht auf Plopp-Platoon.

»WHOARRR, WHOARRR, WHOARRR!«

»Kehrt! Karin! Kehrt!«, raunt Evelyn.

Ich werde seitwärts Richtung Baum geschleift. Der Ridgeback rührt sich nicht. Aber das ist Billy scheißegal. »WHRRRR!!«

Spät, unendlich spät, fasse ich Fuß im trockenen Laub und ziehe dagegen. Billy schüttelt und windet sich, und kurz bevor er seinen Schädel aus dem Halsband fädelt, tritt Evelyn dazwischen. Abstand zum Ridgeback Plopp – vier Schritte. Fünf. Aber mehr nicht.

Evelyn stülpt Billy schnörkellos ein Kettenhalsband über. Es hat dicke, kompakte Fortsätze auf der Innenseite. Wie kleine Spikes.

Ich schüttle den Kopf.

»Nein.«

Aber wir brauchen ein Mittel, mit dem ich zu Billy durchdringe, sagt Evelyn. Momentan habe ich keins.

Ich schiele auf den Abstand zwischen Billy und Platoon. Plopp.

»Es ist nur für den Übergang«, redet Evelyn mir zu. Bis Billy gelernt hat, auf mich zu achten. Eine Krücke. Mehr nicht.

Ich taste an den Spikes. Sie sind nicht scharf. Auch nicht spitz. Und trotzdem ... Ich schlucke.

»Okay, kommt mal von da vorne«, sagt Evelyn und zeigt zu einem 30 Meter entfernten Zaun.

Okay. Wir kommen von da vorn.

Sobald Billy seinen neuen »Feind« fixiert, mache ich kehrt. Das

Kettenhalsband rasselt bei dem Ruck. Es gibt keinen Winsler. Nur ein Ducken, ein Luftanhalten. »So... is' er brav.«

»Besser!«, sagt Evelyn. »Bleib dran jetzt.«

Irgendwann definiert sich ein Umkreis von 15 Metern, hinter dem Billy Plopp, die Hundestatue unter dem Baum, akzeptiert. In diesem Abstand wandern wir noch ein paarmal auf und ab und dann sagt Evelyn: »Sehr gut.«

Ich ordne das ein unter »Mädchen, es wird ein langer, steiniger Weg«.

Vielleicht meint sie's auch anders. Mir egal. Ich bin nur froh, dass es vorbei ist. Hund ins Auto. Schweiß von der Stirn. Ich bin fix und fertig. Und schlucke Evelyns Hausaufgaben ohne Kommentar: Stachelhalsband kaufen. Genau eins wie dieses. Und für exakteres Handling eine kürzere Leine, ohne zusätzliche Ringe, nur mit Handschlaufe.

Auf dem Heimweg stoppe ich bei der Zoohandlung Halber. An der Theke bedient mich Sylvia. Stachelhalsbänder führen sie normalerweise nicht. Die muss man bestellen. Ich nicke. Sie tippt Stachelhalsband-Dinge in den Computer. Und ich lese ihr Namensschild gefühlt 80 Mal, wie eine Übersprungshandlung. Ganz unvermittelt seufzt sie: »Ach, es ist ein Kreuz mit den Hunden, gell.«

Ich starre sie an. Sie hat's gar nicht unbedingt zu mir gesagt. Eher zu dem leeren Raum zwischen Kasse und... Hasenfutter. Ich fange an zu erzählen. Von Billy. Von den anderen Hunden. Von Evelyn. Von der Hoffnung und von der Aussichtslosigkeit. Denn der Weg erscheint mir momentan weiter, als wir ihn in diesem Leben schaffen können.

Sylvia lächelt hinter dem Hasenfutter einem nicht sichtbaren Horizont zu. »Wir hatten auch mal einen, der hat dann den Nachbarssohn gebissen und wir mussten ihn einschläfern lassen.«

»Das tut mir leid«, hauche ich. Mein Herz ist ein Eisklotz.

Zehn Tage später ist es da. Das Halsband.

Ich trag's in die Wohnung und häng's an die Garderobe.

Sofort verbreitet es ein dumpfes, schweres Gefühl. Schwarz. Ähnlich wie die katholische Kirche. Mit ihrer Kreuzigung und ihrer Folter und der großen, großen Schuld. Nur, der Kirche habe ich grinsend den Rücken gekehrt. Dem Stachelhalsband muss ich ins Gesicht schauen.

»Billy, komm üben«, sage ich. Ich klinge alt und verwelkt.

Ich zupfe das Stachelhalsband und die kurze Leine von der Garderobe. Weil ich muss. Weil ich uns davor bewahren muss, was Sylvia erlebt hat.

Wie ein geprügelter Hund schleiche ich aus der Wohnung. Bei Frau Hörndl läuft der Fernseher und ich komme unbehelligt durchs Treppenhaus. Sie schaut Skispringen. Auf Eurosport. Das erinnert sie an ihren Otto-hab-ihn-selig. Nur deswegen haben wir digitales Fernsehen. So schade für Frau Hörndl. Und so praktisch für mich. Einfach nichts auf dieser Welt besteht nur aus Glück.

Am Gartentürl werfe ich sichernde Blicke nach rechts, links und ins Gassl zwischen Apotheke und Schreibwarenladen. Die Luft ist rein. Schnell, immer achtsam, marschiere ich los. Das Stachelhalsband klimpert an meiner Hand. Billy halte ich am Geschirr.

Wir üben ja noch nicht.

Shit, da vorn kommt ein Dackel. Mit einer Frau, im Watschelgalopp. Also, der Dackel, nicht die Frau. Der Dackel hat Übergewicht und röchelt nach Luft. Ich bin mir ziemlich sicher, dass er nicht in der nächsten Sekunde auf uns zusprinten wird. Aber trotzdem. Freilauf ist Freilauf.

Ich packe Billys Geschirr fester. Wickle das Ende der Leine um mein Handgelenk. Stemme die Sohlen meiner Doc Martens in den Kies. Und gehe aus dem Weg.

»WHAWWW!!!!«

Aufrecht bleiben. In großem Bogen weitergehen. »So ist er brav«, murmle ich, fast stolz auf uns. Weil immerhin sind wir vorbei. Alles gut.

Die Frau mit dem Dackel dagegen geifert fassungslos zu mir rüber. »Da ham's so große Hund, weil's ein Kleiner nicht tut, und dann beißt er ein Kind und dann hama's.«

Ich kann nicht antworten. Ich muss weitergehen. Weil Billy gerade nicht den Dackel anvisiert. Und Gott sei Dank, denn am Ende der Unterhaltung würde vielleicht ich die Frau beißen. Wenn ich einfach weitergehe, kann sie unbehelligt nach Hause und alles ihrem Mann erzählen, der sich zur Tagesschau sein Wurstbrot reichen lässt und den Bierschinken mag er nicht, den kriegt der Dackel.

Das ist auch falsch! Genauso falsch wie alles, was ich mache. Aber die haben kein Problem. Höchstens der Dackel demnächst, aber dafür gibt's Herztabletten.

»WHAWWW, WHAWWW, WHAWWWWW!«

Scheiße. Ein Labrador. Und wir sind noch nicht mal am Übungsplatz. Ich muss schnell sein: Billy am Geschirr hochheben. Haken schlagen. »So ist er brav.« Und weitergehen. Vorwärtsdenken, vorwärtsschauen. Jeder schuldbewusste Blick zur Seite kann mich umwerfen.

»WHAWWW-WHAWW—RRWHAWWW!!!!«

Eigentlich hat Billy Labradore mal gern gemocht. Ich frage mich, wie's Paul, dem Labrador vom See, wohl geht. Den haben wir seit Ewigkeiten nicht mehr getroffen. Ob Billy mit Paul jetzt auch so wäre? Das würd mir das Herz brechen. Von Pauls Herrchen hab ich weder Namen noch Telefonnummer. Vielleicht sind sie weggezogen. Vielleicht sollten wir das auch tun? Irgendwohin, wo's weniger Leute gibt. Und weniger Hunde. Konzentrieren, jetzt! Wir sind da.

Moorwiese vor dem Dorf. Unser »Übungsplatz«.

Die Moorwiese ist ein Rechteck zwischen Altglascontainer, Brücke über den Bach und Bahngleis. Es gibt kein Hundeverbotsschild, aber jeder bleibt auf dem Weg außen rum. Evelyn hat gesagt, wir sollen nur mit leichter Ablenkung üben. Andere Hunde – weit weg. Daher die Moorwiese.

Ich stülpe Billy das Stachelhalsband über und befestige die kurze Leine dran. Sage »Fuß!« und gehe los.

Er trabt neben mir, fast aufmerksam. Oh, wie gut!! Komm, weiter! Bitte nicht schnüffeln jetzt! Aber natürlich schnüffelt er. *Schnüffel, schnüffel…* muss ich bei so was schon? Oh Gott, ich weiß es nicht. Jetzt überholt er eh. Mist.

Kehrt. Und *Zack.* Kurz und exakt.

»Whiii!«, winselt mein Hund. Schielt zu mir hoch. Überrascht. Furchtsam. Ich kann's nicht sagen.

Ich beiße auf die Zähne. »Du musst aufpassen, Billy. Du musst aufpassen. Okay?«

Weiter. Neue Richtung. Gerade gehen. Vorwärtsschauen. Nicht auf den Hund schauen. Nicht denken. Üben.

Scheiße, da kommt der Professor mit seiner Boxerhündin. Oh, bitte nicht — »WHAAAA, WHAAAA, WHAAA!«

Fuck! Kehrt! Ruck! Und gehen. Gehen. Go, go, go!

Aber Billy zerrt an der Leine wie ein Irrer.

»WHAAARRR-WHAAARRR-WHAAARRR-WHAAAARRRRR!!!«

Er schnappt nach dem Stachelhalsband. Reißt mich von links nach rechts.

»Billy!«, jaule ich. »BILLY!!!«

Er hört mich nicht. Springt zurück und dann noch mal voll in die Leine. Ins Stachelhalsband. Gleich zerfetzt er jemanden. Mein Gott, ich hab keine Kraft mehr, die Leine ist voll auf Spannung, am Stachelhalsband…

»BILLY!!«

Mit allem, was noch in mir ist, zerre ich ihn zu mir her. Meine

Hände grabschen nach seinem Hals. Packen sein Geschirr. Schütteln ihn. »Billy! HÖR AUF!!!«

Er jault. Duckt sich. Seine Augen sind seltsam leer. Als wäre er innerlich auf einem anderen Planeten. Als müsste seine Seele erst wieder zurückkommen. Von wo auch immer sie war die letzten eineinhalb Minuten.

Ich merke, wie eine Träne über meine Wimpern purzelt. »Ich bin's. Billy. Ich bin's.«

Er schleckt über meine Hand. Schielt zu mir hoch.

Ich lasse ihn los.

»Es sind immer Hasen da.« Ich höre Evelyns Stimme wie den Allwissenden in meinem Kopf. Ja. Es sind auch immer andere Hunde da.

Oh, Billy. Wo sind wir nur gelandet?

Ich sitze immer noch auf der Moorwiese. Ich fühle mich wie in einem tiefen schwarzen Schacht. Ich bin ein Sumpfwesen, das dort unten vor sich hin vegetiert. Und nichts tun kann, als drauf zu warten, bis es verfault. Das ist mein Platz jetzt.

Warum kann ich nicht jemand anderes sein. Eine Frau, die... positiv ist. Schultern gerade. Ich wäre eins achtundsiebzig, wenn ich so eine Frau wäre. Wenn ich mich gerade hinstellen würde. Was ich nicht mache. Seit der dritten Klasse rage ich einen kompletten Kopf über alle anderen hinaus. Auch über die Jungs. Auf meiner ersten Kuschelrockparty hab ich in Kniebeuge getanzt. Küssen nur im Sitzen. Weil, Jungs, mal ehrlich: Wer von euch stellt sich auf Zehenspitzen vor ein Mädchen?

Vor vielen Jahren war ich auf einer Hochzeit eingeladen. Und hatte diese roten Schuhe an. Mit zehn Zentimeter hohen Absätzen. Wunderschöne, absolut heiße, knallrote Killer-Schuhe.

Das war ein Gefühl wie unbesiegbar sein. Eine geheime Kraft. Frauenpower, wie ein Geysir. Von den meisten Männern konnte ich den lichter werdenden Haaransatz sehen.

Sie sind in einer Schachtel unter meinem Schrank, die roten Schuhe. Zusammen mit dem Gefühl. Genau dieses Gefühl. Jetzt könnt ich's brauchen.

Nässe und schwarze Erde suckeln durch meine Jeans. Langsam stehe ich auf. »Geh'n wir heim, Billy. Komm«, nuschle ich. Geduckt traben wir los. Ich werfe sichernde Blicke um mich. Und hetze so schnell, so unsichtbar wie möglich, zurück zu Frau Hörndls Garten.

In der Wohnung mach ich ihm das Stachelhalsband ab. Er hat ein dichtes Fell und Hunde sind am Nacken so stark bemuskelt, dass sie da relativ unempfindlich sind, heißt es. Aber irgendwie… Ich schlüpf rein. Mein Hals in Billys Stachelhalsband. Gehe stramm zum Schlafzimmer, zwei, drei, vier. Ruck. Mit Schmackes an der Leine. Alles klar. Taub von Kopf bis Fuß lege ich mich auf mein Bett. Wahrscheinlich könnte ich irgendein drittklassiges Tennismatch schauen. Oder Snooker. Spätherbst ist eine furchtbare Eurosport-Saison. Aber ich komm nicht an die Fernbedienung, und aufstehen – vergiss es. Ich höre Pfoten und ein Niederplumpsen im Wohnzimmer. Das macht er relativ oft jetzt. Bleibt im anderen Zimmer. Da, wo ich nicht bin. Ein Teil von mir sagt, das ist völlig normal. Ein Hund braucht seine Ruhe. Ein Hund braucht einfach mal nichts. Der andere, wesentliche Teil von mir ist einfach nur unendlich traurig.

Ist das jetzt unser Leben? Ein Kettenhund, nur mobil? Was ist mit unserer Freiheit? Schnüffeln am plätschernden Bach? Vollgas sausen auf der großen Wiese? Neben meinem Mountain-bike herfetzen, dass der Wind pfeift? Es muss irgendwo Oasen der Freiheit geben.

Wie mit Diäten. Fünf-Elemente-Ernährung. Ayurveda-Diät. Hab ich alle. Bei jeder Diät verschlingt man zwischendurch eine Tafel Alpenmilch. Oder ein Blech Backofenpommes. Jede von uns macht das. Okay, Tilo macht so was nicht.

Wenn ich Tilo jetzt anrufen würde, würde sie mir sagen, ich kenne meinen Hund am besten. Er vertraut mir. Und ich weiß instinktiv, was richtig ist.

Also rufe ich Tilo an. Und sie sagt genau das. »Billy ist dein Hund und du weißt am besten, was für ihn richtig ist und was nicht. Dein Hund ist immer die Wahrheit. Ob du's siehst oder nicht.«

Hab ich's doch gewusst.

»Danke«, nuschle ich. Nur in einer Sache täuscht sich Tilo: Was richtig ist – da habe ich absolut keine Ahnung.

Übermorgen ist die nächste Trainingsstunde bei Evelyn.

Was sag ich ihr nur? Hat ganz okay geklappt – das hab ich letztes Mal schon gesagt. Und wie lange kann ich einer Frau wie Evelyn das erzählen, ohne einen sichtbaren Erfolg?

Vielleicht verschiebe ich. Die erste Grippewelle. Oder Keuchhusten. Oder Kopfweh? Das könnt ich machen.

Aber nächste Woche? Wenn die Grippewelle vorbei ist? Hab ich dann meine Tage?

Ich schäme mich. Vor Evelyn, der Frau, die so kompetent und geradlinig ihren Weg geht. Weil ich's besser machen müsste. Viel besser. Und vor mir selber schäme ich mich. Weil ich genau weiß, dass »besser« nicht mehr in meinem Spektrum ist. »Besser« bin ich nicht. Das ist ein Fakt, glaube ich.

Ich kann Evelyns Weg nicht gehen. Nichts an mir wird je so sein wie Evelyn. Mein Auto nicht. Meine Klamotten nicht.

Meine Körperhaltung nicht. Meine Frisur. Mein ganzes Leben.
Nein, und mein Hund auch nicht.
Ich muss ihr sagen, dass wir nicht mehr kommen. Zehnerblock
hin oder her.

»Oh, schade«, sagt sie am Telefon. Als hätte sie mit so was
überhaupt nicht gerechnet. »Dann wünsche ich euch beiden
viel Glück.« Als hätte sie Hoffnung gehabt für uns.
»Danke«, nuschle ich. Lege auf. Ich bleibe auf dem Bett liegen,
bis es dunkel wird.
Was mach ich nur? Was mach ich nur mit dem Billy??

Irgendwann nach 18 Stunden muss Billy aufs Klo. Keine
Ahnung, wie er's überhaupt so lange ausgehalten hat. Wir joggen hinunter in den Garten. Es ist noch nicht ganz hell. Im
Kurpark kein Mensch unterwegs. Wir drehen eine Runde.
Billy macht einen Haufen von einem Ausmaß, dass jeder Büffel
vor Neid erblassen würde. Und dann saust er Kreise um mich
herum wie ein Irrer, mit einem begeisterten Hundegrinsen auf
dem Gesicht. Schlägt Haken, dass Grasbrocken von seinen
Pfoten spritzen und prescht in einer Wasserfontäne am Seeufer
entlang. Ich pfeife durch die Finger. Er macht eine Vollbremsung und rennt zurück zu mir. Ich juxe und lache wie ein kleines Kind.
Dreckig, nass und glücklich kommen wir nach Hause. Ich pflü-
cke das Stachelhalsband von der Garderobe und werfe es in die
Mülltonne.
Deckel zu.

Ich rede mir ein, dass ich schlafe, aber mein Gehirn läuft Amok.

Ballert wahllos Gedanken durch meinen Kopf.

Ich hätte so vieles besser machen müssen. Mit Billy. Für Billy.

Ich hätte sein Leben stabiler machen können. Glücklicher. Vielleicht sogar freier. Wenn ich Sicherheit ausgestrahlt hätte. Ein Fels in der Brandung.

Aber ... es war Erdbebenzeit.

Ich krabble aus meinem Bett. Horche an der Treppe. Gar nichts. Ich kann beruhigt weiterschlafen. Sagt die Vernunft.

Nein, kannst du nicht. Sagt mein Herz und ich wuchte die Matratze aus dem Bett, schleife sie die Treppe runter und lege sie neben seinen Korb.

Ich atme. Ein auf drei. Und aus. Ein auf vier. Und aus.

Und die Gedanken in meinem Kopf hören auf, herumzuballern.

Billy ist mein Anker.

Wenn ich die Hand ausstrecke, kann ich seine Ohren kratzen. Ohren kratzen liebt er. Er grunzt, vor Wohlgefühl, sein Leben lang hat er das gemacht, und streckt seinen Kopf näher an meine Hand.

Das ist es. Das macht Sinn.

2010
Keine Fjorde in Ingolstadt-Nord

Heute ist Mülltag auf der Alpenvereinshütte. Das Leben hat mich wieder, mit seiner unfassbaren Banalität. Ich würde am liebsten schreiend auf und davon laufen.

Es gibt drei Müllcontainer. Alle voll. Die Chefin hat kurzfristig ihren Führerschein abgeben müssen, ihr Mann hat sich den Mittelfuß gebrochen. Und ich bin ihre einzige Spediteurin.

Ich habe einen Hänger am Passat. Ich stehe auf dem Gaspedal. Zweiter Gang. Ich muss zügig fahren, weil Stehenbleiben bedeutet Havarie mit meinem Gespann, auf der steilen Forststraße. Und dann. Der letzte Anstieg. Von den neuen Klimaunwettern ist der Weg total ausgewaschen. Es holpert. Massiv. Billy lehnt auf dem Rücksitz und hechelt. Ich hasse es, wenn er Angst hat.

»Gleich sind wir da«, tröste ich ihn – oder mich, denn unter meinem Bodenblech scharrt's. Ich muss den Passat auf den Mittelstreifen und den Wiesenrand lenken, sonst sitzen wir auf. Hoffen, dass die Reifen Grip finden, irgendwo vor mir im Ungewissen. Denn wenn's so steil ist, sehe ich nicht mehr über die Motorhaube drüber, und es hilft auch nicht, wenn ich mich nach vorn lehne bis zur Windschutzscheibe. Das ist der Grund, warum sie Geländewagen so bauen, wie sie sie bauen – hoch und eckig.

»Komm, komm, komm!«, ermutige ich den tapferen alten Passat. Und mich.

Aber dann macht es *FFF-FFF-FFF-FFF-FFFFFCHCHCHCH.* Heißer Dampf schießt aus allen Heizungsschlitzen. Innerhalb von zwei Sekunden sind alle Scheiben voller Nebel. Heißem Nebel.

»Huuuuch!«, schreie ich.

Heißes Wasser spuckt mich an wie ein Geysir. Ich sehe nichts mehr. Nur noch Dampf. Aber ich kann nicht stehen bleiben. Nicht bei dieser Steigung. Nicht mit Anhänger. Stehen bleiben ist das absolute No-go.

»Uuuuuuhhhhhh!!!« Ich weiß nicht, wo ich hinfahre.

»Hiwwwwww… Hiwwwww…« Billy. Auf dem Rücksitz. Hechelnd, Panik im Blick.

»Gleich, Billy! Bloß noch ein paar Meter!«, keuche ich und wische an der Scheibe. Ohne Effekt. Mein Handgelenk ist voller Brandblasen.

Ich reiße an der Kurbel, um das Seitenfenster aufzukriegen. Lehne meinen Oberkörper hinaus. Mein Hintern schwebt schräg über dem Sitz. Mein Fuß bleibt gnadenlos auf dem Gas. Meine knallrote Hand lenkt instinktiv. Ich sehe den Weiderost vor mir. Das ist die letzte Hürde. Ich visiere die Mitte an... *KLONNK-KLONNK*. Wir sind drüber. Ich sehe die Hütte. Wir sind da.

Wir steigen aus in einer Dampfwolke.
»Ja, um Gottes willen!«, ruft die Chefin.
Und der Chef setzt stoisch den Stapel leerer Bierträger ab, den er aus dem Keller gehievt hat: »Da hat's dir den Heizungskreislauf zerrissen.« Das hat er glasklar erkannt.
Ich setze mich auf den Boden und umklammere den armen Billy. Murmle sinnlos »is' schon gut.« Bis mir die Chefin einen Schnaps bringt. Und eindringlich in mein Gesicht spricht, wie's manche Leute mit sehr alten Menschen tun. Oder mit Kindern: »Schau, der Axel is' da zum Spielen.« Ich sehe riesige, grau schimmernde Pfoten vor mir. Im Hintergrund höre ich Stimmen.
»Was ist denn passiert?« Ein Mann.
»Ach, den Heizungskreislauf hat's zerrissen.« Der Chef.
»Das Mädl hat ja einen Schock.« Wieder der andere Mann.
»Lass mal den Billy los.« Die Chefin.
Ich habe echt zu tun, Luft zu holen. Aber ich lasse wie befohlen meinen Hund los. Der wie ein Pfeil hinters Haus rast. Und ich fühle mich unverhofft aus einem Flugzeug geworfen. »Billy ...« Auch Axels Pfoten rasen davon. Es erscheinen die Füße meiner Chefin. Zehenfrei, in fleischfarbenen Nylonstrümpfen. Und neben ihren fußbettoptimierten Gesundheitsschuhen erkenne ich ein Paar steigeisenfeste Hanwag Extreme GTX.
Jürgen, von der Bergwacht.
Er ist nicht wegen mir hier. Sondern wegen der seilversicherten Passage am Gipfel. Alles in Ordnung. Aber nachschauen muss man halt.
Was man alles mitkriegt, am Rande des Bewusstseins. Der

Rand meines Bewusstseins reicht vollkommen aus für ein normales Leben im Jahr 2010, erkenne ich. Alles andere macht mich verrückt.

Kann sein, dass ich diese Gedanken laut ausgesprochen habe. Ich weiß es nicht mehr.

Jedenfalls übernimmt Jürgen von der Bergwacht meine Betreuung. Verbindet meine Hand. Fragt, wie's mir geht.

Ich glotze ihn für einen Moment wortlos an. Und dann erzähle ich ihm von Billy. Von Frau Hörndl und dem Dachgeschoss. Von anderen Hunden und davon, dass es nur noch Sinn macht, weiterzuleben, wenn ich mich in menschenleere Regionen zurückziehe. Mit meinem Hund. Und autark werde. Und ein Nomade. Aber jetzt habe ich kein Auto mehr.

Er hört zu und nickt. Scheint mich komplett zu verstehen.

Und so kommt es, dass ich Jürgen von der Bergwacht seinen alten VW-Bus abkaufe.

Einen T3 Syncro – das bedeutet Allrad – mit 230.000 Kilometern und etwas launischer Kupplung. Aber die kann ich in Jürgens Werkstatt günstig machen lassen. »Und ansonsten ist der unverwüstlich.« Sagt Jürgen. Der Bergwachtaufnäher auf seiner Jacke schimmert in der Sonne.

Ich glaube ihm jedes Wort. Denn wer auf der Welt soll bitte noch vertrauenswürdig sein, wenn nicht ein Bergretter!?

Der Bus ist ein Traum. Allrad, Bodenfreiheit, Standheizung. Unterm Fahrersitz ist eine separate Batterie, an die ich meine Kühlbox oder meinen Laptop hängen kann. An der Seitenwand ein Klapptisch. So ein komfortables Büro hatte ich noch nie. Und die Rückbank kann ich mit einem Griff zur Schlaffläche umklappen.

Dieser Bus ist … ein Haus. Ein Zelt. Eine fahrende Höhle.

Billy liebt den Bus. Wir sind nur noch im Bus. An der wilden Isar. Am Sylvensteinstausee. In Tirol. Im Bus geht's uns viel besser als in der Wohnung. Es gibt kein Gewinsel im Bus, kein Auf-und-ab-Tigern vor der Tür, kein schlechtes Gewissen, weil Billy den PVC-Boden verkratzt.

Und wir können einfach weg, wenn's wäre.

Wenn's *zum Beispiel* wäre, dass ich unverhofft Kilian und seinem Leben als Familienvater über den Weg laufe. Weil ich zum Beispiel denke, ich sollte echt wieder unter Leute gehen, und im Dorf war gerade Handwerkermarkt.

Es war kaum ein Hauch einer Begegnung. Aus weiter Ferne. Mehr als flüchtig. Aber ich sag Ihnen was.

Ich bin dann mal weg.

Mein erster Gedanke ist: Nordkap.

War schon immer mein Traum. Zu sehen, wie groß die Welt ist. Bis an den Rand fahren. Darüber hinausschauen…

Und warum nicht? Die Chefin sperrt ab 3. Oktober eh die Hütte zu, bis Silvester. Was soll mich halten? Dass es Herbst ist. Und bald tiefste Polarnacht. Nicht die Jahreszeit für Norwegen. Aber sonst? Der Bus hat eine Standheizung. Dunkelheit macht mir nichts aus. Kälte auch nicht. Und manchmal muss man einfach… handeln.

Also.

Packe ich den Bus. Schneeketten. Extra-Dieselkanister. Schlafsack, der riecht wie toter Hase. Meine alten Koflach Extreme Hochtourenstiefel, die seit zehn Jahren ganz unten in meinem Wäschekorb ausharren. Verschüttet. Vergraben. Vergessen. Schneeschuhe dazu. Hundefutter. Gaskocher, Nudeln, Reis, Müsliriegel. CD-Player, Batterien. Und drei Stirnlampen.

So.

Ich drehe Gas und Wasser in meiner Wohnung ab. Die Sicherungen raus. Vor Weihnachten komm ich auf keinen Fall zurück. Billy hockt schneller im Bus, als ich »hopp« sagen kann. Und dann starten wir. Nach Norden, nach Norden!

Wir hören Pearl Jam und lassen das Alpenvorland hinter uns. Für Oktober ist es sommerlich warm. Der Fahrtwind bläst durch den Bus. Und dahin geht's, vorbei an München, auf die A9. Mir kommt's vor, als würde mit jedem Kilometer mehr Staub und Ballast von mir weggeweht. Ich atme auf. Tiefer, freier, jetzt schon. Wir werden alles, was schwer ist, hinter uns lassen. Alle Sehnsucht. Hinter uns. Jeden Herzschmerz. Hinter uns. Wir fahren! In die Freiheit! Nach Norden, nach Norden!

Kurz vor Ingolstadt-Nord werfe ich einen irritierten Blick in den Rückspiegel. Die ganze Heckscheibe ist voller oranger Spritzer. Häh?? Vorsorglich wechsle ich auf die rechte Spur. 120 km/h ist unser Limit, und das ist auch gut, denn kaum bin ich rechts, läuft der Motor leer. Ich versuche Gas. Schalten. Nix mehr. Keine Reaktion.

Ich lenke instinktiv zur Ausfahrt. Ingolstadt-Nord. Leicht abfallend führt die Asphaltschlaufe in eine Bundesstraße und dann gleich direkt auf eine Tankstelle zu. Dort hinein lasse ich den Bus rollen.

Noch nicht ganz auf einer Ebene mit der Realität steige ich aus. Wische mit der Hand über die orangen Spritzer auf der Heckscheibe.

Öl.

Unter dem Bus tropft's raus.

Ein grauhaariger Mann kommt aus dem Tankstellenshop. Mit einem gequälten Blick schiebt er sich an mir vorbei und taucht seine Finger in die Pfütze unter dem Bus. Kopfschüttelnd schielt er mich an. »Mach mal auf.«

Der Motor beim T3 ist hinten. Unter einer Matratze und dank Norwegen auch unter meinem Schlafsack und einem halben Sportladen voller Winterzeug. Ich fange an auszupacken. Bis der Mann mich am Ende seiner Geduld zur Seite schiebt. Die Motorabdeckung einen Schlitz anhebt, hineinschnuppert, seufzt, und dann lässt er die Abdeckung wieder runterfallen. *KLACK.*

Billy beobachtet den Mann, von seiner Rückbank aus, ohne einen Mucks.

»Hock dich rein«, grollt der Mann.

Ich gehorche. Er schiebt.

Der Mann ächzt beim Schieben und ich mache mir Sorgen um seine Wirbelsäule.

»Geht's?«, rufe ich aus meinem Seitenfenster. Aber er knurrt nur: »Da hinter müss' ma.«

Also lenke ich den Bus hinter die Tankstelle. Dort ragt eine Betonfassade mit Flachdach und Rolltoren über eine makellose Asphaltfläche. Riesige Lettern prangen mir entgegen:

Kfz Reill.

Der Mann schiebt den Bus bis vor das erste Rolltor. Verschwindet durch eine Tür. Kommt mit einem Stück Karton in der Hand zurück. Kickt den Karton unter meinen Bus. Dabei flucht er vor sich hin. Darüber, dass schon Feierabend ist. Dass die Werkstatt faktisch überhaupt geschlossen ist, weil er den ganzen Mist an einen Lackierer verkauft, einen halbseidenen, aber das ist ihm wurscht, weil »obe-doa« wird er sich nicht mehr. Das hat er sein ganzes Leben lang gemacht und was hat's ihm gebracht – da von dem Dach hat's ihn runtergehauen vorletztes Jahr, das sind zehn Meter, hah. Doppelter Wirbelbruch. Hüfte. Oberschenkel. In seiner Rente wollte er den Segelschein machen, das kann er jetzt vergessen.

Ich steige kleinlaut aus.

»Wo wolltst'n du hin mit dem Scheißkarrn«, knurrt er.

»Norwegen.«

Stille breitet sich um den Mann aus.

Ich gehe davon aus, dass es sich um Herrn Reill von Kfz Reill handelt. Sein Blick schweift in die Ferne. Und dann sagt er: »Oh mei, Mädel. Wenn i di o'schau... und wenn i des Auto o'schau... dann muass i woana.«

Es ist ein Getriebeschaden. Und ein Wahnsinn, sagt der Reill Schorsch – so stellt er sich vor –, die erforderliche Summe für ein neues zu investieren, angesichts der »spinnerten Kupplung«, die im Übrigen stümperhaft repariert worden ist, von einem, »der wo sich vielleicht Mechaniker auf seinen Zahnputzbecher geschrieben hat, aber mehr nicht«. Und weitere Makel zählt der Reill Schorsch auf, aber ich höre ihm schon nicht mehr zu. Der Bus ist unser Zuhause. Billy will nicht mal aussteigen.

»Richten«, sage ich. »Bitte. Wenn Sie das können.«

Der Reill Schorsch schnaubt. Winkt ab, als hätte er erkannt, dass Vernunft hier nicht greift, und humpelt Anweisungen grollend zu seinem an die Werkstatt gebauten Wohnhaus: Ich muss den Bus stehen lassen. Vier, fünf, eher sechs Wochen wird er brauchen. Telefon und Adresse soll ich auf einen Zettel schreiben und auf den Fahrersitz legen. Der Reill Schorsch ist müde. Sehr müde. Blicklos schielt er hinauf zur Oberkante seines Werkstattturms. Alle sagen, unwahrscheinliches Glück hätte er gehabt, bei dem Sturz. Aber seitdem... Er dreht sich noch mal um und schaut mich an mit Augen, deren Farbe ich nicht erkennen kann. Er hat sie zu einem permanenten Zwinkern zusammengekniffen. Darunter schimmern sie wie Blei. Und wieder winkt er ab, als wäre jede Hoffnung umsonst. Er ist einfach nur müde. Seine Haustür fällt hinter ihm zu.

Es wird still. Nach Feierabend, vor der Werkstatt hinter der Tankstelle, gleich bei der Ausfahrt Ingolstadt-Nord.

Ich sage, ganz leise, »Scheiße«.

Billy hebt nur ein Augenlid, und dann schläft er weiter, eingekringelt auf seiner Rückbank. Für ihn ist das nur ein Stopp wie alle anderen. Ob wir jetzt am Nordkap stehen oder in Ingolstadt-Nord... Billys Welt im Bus ist in Ordnung.

Meine... nicht wirklich. Um ein Haar kaufe ich mir im Tankstellenshop eine Schachtel Gauloises. Um ein Haar. In letzter Sekunde lenke ich meine Hand zu den Snickers um. Es werden drei. Und dann rufe ich Anika an.

Der Tag beginnt früh in Ingolstadt-Nord. Es ist noch nicht sieben und der Reill Schorsch hat sich bereits ein paarmal von seinem Wohnhaus zu seiner Werkstatt und zurück geschleift. Ich wünsche ihm einen guten Morgen, so fröhlich und dankbar, wie ich kann. Er hat ein Getriebe aufgetrieben. Kein neues, aber ein anständiges. Mehr gibt er nicht von sich. Doch was er sich denkt, höre ich wie durch ein Megaphon: *Schmeiß ihn weg, diesen Scheißkarren. Schmeiß ihn weg.*

Aber das ignoriere ich lächelnd. Ein Getriebeschaden ist nicht das Ende der Welt. Es ist nur eine... Verschiebung. Hab ich die halbe Nacht gegoogelt. Nur eine Verzögerung.

Anika wird uns abholen. Heute Nachmittag.

Sie ist zurück aus Amerika und hat tatsächlich drei Wochen Zeit, bevor sie als Kuratorin in einer Münchner Galerie anfängt. Ein Job wie für sie gemacht. Aber davor braucht sie Urlaub. Was für ein Glück.

Den restlichen Vormittag verbringe ich mit meinem erstaunlich braven schwarzen Hund im Schatten des Kfz-Reill-Turms, putze als Wiedergutmachung für die ganze Aufregung die Werkstattfenster und koche Espresso auf meinem Campingkocher. Der Reill Schorsch mag guten Kaffee. Vor allem angesichts der Brühe, die vorne im Tankstellenshop unter dem Namen »Cappuccino« läuft.

Und Billy mag den Reill Schorsch. Was eigentlich logisch ist. Schweigsam. Zurückhaltend. Knurrend. Mit einem Herz aus Gold.

Dann, um Viertel nach fünf, bei immer noch 26 Grad im Hinterhof, quietscht Anikas knallgrüner Mini ums Eck. Hinterlässt Gummispuren auf dem makellosen Pflaster. Was die Augenbrauen vom Reill Schorsch unter seiner Kappe verschwinden lässt. Aber dann wirbelt Anika heraus wie ein Glitzerpropeller.

»Billyyyyyyyy! Altes Haus!«

Sie küsst und herzt erst meinen Hund, dann mich. Der Reill Schorsch nickt zum Gruß. Stumm. Die Backen aufgeblasen. Ich glaube, damit ihm kein Grinsen auskommt.

Wir packen um. Was reinpasst, in den Mini. Die Kühlbox, die Schneeschuhe und die Koflach Extreme lass ich im Bus. Ans Nordkap werden wir mit dem Mini ja eher nicht fahren...

Und dann will Billy nicht umsteigen. Nicht raus aus dem Bus. Absolut nicht. Der Reill Schorsch schwebt stumm an uns vorbei wie auf einem Hoverboard und ich sehe, wie er hinter mir den Kopf schüttelt.

»Billy«, sage ich. »Der Herr Reill muss ein neues Getriebe in den Bus einbauen. Da kann er uns nicht brauchen!« Und trage 38 Kilo Fell mit Muskeln vom Bus zum Mini und stopfe ihn in den Kofferraum. Geräumiger Kofferraum für einen Mini. Bequem.

Kein Grund, auch für einen großen Hund nicht, zu zittern und zu winseln, in dem Kofferraum.

Wir fahren nach Süden, wie wir hergekommen sind. Ingolstadt. Fußballarena. A8. Es ist wie *Gehe zurück auf LOS*.

»Willst du heim?«, fragt Anika. »In Ruhe überlegen, was du machen willst?«

Sie zeigt auf die Ausfahrt vor uns. Wenn ich nach Hause will, zu Frau Hörndl, dann müssen wir hier raus.

»Nein.« Leise schüttle ich den Kopf. »Daheim komm ich keinen Schritt weiter. Ich muss... ich weiß auch nicht... weit genug weg.«

»Im Handschuhfach ist ein Straßenatlas«, sagt Anika. Ich öffne die Klappe und entgegen purzelt mir die Welt in Gestalt eines zerfledderten 240-Seiten-Ungetüms mit Ringbindung.

Anika nickt mir zu: »Du sagst, wohin.«

Draußen schwebt das Voralpenland an uns vorbei. Mein Herz

klopft wie ein Fremdkörper. Ich schlage den Straßenatlas auf. Irgendwo. Es muss ja nicht das Nordkap sein. Lasse meinen Zeigefinger kreisen. Stelle mir Südfrankreich vor. Biarritz. Atlantik. Vielleicht lerne ich Surfen und Billy rennt neben mir in der Brandung, ein freier, glücklicher Hund …
Und dann tippe ich auf eine etwas klebrige Seite.
Marokko.
»Äh … ich mach noch mal«, murmle ich. »Ich hab nicht gedacht, dass Afrika da auch noch mit drin ist.«
Aber Anika klatscht in die Hände. »Warum nicht?? Es gibt Fähren von Italien. Das ist echt kein Ding. Das schaffen wir in drei Wochen! Komm, wir fahren in die Wüste!« Der Fahrtwind wirbelt durch ihre Haare. Zur Zeit blau mit silberner Strähne.
»Wir reiten auf Kamelen unter Milliarden von Sternen!«
Ich murmle: »Anika, das Leben ist kein Kitschroman.« Und als ich umblättern will, rupft der Fahrtwind eine lose Seite aus dem Reiseatlas und wirbelt sie nach draußen. Ich glaube, es war Südbayern.
»Hah!«, juchzt Anika. »Aber man kann's aufpeppen.« Sie lacht. Anika lacht immer, auch wenn Brooklyn seine Spuren auf ihrem Gesicht hinterlassen hat. Ich will so sein wie sie. Ich will meine ganze Geschichte einfach aus dem Fenster schmeißen. Jede Erinnerung. Jeden Traum. Jedes Gefühl auf meiner Haut. Alles aus dem Fenster. Bloß ein Fetzen Papier. Eine Seite Südbayern.

»Muss der Billy mal Pipi?«, fragt Anika durch den zähen Nebel meiner Gedanken.
Ich schiele zu meinem Hund. Er tappelt nervös im Kofferraum hin und her. Sabbert die hellgrüne Rücksitzlehne voll, winselt aus dem Fenster, das ganze Programm. »Er hat Angst im Kof-

ferraum«, erkläre ich. Tierschutztransporttrauma.

Wir stoppen am nächsten Rastplatz. Hundegassi. Autoumbau. Ich staple unsere Rucksäcke und Schlafsäcke so, dass Billy die komplette Rückbank für sich haben kann. Aber das mag er auch nicht. Hechelt, winselt und zittert weiter. »Armer Schatz«, tröstet ihn Anika. Ohne Erfolg.

Billys Welt hat einen Getriebeschaden.

In Bad Reichenhall fahren wir raus. Bevor Billy sich einen Herzkasperl holt.

Wir finden eine Pension, die 1972 aus der Zeit gefallen ist. Ohne Dusche, mit WC auf dem Gang und zum Frühstück zwei Aufbacksemmeln mit Bierschinken. Eine vegetarische Option gibt es nur mit Stirnrunzeln: Emmentaler, aus dem privaten Kühlschrank. Vegan wäre dann die Semmel »ohne«.

Wir lieben es. Wir lieben unser Doppelzimmer. Mit den gewebten Gardinen. Wir lieben den Xylamon-getränkten Balkon. Unsere Pensionsmutter Hermine und sogar ihre zuckerverseuchte Biscuitrolle.

Hermine ihrerseits liebt Billy. Sie glaubt keine Sekunde, dass er ein Problem sein könnte, und lockt ihn mit Salami in die Küche. Außer uns sind nur Hermines »Feuerwehrler aus Freising« da, die kommen seit 15 Jahren hierher. Wir sind also unter Freunden.

Mein Plan war eigentlich, in unserem Zimmer am Resopaltisch vor dem Gardinenfenster eine oder zwei emotionskompensierende Schüsseln Müsli in mich reinzuschaufeln …

Aber da sitzen wir schon in der Gartenlaube. Anika, Billy und ich.

Die Feuerwehrler grillen, wie's nur echte Feuerwehrler können, und sammeln ihre Kotelettknochen. Für jeden Knochen muss Billy ein Kunststück vorführen. Er kann bereits: Stehen auf zwei Beinen. Bellen auf Kommando. Mir die Mütze vom Kopf ziehen. Für den netten Feuerwehrler Thomas lernt er den

»erschossenen Hund«: Sitz – Peng – »Whaff« – Plumps – Tot.
Und sein gesamtes Publikum biegt sich vor Lachen.
Jeder Comedian weiß: Das ist ein absoluter Knochenjob.

Spät in der Nacht trinken wir Brüderschaft mit Thomas und
den Feuerwehrlern. Und schon heißt's: »Was, ihr wart noch
nie am Königssee??« Dann müssen wir morgen absolut mitfah-
ren. Mit dem Schiff über den See und ganz hinten im Tal die
berühmten Wasserfälle besichtigen. Dieses Naturjuwel! Wenn
wir schon da sind! Wir müssen.
Ich nuschle, »nein, so was ist nix für uns …«. Da schnappt Billy
ein Stück Grillfleisch aus Thomas' Hand und macht dabei um
ein Haar einen Salto.
Die ganze Gartenlaube brüllt.
Also gut.
Fahren wir mit.

Pünktlich um halb neun in der Früh sitzen wir auf dem ersten
Elektro-Fahrgastboot. Trompetenecho und alles.
Der Boden unter uns schwankt und schaukelt. Mir ist schlecht.
Und Billy zittert am ganzen Körper. Ich muss ihn eisern fest-
halten, denn er versucht, über die Reling zu springen. Wir sind
aber schon mitten auf dem See. Eine Frau mit Wanderhut hat
Mitleid mit ihm und will ihn überschwänglich streicheln.
Billy duckt sich vor der Hand, als wäre die Frau ein böser
Hundefänger.
»Bitte nicht …«, sage ich.
Aber die Frau ist eine Hundeliebhaberin und gurrt. »Och, ich
tu dir doch nichts, du Süßer!« Und als ihre Hand ihn am Hals
tätschelt, macht er erschrocken: »HRR!«
»Uuuch!« Die Frau ist aufgesprungen.

»Entschuldigung«, murmle ich und halte Billys Geschirr fest.

»Also manche Leute...«, raunt die Frau ihrer Freundin zu.

»Wenn das ein Problemhund ist, dann muss er einen Maulkorb tragen!«

Thomas, der Feuerwehrler, fährt seine langen Beine aus und schiebt sie vor uns. Wie einen Schutzwall. Vor mich und meinen Problemhund.

Problemhund. Wenn Billy ein Chihuahua wäre, hätten wir dieses Problem nicht. Allerdings wissen wir nicht, wie die Welt aussähe, wenn alle Chihuahuas über Nacht 40 Kilo hätten...

»Whiff, whiff, whiff!!«

»Oh, ist der süß!«

Schnapp.

Bein ab.

Der Rest unserer lustigen Überfahrt verläuft reibungslos. Die Passagiere stoßen mit dem Kapitän auf die gute Saison an, fordern eine Trompetenzugabe, klatschen und juchitzen zur Echowand hinüber.

Nur von Billys Lefzen hängen dicke Klebefäden und sein Blick flirrt ziellos übers Wasser. Er hat Todesangst.

Nach einer Stunde können wir endlich runter von dem verdammten Schiff. Der Plan ist, zu den Wasserfällen im Talschluss zu wandern und danach Brotzeit bei der Alm. Billy zieht mich angstvoll vorwärts, kaum dass seine Pfoten festen Boden berühren. Raus aus der Todeszone.

»Wir sausen schon mal vor...«, rufe ich Anika und den anderen zu. Und jogge hinter Billy her. Er zieht mich wie ein Schlittenhund. Meine Schritte fühlen sich ein bisschen an wie auf dem Mond. Nur ein Drittel der Schwerkraft.

Dank Evelyn weiß ich, dass das eine Sportart ist. Canicross. Ein Cross-Country-Läufer mit Hund voraus. Es gibt Wettkämpfe darin. Halsbrecherisch. Vielleicht sollten wir mal teilnehmen.

Wenn Billy aufhört, andere Hunde anzufallen. Hah.

Und von einem Schritt auf den anderen stehen wir in einer magischen Nebellandschaft. Das Laub an den Bäumen schimmert tropisch nass. Ein vages Donnern umgibt uns. Schluckt jedes andere Geräusch.

Die Wasserfälle.

Von über 400 Metern stürzt das Wasser irgendwo da vorne runter. Ich atme den Nebel ein. Der ja kein Nebel ist, sondern versprühte Gischt vom Wasserfall. Kühl. Wie ein Balsam. Beruhigend. Außer uns ist hier kein Mensch. Nur Vögel und …

Billy zieht die Leine stramm. Horcht, wittert.

Ein Murmeltier.

Was auch sonst.

»Billy, lass ihn.«

»WHARR.«

»Komm.«

»WHARR. WHARR.«

»Murmeltiere schmecken scheiße«, sage ich. Als wüsste ich Bescheid. »Komm jetz'.«

Und als ich ihn weit genug weggezerrt habe vom Murmeltierbau, mache ich ein Knäuel aus seiner Leine und flüstere: »Pack's!«

Er schnappt das Stück Leine, und ich ziehe dran, so fest ich kann. Er auch. »HWFFF, HWFF, HWFF!« Und rückwärts, rückwärts zieht er mich. Schon klar, wer stärker ist.

»Saus!«, juxe ich und renne ein paar Schritte. Er überrundet mich, viermal, fünfmal, ein Windhund, springt hoch in die Luft. Und alles von vorne!

»Ich hab sie gefunden!«, ruft jemand aus dem Nebel. Thomas, der Feuerwehrler, mit Anika. Die anderen sind bei der Alm geblieben. Hatten Bierdurst. Thomas grinst. »Hey, Billy, alte Wursthaut!«

»HAWW.«

»Ja, was hat er da?«

Leine, *zerr, zerr.*

Thomas rubbelt Billy durchs Fell und schleift ihn locker lässig mit einer Hand davon. Dann raunt er ihm mit perfekter Secret-Service-Stimme zu: »Schleich!« Guerilla-style kriechen sie bis zum Wasserfall. Kommen klatschnass zurück. Und ich frage mich zwei Dinge: Woher kommt das Leuchten in Anikas Augen? Und… würde jemand wie Thomas, mit viel Muskeln und Humor, das mit Billy hinkriegen? Ich meine, besser als ich?

Über diese zweite Frage denke ich nach, bis wir zurück zum Bootssteg müssen.

Sinnlose Nachdenkerei, stellt sich heraus. Denn besser hätte ich mir überlegen sollen, wie ich meinen Hund traumafrei noch einmal auf so ein Schiff kriege.

Je näher wir dem Steg kommen, desto starrer sträubt sich Billy gegen jeden weiteren Schritt. Anika lockt ihn mit Wiener Würstl. Aber die will er nicht. Ich trage ihn halb, mit den Vorderbeinen in der Luft, an seinem Geschirr, halb ziehe ich ihn. Schritt für Schritt näher zum Todesschiff.

Parallel zu uns bewegt sich ein Mann in Cargo-Hosen und Baseball-Cap, auch mit einem Hund. Auch auf den Bootssteg zu. Nur, dass der Hund völlig entspannt an der Leine trabt. Kein Zuppeln, kein Schnüffeln, kein Umherspähen. Nur Traben. Aus dem Lehrbuch.

Es ist ein Pitbull. Hellgrau.

Der Mann nickt mir verständnisvoll zu. Mir und Billy. »Hallo!«, hauche ich. Weil man nette Menschen nicht ignoriert.

Da fliegt ein schwarzes Geschoss an mir vorbei. Mein Arm reißt mit voller Wucht an meiner Schulter. Die Leine. Die Leine! Ich renne der Leine hinterher. Die saust am Seeufer entlang. Und ich höre Billy brüllen: »WHARRRR, WHARRRRR, WHARRRRRRR!!!«

»Billy! Billy!!«

Er hört nicht auf. Ich sehe ihn, wie er auf den Nacken des Pitbulls springt. Dann sehe ich ihn unter dem Pitbull. Ich erwische die Leine, aber die spannt sich nur wie ein Stahlseil von meiner hilflosen Faust zu einem brodelnden Wust an Muskeln, Fell und Zähnen. Ich höre Stimmen. Mehrere Rufe durch das WHARRRR, WHARRR, WHARRRRR.

Jemand, der stärker ist als ich, packt Billys Leine und reißt eine Lücke zwischen ihn und den Pitbull.

Dann ein Pfiff.

Der Pitbull steht still. Und geht. Widerwillig, aber er geht. Zu seinem Herrn. Dort macht er Sitz. Der Mann nickt ihm zu, als Lob, und richtet sein Baseball-Cap gerade. »Everything okay with you?«, fragt er über die Distanz.

Ich nicke.

Thomas, der Feuerwehrler, hält Billy fest. Sehr ruhig. Sehr gefasst. Mir dagegen schießen Tränen in die Augen. Blind taste ich an Billys Fell herum. Unter seinem Ohr hängt ein Hautfetzen. An der Schulter hat er einen kleinen Riss. Und in die Zunge hat er sich gebissen. Sonst nichts.

»I'm so sorry«, sage ich zu dem Mann mit dem Pitbull. »I'm so sorry…«

»No worries.«

Der Mann signalisiert mir, dass er als Erster aufs Schiff geht. Aufrecht und gelassen steigt er mit seinem Pitbull an Bord.

Die Feuerwehrler lehnen mehr oder weniger schwankend schon alle an der Rehling.

Ich dagegen starre regungslos auf eine Säule mit Wegweisern. Es sind zwölf gelbe Pfeile übereinander.

Überallhin. Denke ich. Hier geht's überallhin. So viele Wege…

und ich hab meinen irgendwie verloren.

Anika spricht mit mir, aber ich höre ihr nicht wirklich zu. Sie zupft den Hautfetzen von Billys Wange. Ich glaube, sie meint, nicht schlimm. Alles gut.

»Anika«, sage ich. »Ich geh mit Billy zu Fuß zurück.«

Sie glotzt mich hilflos an. »Du gehst was??«

Ich zeige auf das Schiff. »Das tu ich ihm nicht an.«

Anika seufzt. Thomas mustert mich. »Komm, das kriegen wir doch hin.«

Aber ich schüttle den Kopf. Schon im Rückwärtsgehen.

Ich glaube, Thomas hat schon viele Menschen in Extremsituationen gesehen. Und erkannt, dass er mich fesseln und knebeln müsste, wenn er mich auf dieses Schiff bringen wollte. Wahrscheinlich zeigt er deswegen schließlich zu einem schmalen Steig hoch in den Felsen: »Is' halt weit.«

»Wie weit?«

»Acht oder neun Stunden.«

Hervorragend. Wunderbar. Ich sauge Luft in meine Lungen. Neun Stunden Höhenweg ist besser als Schiff. Viel besser.

»Pass bloß auf«, sagt Anika. Ich nicke ihr zu und bin weg.

Der Steig ist schmal und steinig. Billy trabt lässig hinter mir und meine Beine federn bergauf, als wären sie dafür gebaut. Ein paar drahtseilgesicherte Stellen gibt's und eine kleine Leiter. Da hüpft Billy locker außen rum.

Bald führt uns der Steig auf ein Plateau hoch über dem See. Durch Tannen und Kieferngipfel schimmert es smaragdgrün. Das Juwel der Alpen. Ein Wind streift durch die Bäume, klar und kühl wie frisches Quellwasser. Wir gehen durch goldene Glitzerstreifen Sonnenlicht. Kein Mensch ist unterwegs. Die Hütten hier oben haben alle schon geschlossen. Die Welt gehört uns...

Später bleiben wir auf einem Felsvorsprung stehen. Unter uns zieht ein kleiner Punkt eine Bugwelle über den spiegelglatten

See. Das letzte Schiff.

Wir schauen hinunter. Billy und ich.

Und dann tönt, leise wie ein Zirpen, das Trompetenecho zu uns herauf.

»Tätäträää, tuliä!«, jodle ich zurück. Ich schau rüber zu Billy. Wir haben beide ein riesengroßes Grinsen auf dem Gesicht.

Dann gehen wir weiter, mit sorgloser Leichtigkeit und einem Blinzeln im letzten Sonnenlicht. Seite an Seite.

Anika schreibt eine SMS: WIR SIND IN DER KASER-MANNDL BAR AM SEE! ICH WARTE AUF EUCH!!

Ich schreibe zurück: UNS GEHT'S GUT. ABER DAS DAU-ERT ZU LANG, WIR TREFFEN UNS BEI HERMINE!

Anika: HAB SCHON BIER BESTELLT

Langsam wird es Abend. Der Weg führt jetzt in Serpentinen bergab. Locker flockig hüpfen wir über Steine und Wurzeln. Die Schatten werden immer länger, immer mehr. Und dann sind wir wieder im dichten Wald.

Dort ist es … schwarz.

Die blickdichte Version von Dunkel.

Kein Mond am Himmel, keine Stirnlampe im Rucksack.

»Na ja«, denke ich. »Muss ich halt langsamer gehen.«

Alle paar Schritte kann ich ja die Handytaschenlampe einschalten und kurz leuchten. Man kann sich ausrechnen, wann mein Handy leer ist. Und so kommt es, dass ich in totaler Finsternis auf Händen und Knien durchs Unterholz krabble und den Boden vor mir abtaste. Auf der Suche nach dem Weg.

Was ich fühle, sind Fichten. Fichten überall. Junge, dicke, stachlige Fichten. Dicht an dicht. Von ihren Stämmen sprießen dürre Äste in die Dunkelheit. Nur mit Glück steche ich mir kein Auge aus.

Ich habe keine Ahnung, wo ich bin.

Wo und wann ich den Weg verlassen habe, liegt völlig im Dunkeln. Ha, ha. Kann gut sein, dass ich schnurgerade auf den nächsten Abgrund zukrieche. Mit meinem Orientierungssinn. Nie im Leben find ich hier wieder raus.

Ich fange an, konzentrische Kreise zu krabbeln. Das ist das Einzige, was mir einfällt. Immer größere Kreise. Irgendwann muss ich zwangsläufig den Weg kreuzen. Vorausgesetzt, es sind wirklich Kreise ...

Da spannt sich die Leine in meiner Hand.

»Billy!«, keuche ich. »Nicht an der Leine ziehen.«

Aber er stemmt alle vier Pfoten in den Boden. Genauso gut könnte ich versuchen, einen Hochseeanker zu lichten.

Da rüber will er.

Und ich mache, was eine gute Rudelführerin immer machen soll: Ich gebe nach. Einen Krabbelschritt. Und noch einen.

»Langsam, Billy!« Aber er zieht umso entschlossener da rüber. Gleich schleift er mich über den Boden. Fichtennadelndreck, verdammter.

Auf einmal taste ich Steine unter meiner Hand. Viele Steine. Eine Steinrinne. Deutlich abgegrenzt vom Waldboden. Mit dem Fichtennadelverhau.

Ein Holzpflock markiert eine Stufe ... Eine Stufe!

Aha!

»Das ist der Weg!«, juchze ich. Genial, wie ich das erkannt habe. Meisterin der Wildnis. Bear Grylls kann sich was abschauen von mir!

Billy steht schon unten.

Billy.

Der geniale Wegfinder. »Geh voraus!«, ermuntere ich ihn. »Geh voraus!« Als wär's meine Idee gewesen.

Und er geht. Vorsichtig. Nicht rüpelhaft. Nicht ruckartig an der Leine reißend vor lauter Kraft. Sondern achtsam. Langsam. So, dass ich ihm hinterherkomme, mit Stöhnen und Ächzen, in diesem beschissen dunklen Gehölz: »Uuuhps. Ah. Au.« Ich sehe exakt gar nichts. Aber bei jedem Stolperer dreht

Billy sich zu mir um. Wartet. Wie ein Blindenhund auf seine Schutzbefohlene.

»Ja, ja. Ich komm schon. Bin schon da.«

Irgendwann spitzt der Mond über die Baumwipfel. Licht! Ich kann meine Knie wieder sehen. Und im Prinzip sogar meine Schuhe. Kann den Boden erahnen. »Hah!«, rufe ich begeistert. Der Steig mündet in einen Forstweg. Hier kann ich sogar die Wegweiser lesen. »Billy! Du bist der Wahnsinn!«
Wie hat er das nur gemacht?
Unfassbar.
Und man sieht immer nur die Probleme. Mit dem Problemhund. Aber das stimmt nicht. Das ist nicht die Wahrheit. Das wissen Sie, nicht wahr?
Ich hoffe, Sie wissen's. Weil ich vergess es manchmal.

Nachts um halb zwei blinken uns die Lichter vom gigantischen Königsseeparkplatz entgegen. Ich will mich nur noch hinsetzen. Aus meinen Schuhen raus. Drei Tage lang schlafen. Aber die paar Meter schaffen wir jetzt auch noch.
Die Königsseeschiffe schwanken still und stumm an ihren Anlegestegen. Und wir schleichen vorbei wie an schlafenden Geistern. Auf der Uferpromenade, vor der Kasermanndl-Bar, verlieren sich ein paar bierselige Touristen in eine A-Moll-Version von Major Tom. »Völlig losgelöst…«
Ich kann mir nicht vorstellen, dass Anika so lang gewartet hat. Aber dann sehe ich sie, mittendrin. Eine Mondscheinsilhouette, mit Schwips. Ich überlege, Billy an einem dieser riesigen Sonnenschirme festzubinden und sie zu holen. Da rennt sie schon auf mich zu.
»Endlich!! Ihr zwei Verrückten. Ich hab mir Sorgen gemacht!«

Sie hält mir ihr Bier hin: »Da. Aber eigentlich sollt' ich dich schimpfen! Kein Mensch findet dich, wenn du dir den Fuß brichst. Oder irgendwo liegst.«

Ich gebe zu, ich habe ein schlechtes Gewissen. Was für einen Aufruhr ich erzeuge. Weil mein Hund nicht Schiff fahren kann. Für einen Moment scharre ich verlegen im Kies. Aber Billy, mein Superheld, glitzert Anika mit Sternenhundeaugen an. »Ach, du süßer Schatz!«, seufzt sie. Und ich hoffe, damit sind ihre Sorgen vergessen ...

Hinter uns hupt ein Auto.

»Kommt, wir fahren, Thomas hat ein Taxi«, sagt Anika.

Ein Taxi.

Thomas hat ein Taxi. Jemand sollte diesen Mann heiraten. Schnell. Sonst ist er weg.

Die Fahrerin checkt uns ab. Mit dem Blick eines Profis. Gestählt von Jahren und Jahren voller Kasermanndl-Bar-Touristen. Ich sinke ächzend in die Rücksitzpolster. Meine Fußsohlen brennen. Meine Knie pochen. Und meine linke Hüfte braucht einen Kuraufenthalt.

Grimmig schiebt die Fahrerin die Automatik in »Drive«. Ihr Kinn zeigt auf Billy: »Wenigstens speibt mir mal wer Neues ins Auto.«

Nein, speibt er nicht. Aber ich wische auf der Fahrt mehrere Hände voll Hundesabber an mein T-Shirt.

Mein Hund ist n i c h t grausig. Der Geruch, mit dem er mich anschnauft, erinnert zwar manchmal an verwesende Hasen (aber das kenn ich von meinem Schlafsack). Und manchmal an die grün-schwarze Glibbersubstanz ganz unten in meiner Mülltonne.

Aber es ist völlig was anderes.

Völlig.

Ich kann mich nur an ein einziges Mal erinnern, wo's mich echt gehoben hat. Da hat er neben einem Wanderweg ... ich beschreib's jetzt nicht ... gefressen. Ja.

Hat Ihrer auch schon?

Ugh.

Und auf der Heimfahrt dann die ganze Partie wieder ins Auto …

Ja? Das ist …

Ugh.

2021, 5. Mai, 01:00 Uhr

Norwegen hätte uns gefallen, Billy. So viel Platz. Den ganzen kurzen Tag wandern, Bergsteigen, Stöckerl in einen Fjord schmeißen. Getrocknete Rinderhaut kauen, im Bus. Romane lesen mit Stirnlampe. Einen Mensch-Hund-Haufen bilden und 20 Stunden schlafen.

Ich spüre sein Fell an meiner Nase. Er hat sich auf meine Matratze gelegt. Ich bewege mich nicht. Lasse ihn, wo er ist. Zwischen seinen Ohren stehen die samtigen Haare senkrecht. Dort riecht er wie mit Vanille bestäubt. Überhaupt nicht nach Hund.

Norwegen hätte uns gefallen … Und auf einmal stehe ich auf einer wetterzerfurchten Felsplatte über dem Meer. Ich sehe den Wind durch die trockenen Grasstängel fahren. Alles um mich herum wogt und schimmert. Billy saust in riesigen Kreisen übers Fjell, mal in hohen Sprüngen, mal im Tiefflug. Meine Schritte federn auf dem moosigen Boden. Wir sind leicht. Leichter, als es unsere Körper erlauben, eigentlich.

Es ist eine Erinnerung. Eine Realität, auch wenn wir nie in Norwegen waren.

2011
Wenn's knallt

Wir waren weder in Norwegen. Noch in Marokko. Noch am Atlantik. Ich bin zu Hause. In meiner Wohnung, die ich im Übersprung in *Arctic Blue* gestrichen habe, und tippe mir die Finger wund mit den Wörtern:
Verhaltenstraining
Aggression
Grundgehorsam
Problemhundeerziehung
Leinenführigkeit
Alltagsbewältigung
Beschwichtigungssignale
Rangordnung
Führungsqualität
Traumamanagement
Mein Kopf ist vollgestopft mit Fachbegriffen. Alles klingt nach Höchstleistung. Nur Profis schaffen das. Ich werde... wieder versagen.
Ich hätte bei Evelyn bleiben sollen. Evelyn ist so eine erfolgreiche Trainerin. Das Problem bin ich. Ich müsste mich einfach zusammenreißen. Konsequent dranbleiben. Mich durchbeißen...
Aber dann. Mit einem Klick – fühle ich mich, als hätte ich einen seltenen Schatz entdeckt: www.happy-hund.net
Die Homepage einer mobilen Hundeschule. Ganz oben, quer über die ganze Seite, steht in gelb umrahmten Buchstaben:
»Gewaltfrei. Als Team. Mit Spaß und Freude zum Erfolg.«
Ich atme auf. Gewaltfrei. Auf alle Fälle gewaltfrei.
Ich scrolle mich durch. Das ist eine Seite, die ich beim Durchlesen aushalte. Eine positive Seite. Mit lustigen Wackeldackeln als Icons.

Also. Rufe ich an.

Allein beim Klingelton schnürt's mir zwar fast den Hals zu, aber ich zieh's durch. Weil ich hoffe. Hoffe auf happy-hund.

Und prompt werde ich eingeteilt. Fröhlich, positiv, hoch motiviert. Freitags, in die Rüpelgruppe. Da übt man Hundebegegnungen in authentischer, aber sicherer Umgebung. Jeder auf seinem individuellen Niveau. »Du wirst sehen, das passt super. Das kriegen wir hin!«, verspricht mir die Stimme am Telefon. Ich lege auf.

Billy hat seinen Kopf bequem auf ein paar Socken zwischen seinen Pfoten platziert. Mit einem schweren Seufzer schielt er zu mir rüber.

»Hundeschule«, sage ich und zeige ihm das Telefon.

Es war auf alle Fälle die richtige Entscheidung. Nix Milliarden von Sternen über der Sahara. Nix Polarkreis und magische Nordlichter.

Nein.

Hundeschule.

Es ist einfach DAS RICHTIGE jetzt.

Wir treffen uns an einem Sportplatz. »Hallo, ihr zwei!«, begrüßt uns die Trainerin.

Sie heißt Bea und macht ihre Stimme eine Oktave höher für meinen Hund.

Ich sehe sie heute zum ersten Mal. Ich hoffe das Beste.

Gewaltfrei.

Auf alle Fälle gewaltfrei.

Bea geht überschwänglich in die Hocke und fängt an, Billy zu knuddeln, als würde sie ihn seit fünf Jahren kennen. Leider (oder logischerweise) dreht mein Rockstar stocksteif den

Kopf weg. Billy knuddelt nicht. Billy hasst knuddeln. Aber woher soll Bea das wissen. Alle anderen Hunde auf dieser Welt knuddeln. Auch der Comic-Hund auf Beas Hundetrainer-T-Shirt knuddelt. Ich atme. Ich lächle. Mit Spaß und Freude zum Erfolg.

Wir sind die Ersten. Zwei kommen noch für die Rüpelgruppe, und ich frage mich, ob sie's vielleicht, hoffentlich, vergessen haben? Krank sind? Im Stau? Abgesagt?
Mein Herz klopft. Ich... habe dieses Gefühl, rückwärtszufallen. Haltlos, nichts mehr unter mir. Obwohl ich mit beiden Beinen auf dem Boden stehe. Vor mir eine hoch motivierte Hundetrainerin. Der ich nicht zuhören kann. Die Luft um mich herum wird vollkommen still...
Das ist nicht das Gefühl, mit dem man in eine Trainingseinheit mit Problemhund gehen sollte.
Schon klar.
Aber.
Wenn man mit einem Problemhund in eine Trainingseinheit geht, lässt sich dieses Gefühl wahrscheinlich nicht wirklich vermeiden. Ich hätte vielleicht zuerst ein Hundebesitzerinnen-Training machen sollen. Keine Panik mit Problemhund oder irgend so was. Das ist eine Marktlücke. Nur für den Fall, dass jemand da draußen zufällig ein geeignetes Schulungsprogramm am Start hätte.
Bea drückt mütterlich meinen Arm. »Du wirst sehen, das passt super. Das kriegen wir hin!«
Ich lächle. Fahrig. Diesen Satz hat sie schon mal gesagt. Und Bea drückt weiter. Sie will mich ermutigen. Positive Vibes verbreiten.

Ich hasse drücken. Mich schüttelt's, sobald Arme sich um mich schließen. Das ist so, seit ich neun Jahre alt bin. Anika hat mir sogar ein T-Shirt drucken lassen, mit der Aufschrift »ned batzen«. Aber woher soll Bea das wissen.

Und dann fahren sie vor. Die anderen.

Ein Spaniel und ein Golden Retriever. Wohlerzogen und entspannt hüpfen sie aus ihrem bronze-metallic schimmernden VW-Bus respektive weißem Range Rover. Beide Hunde sind zuckersüß, frisch gekämmt und haben ihre glänzenden Augen nur auf ihre Frauchen gerichtet.

Billy, oh Billy. Bitte reiß dich zusammen.

Bea lächelt mich an. Lehnt sich an meine Schulter und raunt: »Trau deinem Hund ruhig ein bisschen was zu.« Bea kennt scheinbar Denkprozesse von mir, die ich selber nicht mal erahne.

Also gut. Kein Ding. Einfach ein bisschen mehr zutrauen. Einfach meine Anspannung nicht auf den Hund übertragen. Weiter atmen.

Drück, knuddel, nick…

Die Stunde fängt easy an: Wir machen ein bisschen Fuß mit Leckerli. Dann kreuzen wir voreinander, auch mit Leckerli, in großem Abstand.

Goldie und der Spaniel haben nach wie vor nur Augen für ihre Frauchen und deren praktische Leckerlitasche zum Anklipsen an den Gürtel.

Billy… scannt den Waldrand.

»Hey!«, flüstere ich. Unauffällig. Und bleibe einfach ein Stück weiter weg von den anderen, weil ich diese Phase kenne. Wo Billy anfängt herumzuspähen. Kurz, bevor er den Irokesen aufstellt.

Bea blinzelt mir zu: »Du siehst ja, er macht's gut. Entspann dich.«

Ach so. Ja. Gar kein Problem. Ich entspann mich. Ich hab's gleich.

Ich rolle einmal mit den Schultern. Entsperre einen Halswirbel. Und kreuze mit Billy knapper, als mir wohl ist, vor dem

Goldie. Nonstop murmle ich »so is' er brav, Fuß, ja so is er brav …« und halte die Leine in eiserner Faust. Der Goldie ist wunderschön. Jung. Ein bisschen ungestüm, als könnte er seine Kraft nicht dosieren. Von aggressiv keine Spur. Der weiß gar nicht, was Wut ist. Ein süßer Hund. Kein Problemhund.

Hallo? Bemerkt eigentlich jemand die Anzeichen von Rage am Rücken von meinem?

Scheinbar nicht. Denn Bea lächelt vertraulich: »Trau dich.«

Ich hab mal ein Interview mit Buck Brannaman, dem legendären Pferdeflüsterer, gesehen. Da sagt er zum Thema Angst: »To me fear is a big thing … that just owns some people. It can be overwhelming people. And it's just because maybe they got bad advice … maybe things weren't going well with their horse … There's a lot of different situations that would put the person in a position of being afraid. And it can be … as big as life itself.« [*]

Das trifft mein Gefühl viel eher. Oder meinen Dauerzustand. Doch die Hundetrainerin neben mir nickt weiter vielsagend: »Los, trau dich.« Ohne jeden Zweifel.

Wir machen Sitz neben dem Spaniel. Und ich atme. Lächle. Denke »entspann dich«, bis kurz vorm Zerreißen. Rechne jede Sekunde mit einer Billy-Aktion. Aber … nichts passiert.

Fünf Meter, zwei andere Hunde, und nix passiert …

Siehst du, es läuft, sagt Beas Blick. Ich fange zaghaft an zu hof-

---

[*] *»Für mich ist Angst eine große Sache, die manche Menschen einfach beherrscht. Sie kann überwältigend sein. Und das nur, weil jemand vielleicht einen schlechten Ratschlag bekommen hat, als es nicht gut lief mit einem Pferd. Es gibt viele verschiedene Situationen, die eine Person in Angst versetzen können. Und diese Angst kann so groß sein wie das Leben selbst.«*

fen. Vielleicht hat Bea den Nerv der Dinge getroffen. Und das ist das ganze Geheimnis. Dass ich einfach meinem Hund mehr zutrauen kann. Dass er die Verantwortung übernimmt für sein Tun. Und dann, sobald ich nicht mehr reinpfusche mit meiner Angst, ist alles … gut??

Ein Eichhörnchen hüpft über den Weg.

Irokese.

»Billy!«

»WHAA-WHAA-WHAA!«

»Ganz ruhig.« Beas Stimme tönt samtig und doch autoritär. Wie eine Meditations-CD. »Entspann dich.«

»Billy, sitz!« Ich zerre ihn zu mir.

»Entspann dich.«

Danke, Bea, ich tu, was ich kann. »So is' er brav.«

Billy sitzt. Mit Irokesen und ein paar Zentimetern Luft unterm Hintern. Aber für den Augenschein sitzt er.

Mein Herz macht *DA-DA-DA-DA-DA-DA-DAMMMMM*!

Bea nimmt mir sachte die Leine aus der Hand. Ihre Sanftheit gegen mein Adrenalin. »Okaaay, jetzt kommen wir alle wieder runter …«

Sie lächelt. Lockt Billy mit süßen Zungenschnalzern. Ein Griff in ihre anklippbare Leckerlitasche. Ja, das interessiert ihn. Frolic interessiert ihn.

Bei uns zu Hause gibt's kein Frolic. Ist Zucker drin und Glutamat. Böse Sache, das Frolic. Weil mein Hund soll fit und gesund sein. Schlank. Muskulös. Zähne weiß. Grünlippmuschel-Snacks gibt's. Bio-Vollkorn-Hundekekse. Und nur im Extremfall Stinkekäse.

Bin ich eigentlich bescheuert?

»Kommt, wir gehen alle eine Runde«, fordert Bea die Gruppe auf. Sie mit Billy voraus. Nase am Frolic. Goldie und der Spaniel folgen. Und dann ich.

Toll, wie mein Hund neben dieser fremden Frau hertanzt. Und wie einfach das bei ihr aussieht. Na ja. Hundetrainerinnen.

Die haben's einfach drauf, denke ich…
Der Feldweg führt uns in einen kleinen Wald. Schöne, weiche Wege. Ein Radlweg ist separat gekennzeichnet. Ein kleiner Plätscherbach. Bänke zum Verweilen.
Oh, oh… Das ist keine gute Idee hier. Keine gute Idee. Es ist eine Frage von Sekunden, bis uns ein Jogger mit Hund entgegenkommt!
Aber ich darf nicht stören mit meiner Angst. Bea ist Hundetrainerin. Die weiß, was sie tut. Sie lässt Billy links gehen, hält die Frolics genau richtig, lobt ihn, mit hoher Stimme: »Feiiiiiin!« Und hat die Leine nicht mit fester Faust im Griff. Sie spaziert entspannt. Positiv. Voll motiviert. Mit Spaß und Freude.
Alles, was ich nicht habe, und deswegen sind wir, wo wir sind. Logischer Gedanke…
Achtung! Radlfahrer mit fluffigem weißem Hund am Fahrradbügel.
Reflexartig schließen sich meine Fäuste um eine nicht vorhandene Leine und ich denke: *Bitte nicht! Bitte nicht!*
Bea ist Hundetrainerin. *Bea ist Hundetrainerin.*
Entspann dich!
Der weiße Hund trabt unbedarft wie ein Watteengel neben den Pedalen.
Ich sehe, wie Billy niedriger wird.
»Bea, pass au…«
»WAHH, WAHHH, WAHHH, WAHHH, WAHHHHH!!!«
Bea wird vorwärtskatapultiert.
»Billy! Oh Gott, Entschuldigung!«, schreie ich. Ich sprinte, fasse das Geschirr und reiße meinen geifernden Köter zur Seite. Doch der Fahrradfahrer schlingert. Logisch. Ich wäre auch ins Schlingern gekommen an seiner Stelle.
Kies scharrt. *Krach.* Sturz.
»WHOARRR, WHOARRR, HOARRR, HRRRRR.«
Ich wickle Billys Leine um einen Baum. »Entschuldigung. Das… ich… Entschuldigung.«

Ich stürze zur Unfallstelle. Der Fahrradfahrer ist außer sich. Er hat sich nicht verletzt. Aber er ist außer sich. Ich versteh ihn. Ich versteh ihn total.

Er.

Mich.

Nicht.

Mit Spucke in den Mundwinkeln und rot unterlaufenen Augen brüllt er mich an: »Geben Sie mir sofort Ihren Namen und Ihre Anschrift!«

Knips. Knips.

Er hält mir sein Handy vors Gesicht und macht Fotos. Von mir und von Billy.

Gleich ruft er die Polizei. Sylvia fällt mir ein, von der Zoohandlung Halber. Und ihr Hund, der das Nachbarskind gebissen hat...

Reflexartig verdecke ich dem Mann die Sicht auf Billy und gebe ihm eine fiktive Adresse. Von mir aus kann er mich anzeigen. Mich einsperren lassen.

Aber meinen Hund kriegt er nicht.

Ich habe mich ein Leben lang dran gewöhnt, mich nicht zu wehren. Egal, bei welchem Anlass, suche ich die Schuld bei mir. Tu ich alles, um ein gutes Mädchen zu sein.

Aber ich stelle fest: Bedroht jemand meinen Hund, wird's ganz schnell ganz anders.

Die Oberfläche ist dünn. Und gleich darunter brodelt eine rohe Kraft. Eine Erdbebenkraft. Ich verschiebe Kontinentalplatten mit dieser Kraft.

Das gehört sich nicht. Nicht für ein Mädchen. Man ist keine Urgewalt. Still sein muss man. Stillhalten. So ist sie brav.

Brav.

»Okay. Das nehmen wir so mit für heute«, sagt Bea. Mit ihrer hohen, positiven Stimme. Ich drehe mich zu ihr.

Wie – das nehmen wir so mit??

Das kann ich zuerst nicht ganz glauben. Aber dann sehe ich: Die 60 Minuten sind um. Trainingseinheit vorbei.

»Tschüss, bis nächste Woche, und mach dir keine Sorgen. Wir kriegen das hin!«

Ich merke erst, dass ich die Zähne fletsche, als Bea mich rückwärts von dem Fahrradfahrer wegschiebt. Langsam. Mit ausatmen.

Bea regelt die Sache. Sie erklärt. Beschwichtigt. Besänftigt den Mann mit ihrer Kompetenz, bis er sein Handy wieder einsteckt und weiterfährt.

Der weiße Hund trabt perfekt neben seinem Herrchen her. Auch wenn er die eine Vorderpfote vorsichtiger benutzt als die andere, aber so was geht dann immer irgendwie unter.

Nicht alles, was auf dieser Welt passiert, hat irgendwo sein Gutes. Nicht alles. Das nehm ich mit für heute, wenn's jemanden interessiert.

Anika: WIE WAR'S?
Ich: GUT.
Anika: ??
Ich schicke ein Foto, auf dem Billy Sitz macht, mit Golden Retriever im Hintergrund.
Anika: :-)) SUPER BRAV!

Ich hieve meinen Berserker auf den Rücksitz. Anika hat uns den Mini geliehen. Sie braucht in der Stadt kein Auto.

Billy hasst den Mini. »Bloß, bis der Bus fertig ist, das kannst du jetzt aushalten«, ächze ich und schiebe am Hundehintern, damit ich die Tür zukriege. Anika arbeitet 60 Stunden oder mehr in der Galerie. Und trotzdem würde sie alles stehen und liegen lassen, wenn sie das Gefühl hätte, wir kommen nicht klar. Deswegen. Kein Wort von weißen Wattehunden und Fahndungsfotos von mir auf irgendwelchen Handys.

Aber ich brauche einen Ausweg. Eine Perspektive. Ein Ziel,

damit ich Bea mitsamt ihrer hohen Stimme und ihrem Knud-
dellogo aushalte.

Ich schiele in den Rückspiegel. »Bald.« Erkläre ich Billy. »Bald
sind wir raus hier. Atlantik vielleicht. Oder doch noch ans
Nordkap.« Ich habe nämlich sage und schreibe einen Dreh-
buchvertrag landen können. Damit können wir uns ein halbes
Jahr, vielleicht sogar ein ganzes freinehmen. Nach dem Hundekurs. Wenn Billy keinen Hund mehr anfällt.

Das ist mein Ziel.

Ich rufe den Reill Schorsch an.

»Ah. Dei' Getriebe. Ja, Mädel, da fehlt's weiter. Ich muss den
Simmering tauschen und, wenn ich ehrlich bin, aa die Kupplung. Momentan hab ich einen Hexenschuss und kann nicht
mal gradaus hatschen.«

»Das … tut mir leid«, stammle ich.

»Da kannst ja du nix dafür. Aber oans sag ich dir, mit deiner
Blechkiste …«

Ja. Das hat er mir schon öfter gesagt. Und er verkauft den ganzen Laden an einen Lackierer, die können ihn alle. Und ich verstehe ihn. Total.

»Machst halt, was du kannst, Schorsch? Wär echt … toll?«

Er brummt etwas, was fast klingt wie Leck-mich-doch-am-
Arsch. Weil's eine Baustelle ist. Eine echte Baustelle. Und
»schad ums Geld«.

»Ich hab gerade einen guten Job, Schorsch …«

Er hat aufgelegt.

Aber ich bin positiv. Ich werde meinen Bus bald wieder haben.
Billy wird ein braver Hund. Ich werde der Angst den Garaus machen. Ich werde *allen* meinen Problemen den Garaus
machen. So positiv bin ich, dass ich parallel jetzt gleich sofort
mein zweites größtes Problem an den Hörnern packe:

Die. Acht. Kilo.

Tilo, meine Nachbarin, empfiehlt mir Metabolic Balance. Schickt mich zu ihrer Metabolic-Balance-Beraterin. Die mir Blut abnimmt und einen Nahrungsmittelkatalog für mich erstellt.

Jede Mahlzeit wird abgewogen und beginnt mit einer Proteinkomponente. Dazu gibt's ein Stück Obst. EIN Stück Obst. Zwischen den Mahlzeiten müssen mindestens viereinhalb Stunden liegen. Viereinhalb Stunden, in denen ich ausschließlich an Spaghetti, Almighurt, Käsespätzle und Nutellabrote denke. Und Chips. Tüten über Tüten Tortillachips. Nichts davon in meinem Nahrungsmittelkatalog.

Ich habe auch aufgehört mit dem Fernsehen. Weil ich abends arbeite. Weil ich ein Ziel habe.

Ich bin positiv.

An Tag fünf meiner Erfolgsgeschichte läuft das Champions-League-Finale. FC Barcelona gegen Manchester United. Ein Klassiker. Und mangels Chips wird mein Stück Obst für diese Abendmahlzeit eine Galia-Melone. Eine ganze. Dicke, fette, süße, köstliche Galia-Melone. Ich werde das Spiel anschauen und Melone mampfen.

Mmmmmh!

Ich mache ja nicht mal eine Ausnahme.

Obst ist Obst. Und ein Stück. Diese Melone hat *nichts* mit der Erfüllung all meiner angestauten Gier und Gelüste zu tun.

Ich schneide sie sorgfältig auf, die Melone. Drapiere sie auf ein Tablett, mit Getränk, richtig feierlich, stelle sie auf den Tisch vor der Couch… und geh noch kurz aufs Klo. Fünf Minuten vor dem Anpfiff.

Als ich zurückkomme, ist das Tablett leer.

Ich frage mich, wo meine Melone ist. Ob ich sie in meiner Verwirrung vielleicht in der Küche stehen gelassen habe. Oder irgendwo anders hingestellt? In ein Regal? Auf dem Weg zum Klo vielleicht irgendwo…

Meine Verzweiflung wächst mit jeder Sekunde. Ich habe diesen

Abend so akribisch geplant. Mit dieser Melone.

Mittlerweile wird das Spiel angepfiffen. Meine 90 Minuten Abschalten. 90 Minuten nichts denken. Ball anschauen. Raus aus meinem Kopf. Aber ich finde meine Melone nicht. Ich denke schon, ich bin einfach unzurechnungsfähig.

Bis Billy, selig vor der Couch schlummernd, einen gigantischen Rülpser loslässt.

Und der Duft von Melone das Wohnzimmer füllt.

Der Drecksack. Meine Melone. In weniger als zwei Minuten. Weil, wie lange brauch ich auf dem Klo?

Oh, ich könnte ihn erwürgen. Meine Melone wieder aus ihm rauswürgen.

Aber das bringt auch nichts.

Ich habe noch eine schrumpelige Birne. Sonst nichts mehr. Kein Obst. Nicht mal einen Multivitaminsaft. Nur Minze und Wasser und die schrumpelige Birne. Die nach gar nichts schmeckt. Und ums Kernhaus herum schon braun wird.

Manchester hat, glaube ich, verloren.

Für unser nächstes Training hat Bea etwas vorbereitet.

Faschingskracher.

Die kleinen roten, die aussehen wie Mini-Dynamit.

Wir haben eine Einzelstunde.

Ob das eine gute oder eine schlechte Sache ist, weiß ich noch nicht. Jedenfalls sind Billy und ich der Sonderfall. Nicht brav genug für die Rüpelgruppe.

Ich soll mit Billy an der lockeren Leine den Waldweg entlanggehen.

Sobald ein anderer (nicht eingeweihter, völlig ahnungsloser) Hund entgegenkommt, soll ich einen Haken nach rechts schlagen und Bea wirft einen Kracher.

»Ähm… Billy hat extrem Angst vor Schüssen«, sage ich. »Vor Silvesterkrachern besonders.«

Bea schüttelt den Kopf. Das soll er jetzt ja völlig anders verknüpfen. Mit seinem Verhalten zu fremden Hunden nämlich. Mhm. Alles klar. Klingt kompetent. Verknüpft er dann anders. Keine Ahnung, wie das gehen soll. Jeder Donner, jede vom Wind zugeknallte Tür, jeder laute Klatscher in die Hand, und Billy kriecht zitternd unter den Tisch. Gerade drehe ich mich zu Bea um, um sie zu fragen, ob wir vielleicht bitte doch was weniger Drastisches üben können…

»WHOARRR, WHOARRRR!«

Pudel-Münsterländer-Mix auf 80 Meter. Ich muss meine Diskussion mit Bea kurz aufschieben. Billy rückwärtszerren. Ausweichen. Und dann noch mal von vorne anfangen: »Bea, ich glaube, das ist der falsche Weg…«

Aber Bea hat die Sprengladung schon in der Hand.

Eine Frau mit ihrem West Highland White Terrier an der Flexileine kommt auf uns zu. Sie telefoniert. Ihre Fingernägel glitzern. Auf ihrer Sonnenbrille blitzen Strasssteine. Und ihr Hund spitzt lustig seine Ohren zu uns. Unternehmungslustig. Ich schlucke. Oh Gott. Billy hat ihn auch gesehen.

Leine packen.

Bea zündet die Zündschnur…

Haken schlagen!

Krach!

Billy zuckt zusammen. Springt seitwärts ins Geschirr. Dreht sich, voller Panik. Auch der kleine Westie rennt kreischend davon. Sein Frauchen lässt vor Schreck ihr Telefon fallen und ruft mir Flüche und Verwünschungen hinterher. »Ja sog amoi! Du Schlampn!«, brüllt sie im derbsten Dialekt. »Des is ja Tierquälerei!« Und beim nächsten Mal ruft sie die Polizei.

Zu Recht. Was anderes kann ich nicht sagen. Und murmle: »Entschuldigung.«

Zum tausendzweihundertsten Mal.

Ich hangle mich an der Leine zu Billy. Er japst, hat das Maul offen und schnappt blind ins Nichts. Er sieht mich nicht mehr. Ich wünsche mir einen Tisch, unter den er kriechen könnte. Aber wir sind im Wald. Beim Hundetraining. Und ich halte ihn fest, mit hingducktem Kopf.

»Nicht streicheln! Du musst neutral bleiben. Es war nichts. Er soll's nicht mit dir verknüpfen. Sondern nur mit seinem Verhalten gegen andere Hunde.«

Beas Stimme hinter mir.

Ich schlucke. Worte stauen sich in meinem Hals, in meinem Mund. Worte, die die gute Bea mit ihren Faschingskrachern bis in ihre Albträume verfolgen würden.

Ich versichere mich, dass nicht der nächste Hund auf uns zudackelt. Und dann stehe ich auf. Langsam und gefasst.

»Das«, sage ich leise zu Bea und ihrem Dynamit, »ist scheiße.«

»Wir müssen dranbleiben«, sagt sie. »Kann sein, dass er's schon verknüpft hat«, sagt sie. »Er spürt jetzt nur die Konsequenz aus seinem Handeln.«

Ich ahne ein Grollen in mir. Die Oberfläche ist dünn. Ich habe zu tun, ein Erdbeben zu verhindern.

Bea verzichtet instinktiv auf ein Drücken. Knuddeln. Nicken. Um meinen Boden nicht weiter zu erschüttern. Nachdenklich geht sie neben mir her zum Parkplatz.

»Denk in Ruhe drüber nach«, sagt sie, bevor ich in den Mini steige.

Ich fahre los, bevor es kracht.

In dem einen Aspekt hat Bea recht: Dass Billy den West Highland Terrier in Ruhe gelassen hat. Der erste von gefühlt 100 anderen Hunden. So ein scheiß Mist! So ein verdammter scheiß Mist.

Aber gewaltfrei.

Auf alle Fälle gewaltfrei.
Mir reicht's vom Hundetraining. Voll und ganz. Das nehmen wir so mit für heute.

Zwei Stunden später bin ich bei Zoo Halber. Ich kaufe ein neues Hundebett. Einen Ball. Eine neue Leine, zwei Kauknochen, einen Leuchtanhänger fürs Geschirr, acht Dosen Bio-Rind, obwohl ich sowohl Dosen als auch Rind vermeiden wollte, eine Immunstärkungspaste und eine Wasserschüssel mit Pfoten drauf.
Frustshoppen.
»Klappt's schon besser?«, fragt Sylvia an der Kasse. Ich muss ihr Namensschild nicht mehr lesen. Sie hat mich begleitet. 230 Ochsenziemer, eine Tonne Leckerlis, drei Hundebetten und ein Stachelhalsband lang. Über vier Jahre.
Vier gescheiterte Jahre.
»Na ja...«, nuschle ich, und wenn Sylvia jetzt auch nur ein Wort sagt, das nach Mitgefühl klingt, muss ich losheulen. Aber sie kassiert kommentarlos: »Zweihundertachtundachtzig neunzig.«
Zum Abschied lächelt sie. Sonst nichts. Gott sei Dank.
Erst als ich an der Tür bin, ruft sie »viel Glück!«.
Ich schaff's nicht, mich umzudrehen und Danke zu sagen. Ich fliehe durch die Schiebetür. Krabble stumm in den Mini. Ignoriere Billys erwartungsvollen Was-hast-du-mir-mitgebracht-Hundeblick vom Rücksitz und parke aus.

KRACK-CK-CKKKK.
Mercedes Vito. Stoßstange vorne links.
Fuck.
Anikas Mini.
Fuck, fuck, fuck, fuck, fuck, fuck, fuck!!!

Schlagartig verstehe ich, wie das ist, wenn man ins Lenkrad beißen will. Die Kunstlederummantelung perforieren und dran reißen. »GRRHARRRRRRR!!!!!« machen und alles zerfetzen. Die Sitzpolster und die Türverkleidung. Alles. Bis nur noch ein Innenraumskelett und Millionen winzige Schaumstoff-Flocken übrig sind. Stattdessen reiße ich mir einen Fingernagel ab.

Anika: WIE WAR'S??
Ich: GANZ OKAY.
Anika: SEHR BRAV ODER MITTELBRAV???
Ich: SEHR.
Anika: ;-)))

Ich finde keine Worte, die ich ihr schreiben kann wegen der Vito-Sache. Ich hab einen Kratzer in dein Auto gemacht? Ich hab den Mini geschrottet? Weil das Hundetraining scheiße gelaufen ist?
Ich reiße mir noch einen Fingernagel ab.

Anika: AHHH! MEIN KÜNSTLER SCHREIT RUM ICH MUSS IN DEN SHOWROOM

Der Vito gehört einem Apothekenkunden, der nur schnell ein paar Aspirin holen wollte. Die kann er jetzt gleich gebrauchen, denn sein Gesicht färbt sich in einer Schattierung zwischen Tomatenrot und Pink, als er mich neben seinem Wagen stehen sieht. Er ist von großer Statur, der Mann. Breit. Eckig. Und auf eine Art massiv, dass ich instinktiv weiß, wie er zupackt. Ein Silberrücken in dunkelblauem Dreiteiler. Boss. »Könnten wir das vielleicht ‚so' machen?« ist nicht die Frage, die ich diesem Mann stellen kann.
Er tritt an mir vorbei, als wäre ich nicht da. Bückt sich zu seiner Stoßstange. Flucht. Und dann dreht er sich zu mir. Der Mini

macht ein Eck mit dem Vito. Einen toten Winkel. Und ich stehe in diesem Winkel.

Mir wird eiskalt. Bei 28 Grad Außentemperatur.

»Mädchen, das wird teuer«, raunt der Mann. Sein Körper eine Wand. Mit Aftershave. Sein Atem verdampft Spearmint.

Ich kann nicht zurück. In meinem Rücken kühles Blech. Wir sind auf offener Straße. Es wäre ein Aufruhr. Wenn ich davonlaufe. Und aus welchem Grund? Aus welchem Grund? Der Mann hat ja recht. *Ich* habe seinen Mercedes gerammt!

Aber alles, was ich fühle, ist das kühle Blech. Wie der kühle Rand eines Edelstahlwaschbeckens an meinem Rücken. Das Waschbecken im toten Eck einer Küche. Atem in meinem Gesicht. Hände, wo sie nicht sein sollen, und seine Zunge auch. Während draußen in der Stube die Gesellschaft Schwarzwälder Kirschtorte isst. Zwischen uns und ihnen nur eine Plastikschiebetür. Wie ist es möglich, dass uns niemand hört? Niemand sieht? Oder ist es nie gewesen?

Um mich wabert ein lauwarmer Pool »Cool Water«. Der dunkelblaue Boss-Anzug fragt mich etwas. Er hält mir eine Visitenkarte hin. Von seiner Versicherung.

Aber ich höre nur das Tassenklappern aus einer anderen Zeit. Die Kuchengabeln auf den Tellern kratzen. Und Atem. Der sich in meinem Ohr fängt. Laut. Feucht. Stoßend. Ich krieg keine Luft…

Und wieder macht jemand Fotos. Von mir, von Billy, von Anikas Mini und unserem Nummernschild.

Dann fährt der Vito davon. Mit einem Knick in der Plastikstoßstange. Mehr nicht. Der Mann war sogar ganz nett, glaube ich. Ich schaue ihm nach, bis er abbiegt auf die Hauptstraße.

Jetzt erst höre ich das Gebrüll des Höllenhundes hinter mir. Billy. Klebt an der Seitenscheibe und zerreißt virtuell den Boss-Mann in der Luft.

»Alles gut, Billy. Alles gut.« Als ich vor sein Fenster trete, zuckt er zusammen. Er merkt nicht, dass ich es bin. Mein Hund ist außer Rand und Band. Und ich bin schuld dran. Die schlechteste Rudelführerin aller Zeiten. Ich sollte nicht so zittern. Ich sollte ein Fels in der Brandung sein.

Anika: SCHICKST DU MIR EIN FOTO VOM HUNDEKURS???

Okay. Ich versuche zuerst, ihr das mit dem Mini zu erklären. Nicht mit großer Wirkung, scheint's.

Anika: KÜNSTLER SIND SO ANSTRENGEND!!!
Anika: SCHEIß AUF DEN KRATZER
Anika: FOTO?

Ich warte, bis Billy aufhört zu geifern. Mache Fotos von ihm auf dem Rücksitz, bis eins dabei ist, auf dem er nett aussieht, und schick's Anika.

Ich bin 35 Jahre alt. Menschen mit 35 … kaufen Häuser. Kämpfen für mehr Kinderbetreuungsplätze, für Klimaschutz, für die Krebsforschung.
Ich mache Fake-Hundefotos, krame eine Rolle Panzertape aus meinem zerschundenen Rucksack und klebe den abstehenden Kotflügel samt Blinker wieder an ein geliehenes Auto.
Panzertape. Wenn's halten muss.

Drei Wochen später hält's immer noch, das Panzertape. Auf dem Beifahrersitz knistert eine Tüte Hot Chili um meine rechte Hand. Die linke lenkt lässig um die engen Hügel und Kurven. Die Straße läuft wie eine Nervenbahn durch meinen Körper. Ganz egal, wie lange ich hier nicht gefahren bin.

Ich parke den Mini im Schatten der alten Kastanien etwas oberhalb vom Friedhof. »Sitzen bleiben, Billy. Ich schau nur kurz was…«

Billy seufzt. Er hasst den Mini. Auf eine schicksalsergebene Art. Mittlerweile schmunzle ich drüber. Es ist ja nur ein Auto und sehr bald, irgendwann in diesem Jahrhundert, wird der Reill Schorsch das Getriebe in meinen Bus geschraubt haben. Bis dahin fahren wir halt Mini.

Meine Zähne zermalmen eine Handvoll Chips. *Knack, knurps, knurps.* Das Geräusch schaltet alle Gedanken aus. Was gut ist. Die fliegen mir sonst eh nur um die Ohren wie Bumerangs, in Flugbahnen, die ich nicht berechnen kann, und wenn ich nicht aufpasse, hacken sie mir den Kopf ab. »Dein Hund ist unglücklich«, zischt einer vorbei. »Du bist unfähig!«, faucht der nächste. »Dein Leben ist ein schwarzes Loch, du bist allein und niemals kommst du da raus.«

Knurps, knack, krach, knurps… Ich wiege drei Kilo mehr als vor drei Wochen. Und ich weiß auch, warum. Panzer für die Seele. Hab ich gelesen. In einem Buch aus Tilos Regal. Schlau, nicht wahr? In demselben Buch steht auch was über äußere und innere Attentäter und äußere und innere Dynamiken. Und ist es nicht offensichtlich? Die meisten Männer. Wirklich die meisten. Sind harmlos und wunderbare Menschen. Das ist die Realität. Der Fehler ist, dass ich auf dieser Realitätsebene nicht lebe. Sondern virtuell in einem Keller voller Attentäter.

Und mein Hund überträgt meine Emotionen, Aussetzer, Ausfälle, Ausbrüche, Zusammenbrüche, Herzbrüche, Überreaktionen, Panikreaktionen, Flatlines und Borderlines… auf sich. Total logisch.

Das muss aufhören.

Weil's ein Irrsinn ist. Meine Wut ist eine giftige Schlingpflanze, die uns komplett überwuchert, und ich werde sie mit der Wurzel ausreißen. Hier auf diesem Friedhof.

So.

Seit der Beerdigung war ich nicht mehr hier. Und damals war ich wie ein Zaungast. Eine Zuschauerin, neben dem Sarg, neben dem dunklen Loch in der Erde, den Blumenkränzen. Eine, die die tränenvollen Taschentücher sieht und nicht weiß, was sie fühlen soll. Zu jung gestorben, hat es geheißen. So tragisch. So unerwartet. Ein Schlaganfall war's.
Und ich weiß noch, wie ich gedacht habe: Warum bin ich so kalt, bei 28 Grad Außentemperatur.

Ich finde den Weg ohne Problem. Erkenne das Geräusch von Kies unter meinen Schuhen wieder, wie Murmeln. Das gigantische Kreuz. Die schweigsamen Frauen, die Graberde harken und erst aufhören, wenn ihr schwarzes Rechteck perfekt ist.
Und dann steht er vor mir. Der Grabstein. Wuchtig und grau.
Es ist Jahre her jetzt. Ich weiß gar nicht, wie viele.
Mir wird keiner mehr was tun, das habe ich schriftlich.
Gold auf Granit.

Später, unter den Kastanien, klicke ich meine schöne neue Leine an Billys Geschirr. Schnell, wie eine Ausbrecherin, marschiere ich weg vom Kirchplatz, raus auf die Felder. Schlängle mich einfach an einem Acker entlang bis zu dem schattigen Trampelpfad am Waldrand. Von hier sieht man das ganze Dorf. Idyllisch. Lauter rote Dächer und ein paar schwarze, aus den 80ern. Als wir Kinder waren, gab's hier nichts. Kein Schwimmbad, keinen Sportverein – außer Fußball, aber nicht für Mädchen. Wir waren also tagelang im Wald unterwegs oder in den Maisäckern. Über Glyphosat hat sich damals kein Mensch Gedanken gemacht. »Ach, das baut sich schon ab«, hat man gesagt.
»Whff.« Billys Blick schwirrt über die Felder wie ein Radar. Aber hier ist kein Mensch. Kein Hund. Nur die Flugzeuge in

der Einflugschneise und das Röhren einer Motocross-Maschine im Wald. Das Äquivalent von vollkommener Stille. Ich rufe leise: »Billy.«

»WHOARRRR!«

Die Leine reißt an mir. Und ein Schmetterling fliegt in ein Luftloch. »WHOARRR!«

So ein weißer, ganz normaler Schmetterling.

»Billy!«

Welcher Hund geht bitte auf einen Schmetterling los? »BILLY!!« Ja, ich bin zornig. Gar nicht unbedingt auf meinen Hund. Auf mich selber bin ich zornig. Weil ich bin, wie ich bin. Weil es ist, wie es ist. Aber Wut macht keinen Unterschied, und auf einmal kauert Billy neben mir, als hätte er Angst vor mir. Er traut mir nicht, wenn ich so drauf bin. Und vielleicht hat er recht. Ich hab's nicht geschafft, sie auszureißen, die Schlingpflanze.

»… jetzt komm.«

Wir tappeln weiter. Im Sonnenschein, an einem Tag, der ein Meilenstein hätte werden sollen. Auf dem Weg zu einem neuen Kapitel. Einem befreiten, entspannten, hellen Kapitel.

…

Ich sehe sie ein bisschen zu spät.

Hans-Peter und Rocky. Hans-Peter ist ein Freund meiner Eltern. Ein drahtiger, federleichter Marathonläufer mit blendend weißem Haar. Ich war neun, als Hans-Peter in unserem Dorf aufgetaucht ist. Seit ich neun bin, weiß ich, was ein Marathon ist. Und dass Läufer dünne Frotteestirnbänder tragen. Vor Hans-Peter waren Läufer »Spinner«. Die keine Arbeit hatten und nichts Besseres zu tun, als sinnlos durch den Wald zu rumpeln. So lange ist das noch gar nicht her. Wie die Ansichten über Glyphosat. Jedenfalls, diesen Deckel hat Hans-Peter gelüftet über uns. Das halbe Dorf hat angefangen zu joggen wegen ihm. Firmengründer. Fußballvorstände. Frauen in allen Lebenssituationen. Seit ein paar Jahren hat Hans-Peter einen Hund. Rocky. Einen Yorkshire-Mischling. Sehr klein. Sehr frech. Sehr fit. Aber weil er mit seinen kurzen Beinen die 20 Kilometer nicht in Hans-Peters Geschwindigkeit schafft (wie im Übrigen niemand im Dorf und Hans-Peter wird demnächst 70), hat Rocky einen Wagen. Einen Hundewagen, den Hans-Peter an einem Hüftgurt ziehen kann. Natürlich lachen wir alle über Rocky, den Winzling, und seinen »Porsche«. So sind wir. Was der Mensch innerhalb seines Horizonts nicht erfassen kann, macht er entweder kaputt oder lächerlich.

Rocky ist der perfekte Hund für Hans-Peter. Lustig. Immer gut drauf. Unglaublich klug. Und so quirlig, dass er trotz seines winzigen Körpers Hans-Peters ganzes Haus ausfüllt. Hans-Peter ist Witwer. Alle sagen, wie erstaunlich gut er sich versorgen kann. Ohne Frau. So denken wir. Aber im ganzen Dorf gibt's keine Frau, die es in puncto Haushalt mit Hans-Peter aufnehmen kann. Seine Schuhe allein. Makellos, wie Soldaten im Regal. Wenn Rocky nicht ab und zu einen zerbeißen oder den Fuchsdreck von seinem Fell an die cremeweiße Couch schmieren würde, wäre Hans-Peters Haus ein Mausoleum. Rocky ist der Hit.

Billy weiß das alles nicht. Stocksteif steht er da. Fell in der Luft. Den Kopf aufgerichtet wie eine Klapperschlange. Mir rutscht das Herz bis unter die Knie. Ich weiß, ich sollte entschlossen kehrtmachen. Selbstverständlich, souverän und konsequent in die andere Richtung gehen. Als wäre nichts. Aber als ich die Zusatzleine aus meiner Jackentasche fummle, zittern meine Hände. Und alles, was ich denken kann, ist: »Bitte nicht. Bitte, bitte nicht.«
Rocky hüpft auf uns zu. In diesem lustigen Hoppelgalopp, den selbstbewusste kleine Hunde haben.
Billy starrt ihn an. Ich starre ihn auch an. Fummle verzweifelt ein Halsband mit zweiter Leine über seinen Kopf. Das mag er

nicht. Wir müssen weg hier. Aber meine Beine sind wie Blei. Meine Finger eiskalt. Es ist unausweichlich jetzt. Und wie auf Kommando stellt sich Billy auf die Hinterbeine. »WHARRR, WHARRR, HOARRR!«

Ich ringe um Balance. »Billy! Billy! Aus!«, japse ich. Wenn er mich umreißt, war's das.

Irgendwo im Wald heizt die Motocross-Maschine einen steilen Hang hinauf. Dann macht's *PENG!! PAFFF!*.

Fehlzündung.

Ich weiß nicht, wie's gegangen ist, aber ich liege mit zerkratztem Kinn auf dem Trampelpfad. In meiner Hand Billys Halsband, zerrissen. Alles, was ich höre, ist »WHHOARRRRRR, WHO-ARRRR, WHOARRRR!« und ein hohes »WHAUIIIIIII!«.

Jemand schreit. »Rocky! Rocky!«

Ich blinzle.

Billy hat Rocky im Maul. Billy hat Rocky im Maul.

Billy hat Rocky im Maul!!

Der kleine Hund zappelt nicht einmal. Verhält sich wie ein Stofftier zwischen den schneeweißen Fangzähnen meiner schwarzen Bestie.

Und dann fliege ich. Fühle das Geschirr. Fühle das vertraute Fell von meinem Hund. Meine Faust drischt gegen seine Brust. Mein Arm schlingt sich um seinen Hals. Ich ziehe ihn auf den Boden. Hans-Peter steht da, mit vorgestreckten Händen, und weiß nicht, wo er hinfassen soll. Mein Hund wimmert, denn ich drücke seinen Kopf mit meinem ganzen Gewicht in den Kies. »Aus«, sage ich. Wie ein Scharfrichter.

Aus den Augenwinkeln sehe ich Rocky weglaufen. Im Zwergensprint in den Acker.

Ich bewege mich nicht. Der wimmernde schwarze Hund unter mir bewegt sich nicht.

Kein Laut. Kein Wort.

Auch Hans-Peter sagt kein Wort.

50 Meter unterhalb kommt Rocky aus dem Acker geprescht. Duckt sich hinter ein Grasbüschel. Hans-Peter sammelt ihn auf. Trägt ihn über den Wiesenhügel nach Hause. Erst dann lockere ich den Griff um Billys Kopf.

Was mach ich nur mit ihm. Was mach ich nur mit ihm …

Schweigend erreichen wir den Mini, unter den Kastanien. Fuß. Billy hat Angst vor mir. Ich selber habe Angst vor mir.

Wie ein Roboter mache ich die Heckklappe auf. Billy hüpft widerstandslos in den Kofferraum und kringelt sich so klein zusammen, wie er kann. Meine Faust am Lenkrad ist weiß. Was ist aus mir geworden. Eine Täterin.

Wenn ich so bin, und das erscheint in dem Moment so klar wie ein Bergkristall vor meinen Augen … so bin ich der schlechteste Mensch für meinen Hund. Ich wollte heute einen Strich unter alles ziehen. Frieden wollte ich. Sicherheit. Aber wir schlittern einfach weiter von einem Fiasko ins nächste. Das ist alles Gift für Billy. Mein Zorn erwischt ihn voll und ungefiltert.

Jeder andere würde besser klarkommen mit ihm. Jemand wie Evelyn. Jemand wie Anika. Jemand wie Kilian.

Irgendjemand.

Bei jedem anderen hätte er's besser.

Besser als bei mir.

Ich stoppe erst wieder auf dem Parkplatz des Tierheims.

Ich öffne die Heckklappe. Er schielt mich an. Aber ich nehme nur die Leine. »Hopp.« Tonlos.

Er hüpft raus. Folgsam.

Ich klingle, unter dem Schild »Tierheim Blumental«. Warte vor der Eingangstür, bis jemand kommt. Eine junge Frau mit Pferdeschwanz.

»Ich will ... ich muss diesen Hund abgeben«, stürzt es aus mir heraus.

Ich drücke der jungen Frau die Leine in die Hand. Nicke, ohne ein weiteres Wort. Und dann renne ich. Weg. Zum Auto. Einsteigen. Starten. Gas.

Ich sehe im Rückspiegel, wie die junge Frau meinen Hund festhält. Meinen Hund, der mit allem, was er hat, ins Geschirr springt, weil er mir hinterherwill.

Ein abstraktes Bild. Eine Miniatur, in Rückspiegelformat.

Ich frage mich, warum er ausgerechnet heute so an mir hängt. Jetzt. Nicht gestern, nicht vorhin gerade, nicht zu irgendeinem anderen Zeitpunkt, wo's vielleicht sinnvoll gewesen wäre. Sondern jetzt.

Ich muss abbiegen, auf die Bundesstraße. Aber von links kommt ein Auto. Ein Motorrad. Noch ein Auto. Ich bin zu langsam.

Ich komme keinen Schritt weiter, wenn ich so langsam bin. Ich komme nicht einmal auf die verdammte Straße.

Bei drei gebe ich Gas. Egal, ob ich's rausschaffe ...

Aber da rennt ein schwarzer Hund zwischen die Autos. Allein, mit Leine am Geschirr.

»AAAHH!«

Reifen quietschen. Ich stehe mitten auf der Straße. Jemand hupt und ein Pick-up macht den Warnblinker an.

Ich reiße die Fahrertür auf.

»BILLY!! VERDAMMTE SCHEISSE!!! STOPP!!!«

Er dreht den Kopf. Und kommt her.

Vor mir macht er Sitz. Sein Schwanz wedelt vorsichtig auf dem Asphalt.

»Ist das Ihr Hund?«, fragt jemand.

Es dauert eine Sekunde. Zwei. Ich sehe die Möglichkeit, einfach »Nein« zu sagen. DAS RICHTIGE zu tun und für ihn und für mich ein neues Leben anzufangen. Aber dann nicke ich.

»Ja, klar ist das mein Hund.«

Wir fahren zurück zum Tierheim. Ich muss die Sache zumindest aufklären.

Die junge Frau mit dem Pferdeschwanz kommt mir schon entgegen. Aufgelöst. Es tut ihr so leid, aber sie hat ihn nicht festhalten können.

»Ja, das kenn ich«, sage ich und weiß nicht, ob ich mich auf die Betonstufen vor dem Tierheim setzen soll. Meine Knie sind jedenfalls keine Stütze mehr. In den Augen der jungen Frau blitzt etwas auf. Verständnis. Ich muss ihr nichts erklären. Weil sie weiß, was los ist. Als hätte sie's vielleicht schon öfter erlebt. Wobei ich mir nicht vorstellen kann, dass andere Menschen mit ihren Hunden auch so … an so einen Punkt kommen, wo …

Na ja. Scheiße einfach.

Wir seufzen, beide, gleichzeitig. »Es gibt bei uns nur scheußlichen Kaffee«, lächelt die junge Frau. »Aber magst du einen?«

SCHEUSSLICH reicht bei Weitem nicht aus, um den Kaffee in diesem Tierheim zu beschreiben. Abartig. Wortlos widerlich. Schwarze Kloake. So schrecklich, dass alles andere im Vergleich zu diesem Kaffee von einem wunderbaren Schimmer umgeben erscheint: Stundenlange Suchaktionen bei Sturm, Graupel und stockdunkler Nacht?

War doch alles gar nicht so schlimm.

Eine Panikattacke auf offener Straße, weil ein Hund entgegenkommt?

Da seufze ich entspannt und denke: *Ja, so ist das …*

Andere Hundebesitzer, die diese Probleme nicht haben und mir Verwünschungen hinterherrufen?

Fühlt sich fast wohlig vertraut an.

Ich nehme noch einen Schluck.

Doch. Alles wunderbar. Nichts, was nicht hinzukriegen wäre.

Ich trinke aus.

BESTENS.

»Also …«, sagt die junge Frau mit dem Pferdeschwanz und streicht Billy nachdenklich über seinen samtigen Kopf. »Das ist vielleicht nicht der ideale Zeitpunkt… Aber ganz in der Nähe gibt's eine Hundetrainerin, die ist wirklich toll.«

Ich nehme den Flyer, den sie mir in die Hand drückt. Das Papier fühlt sich glatt und leicht an. Gar nicht wie echtes Papier. Eher wie ein ätherischer Traum. Schwerelos rutscht der Flyer in meine Jeanstasche. Ungelesen. Und wird ungelesen bleiben für ein ganzes Jahr oder länger. Irgendwann wird die Wirkung des Tierheimkaffees nachlassen, und worauf ich momentan gar keinen Bock habe, ist das Gefühl, ätherisch oder sonst wie, dass alles gut werden kann. Hinterm Horizont.

Unser Nachmittag im Tierheim endet mit mittleren Pommes und einer Cola Light.

Dann behalte ich also meinen Hund.

Und vielleicht gehört das so, dass man die einschneidendsten Entscheidungen im Leben nicht mal ansatzweise mitkriegt, während man sie trifft?

Ich wische über meinen Ketchupmund. Bestelle bei Euroflor Blumen und eine Grußkarte für Hans-Peter. Dann sammle ich meinen Mut zusammen und rufe ihn an. Ich sage, dass mir die Sache mit Rocky sehr, sehr leidtut, dass ich alle Tierarztkosten übernehmen werde, dass ich vom Dorf wegbleiben werde und er keine Angst haben muss, uns noch mal über den Weg zu laufen.

Ganz automatisch öffne ich die Fenster einen Spalt, weil Billy seine Scheibe schon vollgehechelt hat.

Hans-Peter sagt für eine Weile nichts. Ich fürchte mich vor der Antwort. Rocky ist ein kleiner Hund, aber nichts und niemand kann seinen Platz füllen.

»Hans-Peter?«, hauche ich.

Er seufzt: »Rocky fehlt nichts, rein gar nichts, wenn man von

einem perforierten Ohr absieht. Ich hab ihn röntgen lassen und alles. Der Tierarzt sagt, das ist ein Wunder.«
Ja. Das ist ein Wunder.
Wunder geschehen. Ein paar haben wir schon verbraucht. Billy und ich.

Ich sollte nach Hause fahren. Vielleicht meine Wohnung neonpink streichen. Noch mal von vorn anfangen. Mit meinem Ziel. Stattdessen rufe ich den Reill Schorsch an: »Ich brauch den Bus.«
»Aha«, sagt er. Irgendwoher weiß er, was los ist.
»Kommst morgen«, sagt er.
Ich packe Schlafsack, Rucksack, Steigeisen. Die Koflachs muss ich nicht suchen, die liegen eh noch hinterm Beifahrersitz, wegen Norwegen.

Dreizehn Stunden später lässt uns Anika in Ingolstadt-Nord aussteigen. Der Werkstattturm ragt über mir in den weißblauen Himmel. Und das Getriebe ist so gut wie drin.
»Nix für ungut.« Der Reill Schorsch zieht noch ein paar Schrauben fest. Ich koche ihm einen Espresso und schaue zu, wie er um meinen Bus herumhinkt, bis er seine Hände an seinem schwarzen Öllappen abwischt. »So.«
Er verlangt zu wenig für eine Getriebereparatur, aber darum geht's nicht, sagt er.
»Billy, hopp.« Sage ich. Und drin ist er. Auf seiner Rückbank. König der Welt.
Der Reill Schorsch wünscht uns alles Gute und ich glaub's ihm.

Meine Hand liegt auf seinem Brustkorb, wie schon 100.000-mal zuvor. Ich fühle sein Herz schlagen, mit dieser kleinen Unregelmäßigkeit, von der ich nach zwei Herzultraschalls weiß, dass sie keine ist. Es ist ein großes, starkes Herz. Es hat alle Stürme ausgehalten. Dort, wo ich es berühre, entsteht ein Gleichklang. Ein Schon-so-lange-Kennen, und ich kann's bis heute nicht erklären. Als wäre da kein Zwischenraum, zwischen wer er ist und wer ich bin.

Vielleicht, weil er ein Hund ist.

Menschen waren immer ... so weit weg von mir. Wie hinter Glas. Auch die, die ich liebe, mussten weit genug wegbleiben. Weit genug weg.

Aber dann kommt so ein spanischer Straßenköter daher. Macht sich auf meiner Bettdecke breit. Schlonzt meinen Pullover voll mit seinem Tennisball. Reißt mir halb den Arm aus mit seiner Leine. Dass ich in einem Glaskasten lebe, hermetisch abgeriegelt, ist ihm völlig wurscht.

Ba-Dammm, Da-damm.

Und drin ist er. Ein Hundeherz.

Ein Hundeherz zweifelt nicht. Ein Hundeherz fragt nicht. Ein Hundeherz will nicht. Kalkuliert nicht. Ein Hundeherz ist, was es ist. Voll und ganz. Sein ganzes Leben lang.

2012
A Sauviech is er

Wir sind in Prägraten am Großvenediger. Der weiße Berg. Der König. Der schönste von allen, finde ich.

Ich gurke mit dem Bus durchs Tal, auf der Suche nach einem Stellplatz. Von hier unten sieht man den Venediger nicht. Man spürt ihn nur. Den Großen Geist, der über uns wacht,

3666 Meter hoch. Es gibt einen Campingplatz am Bach. Klein, dunkel, klamm, sanitäre Anlagen von 1962. Hervorragend. Billy und ich sind die Einzigen, die dort übernachten. Wir schmeißen Stöckerl und traben ein bisschen am eiskalten Wasser entlang. Ich wate in eine knietiefe Gumpn: »Hey, Billy! Wer's länger aushält!«

Ich tauche unter.

Natürlich macht er sich maximal die Pfoten nass. Steht da am kuschligen Ufer und schnappt lustig in die Luft. Eisbaden war damals noch was für Freaks. Ich kreische und pruste in meiner Gumpn: »Billyyyyy, k-k-komm! L-l-abradore l-lieben Wasser, scheiße ist das k-k-kalt, wo is' meine M-M-Mütze... Hey! Aus! Aus!!« Den Unsinn kann er aus dem Effeff. Mir die Mütze vom Kopf ziehen. Tapfer zähle ich von 100 runter und Pfarrer Kneipp würde die Hände zum Himmel werfen ob der Tatsache, wie verweichlicht und ungesund wir alle sind.

Später lasse ich mich rückwärts auf meine Heckmatratze plumpsen. Ich kann die Sterne sehen. Milliarden und Milliarden von Sternen. Fast wie überm Nordkap.

Ein Hundepfurz zieht durch den Bus. Ich sage »Boah, Billy, pfui Teufel«. Und bin für einen Moment der glücklichste Mensch auf der Welt.

Am nächsten Tag finde ich ein Bergführerbüro mit einem angeschlossenen Bergsportladen. Ich schiebe mich durch die Tür und betätige dadurch eine alte Kuhglocke, die gefährlich nah über meiner Stirn hängt. »Hallo?«

Hinter einer Bücherwand erscheint der Kopf eines Wurzelgeists. »Will'sch an Venedigerrrr gehn oder was will'sch?«

»Geht das mit Hund?«, frage ich zurück. Der Wurzelgeist verschwindet hinter der Wand, flucht und kramt den Geräuschen nach etwas tief aus einer Kiste voller Grauserlei. Nach einiger Zeit taucht er wieder vor mir auf. Er schlürft undefinierbares schwarzes Zeug aus einer Tasse, die wahrscheinlich seit ihrer

Fertigung im Jahr 1950 keinen Glitzischwamm gesehen hat. Kaffee. Mit noch was drin. Wahrscheinlich was aus der Kiste.

»Kimmt auf'n Hund drauf an, dat i sogn.«

Ich nicke nach draußen: Sicher mit zwei Leinen am Laternenpfahl befestigt macht Billy Sitz. »Der Berserker da. Ich meine, der Brave. Der is' brav.«

Der Wurzelgeist grummelt etwas in seine Tasse. Von Leuten, die immer verrückter werden. Schüttelt dabei den Kopf und niest ungebremst, sodass ein schwarzer Tsunami in seinen Bart schwappt und dort versickert. »I bin eh voll. Hauptsaison, woa'sch.«

»Macht nix. Im Prinzip reicht mir auch ein Schraubhaken und zwölf Meter Seil«, lächle ich. Und weil Billy immer noch vorbildlichst Sitz macht an seiner Laterne, schlendere ich rüber in den Shop neben dem Bergführerbüro.

»Für wos brauch'sch du zwölf Mett'rrr Soal? Zwölf Mett'rrr Soal, des isch a Blädsinn.«

»Für'n Hund. Als Leine. Sonst haut er ab«, sage ich.

Der Wurzelgeist reißt sein zahnloses Maul auf und lacht schallend. »Ja nach'an mog'sch netter sei zu dei'n Hund!«

»Mach ich.« Ich grinse zurück. »Und wenn er mir trotzdem abhaut, häng ich stattdessen einfach dich an die Leine.«

»Haaah!«, juxt der Berggeist. »Da mua'sch mi aber z'erscht dawischn!«

Ich strecke ihm furchtlos die Hand hin. »Ich bin die Karin.«

»Und i bin da Guido.«

»Guido??« Ein Osttiroler namens Guido. Aus Prägraten am Großvenediger.

»Ja soll i anderscht hoassn?«

Ich zucke mit den Schultern. »Sepp, Hans, Franz, Louis, Martl…«

Eisblaue Augen blitzen unter seinen dornigen grauen Augenbrauen hervor. »Du bisch von Bayern her, oderrr? Bisch von München?«

»Bis nach München sind's 50 Kilometer von mir daheim.«

»Die Münchner Zwietracht bisch du.«

Ich lehne mich an die Säule neben Guidos Kasse. Er kaut auf etwas. Ich weigere mich, mir vorzustellen, worauf. Ob vielleicht etwas in seinem Kaffeegebräu geschwommen ist oder ob er's eh zwischen den Zähnen hatte. Nein. Ich stell's mir nicht vor.

»Woa'sch, wia ma's machen. Jetz isch zviel los auf'm Berg. Aber in vier oder fünf Wochen, kimm'sch no amal, na nimm i di mit.«

Vier oder fünf Wochen?

Die bring ich rum. Wir könnten einmal quer durch die Dolomiten pilgern, Billy und ich. Jakobsweg all'Italiana.

Ich sage »ausgemacht«. Und strahle ihn an. Was er offensichtlich für überflüssig hält, denn seine wurzelknorrige Hand winkt unwirsch ab: »Deine deppertn zwölf Met'rrr Soal kriag'sch g'schenkt von mir, und jetzt ausse mit dir, Zwietracht!«

Zuerst der Reill Schorsch und jetzt Guido vom Venediger. Zwei Herzen aus Gold.

Ich stoppe den Bus an einer Seilbahnstation in Sexten. Alles menschenleer.

»Wegen Revision geschlossen«, steht auf einem Schild. Aber ein Parkverbot sehe ich nirgends.

Ich bleibe für ein paar Minuten sitzen. In einer seltsamen Blase aus hellgrauer Irrelevanz. Es ist völlig egal, ob ich losgehe oder nicht. Niemand wartet auf mich. Gestern, dank Guidos WLAN, habe ich sogar noch mein Drehbuch abgeschickt. Ich habe nichts zu tun. Das Nichts könnte mich verschlucken. Wahrscheinlich würd's gar nicht auffallen.

»WHFF!«, macht es hinter mir.

»Okay, Billy«, nuschle ich.

Und das Nichts kann mich mal. Ich habe einen Schraubhaken.
Zwölf Meter Seil. Ein doppelt genähtes Hundegeschirr. Die
topografische Karte von Ost- und Südtirol. Und vier Wochen
Zeit bis zum Venediger.

»Okay, Billy.«

Ich lege einen Zettel mit meiner Telefonnummer aufs Armaturenbrett – für alle Fälle. Lupfe meinen Rucksack aus dem Kofferraum. Befestige Schraubhaken und Seil an Billys Geschirr.
Türen zu. Und schon sind wir im Anstieg zum Zwölfer- und
Einserkogel. Es graupelt und eiskalter Wind faucht uns entgegen. Aber egal. Wir gehen. Bestens gelaunt, durch Wald, Wind,
Wetter, Fels und Geröll.

Ich gehe wie von allein, meine Füße im immer gleichen Takt.
Ich bin das Geräusch, wenn ich auf lose Steine trete. Über
Baumstämme steige. Wenn der Wiesenboden unter meinen
Schritten federt. Ich bin.

Und merke zuerst gar nicht, wie mein durchgeknallter Sauköter am Zwölf-Meter-Seil in denselben Takt fällt. Neben mir her
trabt. Ohne den geringsten Ruckler am Seil. Billy an der lockeren Leine. Gleich da, neben mir. Ganz von allein.

Und schon greifen meine Finger fester um das Seil. Es ist ein
Reflex. Meine Arme erinnern sich daran, dass jederzeit 38 Kilo
Hund an ihnen reißen können.

Sofort schärfen sich Billys Augen. Das seh ich ihm sogar von
hinten an. Sofort ist Spannung auf dem Seil. Alles klar.

Alles klar.

Es ist nie der Hund.

Es ist immer die Besitzerin.

Wirklich. Das ist mir völlig klar.

Aber. Wir sind auf 2000 Meter. Und in diesem Moment schwebt
vor uns, im steinigen Kar, eine Bergdohle. Der Wind trägt sie.
Gefährlich wacklig. Während ich auf einem Felsenpfad balanciere. Rechts von mir geht's senkrecht runter. Links von mir
rieselt feines Geröll wie durch eine Sanduhr.

»Billy«, sage ich. Wenn er jetzt losspringt, wie sonst immer, haut's uns 80 Meter in die Tiefe. Ich zupfe vorsichtig an seinem Seil. »Sitz.«

Vier schwarze Pfoten stemmen sich absprungbereit auf eine Felsenplatte. Die Bergdohle flattert über uns auf einen Zacken, der aussieht wie ein Säbelzahn.

Mir wird schwindlig und … Es könnte sein, dass ich falle, denn rechts von mir hört die Welt auf.

»Stopp!«, sage ich.

Und realisiere etwas. In einen Abgrund stürzen … freier Fall ins Nichts … das ist keine Sehnsucht mehr.

»Sitz!«

Das ist das Gegenteil von Sehnsucht. Ich will auf festem Fels stehen bleiben. Ich will mein Käsebrot essen. Später auf der Hütte einen Kaffee trinken. Wahrscheinlich auch ein Bier. Ich will mir eine pinke Strähne ins Haar färben. Jemandem erzählen, dass ich weniger als 70 Kilo wiege. Irgendwann in meinem Leben noch mal einen Mann küssen. Vielleicht umziehen, in eine Wohnung mit eigenem Garten.

Ich. Will.

»Billy. Hock dich auf deinen Arsch.«

Und Billy setzt sich, in Zeitlupe, mit vollendeter Körperbeherrschung, auf einen schmalen Felsvorsprung, Dohle im Visier. Und bleibt sitzen, obwohl's ihn innerlich halb zerreißt. Bis der verdammte Vogel genug hat von uns und davonsegelt.

Okay.

Puh.

»Brav«, seufze ich. Und sinke neben ihn auf den Felsvorsprung. »So is' er brav.« *Sitz* hat er gemacht. Gehorcht hat er. Dann dreht er sich um und schlabbert mit seiner pinken Zunge quer über mein Gesicht. »Ja. Sehr brav. Pfui Teufel.«

Noch leicht zittrig teile ich mein letztes Käsebrot mit ihm. Oder geb's ihm ganz, weil meine klammen Finger es momentan nicht auseinanderreißen können.

»Ich lebe«, denke ich. Und der Gedanke ist etwas Großartiges. Ich lebe. Mein Hund ist nicht im Tierheim. Wir können jetzt Dohle. Und den Rest kriegen wir auch noch hin.

Der Himmel hätte ruhig ein Loch in die Graupelwolken reißen können für diesen Moment. Die Sonne einen gleißend goldenen Strahl auf uns beamen und der Wind bedeutungsvoll wirbeln. Aber es ist, was es ist. Und wir ducken uns in die eisige Graupelwand, Schritt für Schritt, hinunter zur nächsten Hütte des italienischen Alpenvereins.
Billy und ich sind die einzigen Übernachtungsgäste. Der Wirt macht mir einen Jacobs Gold mit dem alten Teewasser vom Frühstück. Lauwarm. Weil die Kaffeemaschine zu viel Strom braucht. Aufgeweichte Spaghetti mit Streukäse aus der Plastiktüte. Geht für'n Hund auch. Aber Hund im Zimmer geht nicht. »Da ist der Schlüssel für den Winterraum«, sagt der Wirt noch und verzieht sich in seine lichtlosen Gemächer hinter der Küche.
Der Winterraum ist eine klamme Steinhütte ohne Fenster, etwas abseits, mit Stockbettkojen, einem schwarz verrußten Wamsler-Holzherd und einer Truhe, aus der man sich alte Militär-Wolldecken nehmen kann, wenn man mutig ist.
Und das sind wir. Keine Frage. Mutig sind wir.

Bei schlechtem Wetter, viel Wind, ungünstigem Bergschatten und was weiß ich was noch für Bedingungen ist's schwierig mit dem Handynetz in den Dolomiten. Das wird mir klar, als ich hinter dem Sella-Massiv herauskomme und eine nicht endende Liste von versäumten Anrufen mein Telefon blockiert.
Ich werde von der Polizei gesucht, stellt sich heraus. Weil mein Bus seit acht Tagen unbewegt an einem Seilbahnparkplatz

steht. Man vermutet seit heute, ich wäre einem Bergunfall zum Opfer gefallen. Gott sei Dank hat man noch keine Suchaktion gestartet. Gott sei Dank lebe ich noch. Das ist die gute Nachricht. Die schlechte ist, dass rein faktisch eine Besitzstörungsklage erfolgen müsste, da der Seilbahnbetreiber den Parkplatz asphaltieren will ...

»Stopp!«, sage ich. Energischer, als ich bin. Wahrscheinlich färbt mein Hund auf mich ab. »Da liegt ein zweiter Schlüssel, unter der Heckabdeckung. Sie bräuchten nur von außen das Seitenfenster runterziehen. Die Kurbel ist kaputt. Also wenn Sie den Bus einfach ... umparken, bis ich da bin?«

Am anderen Ende breitet sich Stille aus. Hab ich schon wieder kein Netz mehr oder ... »Hallo?«

Aber der Polizist ist noch dran. »Sag'n Sie mir, ich soll in Ihr Auto einbrechen?«

»Ja! Oder halt ... bloß kurz wegfahren.« Damit wäre das Problem gelöst. Aber ich höre keine Antwort. »Hallo?«

Die Stille von vorhin wiederholt sich.

»Wissen Sie, ich bin fast in Bozen«, plappere ich. »Und zu Fuß unterwegs. Mein Hund hat Angst vorm Schifffahren, und ... und ... äh ... Zug fahren würde ich daher eher ... lieber nicht. Oder Bus. Ja. Lange Geschichte. Aber ich komm, so schnell ich kann.«

Ein Seufzer. Kapitulation. »Zwoa Tage. Länger nit.«

Ende des Gesprächs.

Ich schiele auf Billy runter. »Der war nett«, murmle ich. »Der Polizist.«

In zwei Tagen schaffen wir's nicht. Aber in drei. In der Carabinieri-Station mustert mich ein junger Polizist mit hellblauen Augen. Unglaubliche Augen. Schwarze Haare. Jünger als ich.

»Bisch du das mit dem VW-Bus«, sagt er.

Ich nicke.

Das war seine Stimme am Telefon.

Er fischt meinen Schlüssel aus seiner Schublade. Hält ihn mir hin. Und als unsere Hände sich berühren, funkt ein kleiner Stromschlag zwischen uns.

»Oh«, hauche ich. Und vergesse, Danke zu sagen. Irgendwas zu sagen. Er irgendwie auch, denn wir stehen wortlos voreinander, bis er ein Formular vor mich hinlegt: »Do unterschreibn.« Ich nehme den Kugelschreiber, als hätte ich noch nie in meinem Leben einen in der Hand gehabt. Die hellblauen Augen lächeln mich an. Ich lächle zurück.

Und dann bleibt nichts anderes mehr zu tun, als rauszugehen. Meinen Bus auf dem Polizeiparkplatz aufzusperren, »Billy, hopp« zu sagen und loszufahren. Ich weiß nicht einmal, wie er heißt, der Polizist mit dem hellen Blick.

Im CD-Fach ist die »Best-of« von Janis Joplin. Ich drehe voll auf: *Didn't I make you feel... like youuuu were the only man...* Und für den einen Moment blitzt eine Möglichkeit vor mir auf. Kilian vergessen. Ist eine Möglichkeit. Doch. Ist es.

Didn't I give you nearly everything that a woman possibly can... Honey, you know I did!

Irgendwo hinter mir stinkt es nach totem Lurch. Der Schlamm von Billys Pfoten massiert sich ins Gott sei Dank grau melierte Polster der Rückbank. Ich schiebe mein kaputtes Seitenfenster runter und brülle aus vollem Hals durch Pustertal:

Oh come on, come on... Take it! Take another little piece of my heart now, baby...

Und das... Das ist das letzte Mal, dass es mich zerreißt. Ein letztes Mal gebe ich alles. Alles, was ich bin. Bis nichts mehr drin ist in mir: »*You know you got it, if it makes you feel good!*«

Wind- und wettergegerbt schlagen wir nach vier Wochen in Guidos Bergführershop auf.

»Ah, die Zwietracht«, knurrt er aus seinem Kabuff heraus. Es fühlt sich an, als hätte er das schon 10.000-mal zum mir gesagt.

»Heut hon i a paar Holländer dabei. Aber des werd dei'm Hund nix ausmochn, denk i.«

Ich grinse und schüttle den Kopf. Nein, meinem Hund macht's nichts aus, wenn ein paar Holländer dabei sind.

»A bissl friah dran bisch.« Er linst von weit weg auf seine Armbanduhr und saugt einen Schluck Flüssigkeit aus seinem Bart. Was auch immer sich dort aufhalten kann. »In a holbn Stund start'ma. Kimmsch du do klor?«

Ich sage: »Logisch.« Und fische nach den losen Geldscheinen in meiner Jeanstasche.

»Zahlsch du die Hälfte und nix für'n Hund, dann is' aa was Ganz's«, nuschelt Guido.

Ich mache meinen Mund auf, damit ich protestieren kann, aber Guido ist schon in seinem Kabuff verschwunden. Ich höre ihn nach seiner Kaffeetasse kramen. »Willsch du aa an Kafä?«

»Nein, danke, aber voll nett.«

Und so steigen wir eine halbe Stunde später auf die Pritsche eines rostigen Steyr-Puch Haflinger: fünf kräftige Männer aus Holland, Billy und ich. Guido kauert am Lenkrad. Von seinem Mundwinkel baumelt qualmend ein Krummer Hund. Wie der Wurzensepp persönlich. »Auf geht's, Mann'der.«

Der Haflinger rumpelt und schüttelt uns durch, wie man sonst nur in Indien durchgeschüttelt wird. Ich halte meinen Hund fest und fürchte, dass er wieder in Panik verfällt, wie auf dem Schiff über den Königssee… Aber nein. Mit einem breiten Hecheln lehnt er seine 38 Kilo an mich und blinzelt in den Fahrtwind.

Drei, vielleicht vier Kilometer geht es eine steile Forststraße hinauf, dann durch die letzten Bäume und weiter über eine Schotter- und Felslandschaft. »Des isch Urgestein«, erklärt Guido den Holländern. »Urrr-Gestein.«

Zu mir dreht er sich um und raunt: »Mogsch'n schon springen

lassn. Do konn er ja id aus.«
Billy meint er. Dass ich ihn laufen lassen kann. Weil hier kann er ja nicht aus.
Ich atme kurz ein. Der Gedanke, einen frei rennenden Billy zu sehen, ist … wie Dopamin. Und eigentlich hat Guido recht. Wir sind im Hochgebirge. Was soll schon passieren? Kein anderer Hund weit und breit. Kein Hase. Kein Reh. Kein Fasan. Kein Schmetterling. Nur Steine und Freiheit.
Aber ich schüttle den Kopf. Das trau ich mich nicht.
Guido mustert mich, unter dem drahtigen Verhau seiner Augenbrauen, mit einem durchleuchtenden Blick. Schon wieder einer, der etwas von mir weiß, was mir selber einfach schleierhaft ist.
Meine Hand fasst routiniert um Billys Geschirr. Und hält ihn sicher an meiner Seite. Das ist ein Reflex.
Ja, mei.

Auf der Hütte gibt's Mittagessen, viel Palaver ums Wetter und ein völlig leeres Matratzenlager für Billy und mich. Wir haben Glück. Der Wetterbericht war so schlecht, dass alle Gruppen abgesagt haben. Außer Guido.
Guido wird mit uns den Venediger gehen, und zwar morgen früh um halb fünf. Bis um neun soll das Wetter halten. »Des glangt für hin und zruck«, sagt Guido und besorgt den Holländern einen Satz Pokerkarten vom Wirt.
Und eine Flasche Meisterwurz. Ugh.
»Ich dreh eine Runde!«, rufe ich in die Gaststube. Guido ist schon knietief am Versumpfen mit dem Hüttenwirt und grummelt: »Aber suachn tua i di id, wenn'sch nimmer her findescht. Zwietracht mit am stura Kopf.«
Ich nicke, winke und bin draußen.
Die Gipfel sind nebelverhangen, aber mit einem fast mystischen Licht dahinter.
Mir macht der Nebel nichts aus. Ich bin in einem Nebelloch

aufgewachsen. Auf 3000 Metern allerdings ist der Nebel eine eisige Wolke und ich ziehe meine Wollmütze tief ins Gesicht. Billy schnüffelt im Radius seines Zwölf-Meter-Seils unter den verwitterten Terrassentischen herum. »Komm«, sage ich und gehe los. Ein Pfad im Geröll führt im Zickzack bergauf. Wir sind so gut wie unsichtbar. Mal hinter mir, mal neben mir höre ich Billys Hundemarke klimpern. Ich fädle das Seil auf oder lass es lang, je nachdem, wo er ist. Schritt für Schritt schlängeln wir uns durch schwarze Felsen, grauen Nebel, alles sieht gleich aus. Ich fühle mehr, wo ich bin, als dass ich's sehe. Alles ist gut. Hier kann nichts passieren.

Wir folgen dem Pfad bis zu den alten Schneefeldern, die der Sommer übrig gelassen hat.

»Schau!«, lache ich und werfe einen Schneeball zu Billy.

»HAFF!« Er zerbeißt ihn in der Luft. Und dann rollt er sich im Schnee, mit einem wohligen Grunzen und allen vier Pfoten in die Höhe gestreckt.

»Haff!«, sage auch ich und rutsche auf dem Hintern das Schneefeld hinunter.

Billy saust neben mir her und schlittert erst viel weiter unten in eine Vollbremsung. Das Seil ist mir aus der Hand gerutscht. Ich weiß nicht, ob er's gemerkt hat. »Hey, Billy!« Schnell forme ich einen Schneeball mit meinen Händen.

»WHFF!« Herausfordernd tappelt er mit seinen Vorderpfoten im Schnee. Ich werfe einen gefühlvollen Lob.

»HHWWAKKK!!« Er fängt ihn.

Ich juxe »hah!« und pfeffere weitere Schneebälle auf ihn.

Wir hören erst auf, als wir das Schneefeld völlig zertrampelt haben. Billys Zwölf-Meter-Seil kringelt sich unter ihm wie ein schlonziger Wurm.

Ich pfeife ganz leise. Und da kommt er schon. *Klimper, klimper, hechel, tappel-tapp.* »Mein Billy-Bongo.« Ich lehne meine Stirn an ihn. Nur kurz, damit ich ihn nicht einzwänge mit meinen überbordenden Emotionen. Dann klaube ich das Seil auf, ganz locker, nur mit den Fingern, und wir joggen, nass bis auf die Socken, im Zickzack hinunter zur Hütte.

Mein Zeug hänge ich triefend in den eiskalten Trockenraum. Das muss dann morgen trocknen, beim Anstieg zum Venediger.

Guido sitzt noch auf demselben Stuhl, mit demselben Schnapsglas vor sich. Wie oft nachgefüllt, bleibt eine diffuse Schätzung.

»Bisch in a Gletscherspaltn gfalln, wia du ausschaugsch.«

Ich lache und trinke auch einen Schnaps, weil Guido sagt, »einen Meischterwurz brauch'sch, Zwietracht, der richtet di wieder zam«. Pfui Teufel.

Und dann verschwinde ich in mein Matratzenlager.

Ich bin aufgeregt. Es ist ewig her, seit ich einen Gletscher aus der Nähe gesehen habe. »Billy, du musst brav sein morgen!«, flüstere ich.

Und, wie immer, wenn ich dringend schlafen muss, liege ich hellwach da.

Es ist kurz vor eins. Vorsorglich breite ich meine noch trockenen Klamotten auf dem Bett aus. Weil ich genau weiß, was Billy macht, sobald ich einschlafe. Und wenn das jeder macht, dann ist die Hütte bald ein Flohzirkus.

»Kein Hund im Bett«, erkläre ich um 01:20 Uhr. Mit entschiedener Stimme.

Um 02:10 Uhr murmle ich: »Runter mit dir, du Breitarsch.« Ich schiebe die solide warme Körpermasse so weit über den Rand, bis es *plumps* macht.

Ich bin todmüde. Es ist stockdunkel. Aber ich spüre, dass er neben meinem Schlafabteil steht und mich anglotzt.

Um 02:24 Uhr legt sich eine Pfote auf meinen Schlafsack. »Billy. Hau ab.«

Um 04:02 Uhr rolle ich mich in meinem Schlafsack auf die Hundedecke. Rucksack als Kissen. Arm um Billy gewickelt.

Und kaum schlafe ich zwei Minuten, dröhnt ein grausiger Tusch durch die Hütte. Guido auf einer verbeulten Trompete:

Aufstehen! Venediger gehen!

Die Wolken von gestern hängen noch klamm und eisig um uns herum. Durchwoben von einem Dunst aus Hüttenmief und Meisterwurz, den die fünf holländischen Freunde aus sich herausgähnen. Guido hat uns exakt einen Schluck Tee erlaubt, bevor er uns vor die Tür gescheucht hat: »Zeit isch Trumpf, Mann'der, geh'ma.«

Gerade schlüpft er mit jedem Fuß in einen grauen, ursprünglich wahrscheinlich weißen Tennissocken und danach in eine Hofer-Plastiktüte. Dieses Ensemble stopft er in seine Schuhe: ein Paar blaue Koflach Extreme mit ausgerissenen Schnürhaken und einem klaffenden Spalt zwischen Sohle und Schuhwand.

Daher die Hofer-Tüten.

Ich warte zähneklappernd, mit Billy stramm an seinem Seil, bis Guido das Kommando gibt: »Sodala. Zwietracht mit'm Sauviech voraus.«

Wir gehen zwei Stunden schweigend, miefend und gähnend durch Fels und Geröll, dann erreichen wir den Gletscher. Es wird heller. Hier oben rupft der Wind die Wolken auseinander und man kann den eleganten Grat zum Venediger erahnen.

Guido verabreicht allen ein zweites Frühstück. Brot, Speck und Zuckerwasser.

Die Männer lassen sich schwitzend in den nassen Schnee plumpsen. Der Meisterwurz hat medizinische Kräfte. Aber auch verheerende. Und so staubt Billy weit mehr von dem Speck ab, als gesund ist für einen Hund. Doch die Holländer zwinkern mir zu: »Ausnahmsweise.« Und als sie den Flachmann rumreichen, krieg ich den ersten Schluck, Holareiduliä.

»Normalerweise«, sagt Guido, »siehsch du koa Spaltn bis Ende Juli.« Aber es fängt an, anders zu werden. Man weiß nicht, wie sich der Gletscher unter uns verändert. Schmelzen tut er. Und das ist nie gut.

Wir bilden also Seilschaften. Immer zu dritt. Guido geht jetzt vor mir. Und hinter mir kommt Billy – der dritte »Mann« in unserer Seilschaft. Meine Nerven flattern. Wehe, wenn er in die Leine springt. Wehe!

Aber wahrscheinlich ist Guido mit seinem Stacheldrahtverhau von Bart und seinen stinkenden Koflach ein Hundeflüsterer der Ur-Generation. Denn ohne merklich umzuschauen, brummt er: »Dei Sauviech hasch eh ganz guat im Griff.«

Und tatsächlich. Mein Sauviech tappelt mit weit gespreizten Zehen vorsichtig, umsichtig und diszipliniert hinter mir in der Spur, die Guido im Zickzack über das Gletscherfeld legt. Als wüsste er genau, worum's geht.

Ein paar Minuten vor dem Gipfel zeichnet ein gleißender Sonnenstrahl riesige weiß-goldene Flecken auf die Schneeflanke. Guido bindet sich eine urzeitliche Gletscherbrille um die Wollmütze. Die Welt hier oben ist nichts für Grottenolme. Vor uns blinkt das Gipfelkreuz. Es ist noch fest verankert im Eis. Kein Steinbrocken zu sehen. Wir haben Glück. Es sind die letzten Jahre des weißen Venedigers.

Billy saust Kreise um mich. Ich drehe mich, damit ich mich nicht in unserem Seil einwickle. Atme die Schneeluft ein und bin leicht, so leicht. Wir sind dem Himmel so nah. Als könnten wir, wenn wir wollten, auf einen Sprung schnell hinüberhüpfen. So sollten wir immer sein, denke ich und reiße meine Arme in die Höhe. Juchuuu!

Lange bleiben wir nicht. Unser Sonnenloch verschwindet schneller hinter dem nächsten Wolkenvorhang, als wir alle Fotos machen können. Und Guido will auf keinen Fall im Sauwetter über den Gletscher hinunter. Also starten wir, im Gänsemarsch, bergab. Fast andächtig werfe ich einen Blick zurück zu unserem großen weißen Berg. Unserem König, mit der Stirn in Wolken. Wir gehen die gleiche Spur, die wir heraufgekommen sind. Billy klimpert im immer gleichen Hundetrab hinter mir. Alles ist im Gleichgewicht. Ich gehe, ich atme, es gibt keinen Zweifel, was zu tun ist, ich muss mir keine einzige Sorge machen. Ich kann denken, was ich will, und alle Gedanken sind leicht wie Luft.

Ich kann Billy denken. Wohnung. Therapeutin. Essen. Ich kann sogar Kilian denken. Leicht wie Luft…

Auf einmal bleibt Guido stehen. Stochert mit seinen uralten Skistöcken, mit denen er auf allen Bergen Osttirols und der halben Welt war, im Schnee herum. Da macht es leise *PFLOPP*. Und vor Guidos rechtem Koflach Extreme mit Sohlenspalt… klafft ein Loch. Gletscherspalte. Wenn man genau hinschaut, sieht man jetzt auch die Kante im Schnee. Ganz unscheinbar. Lang und sichelförmig zieht sie sich quer über den Hang. Guido stochert so lang im Schnee, bis er die Spalte freigelegt hat. »Sodala«, brummt er.

Dann spießt er seine Skistöcke in die Schneekante, holt mit einem krummen Haxen Schwung und ist drüben. »Mögt's lai hupfen, Mann'der, des hebt guat!« Vorsorglich stampft Guido einen Landetritt an die drübere Kante. Nickt mir zu. »Des Soal muasch wegtun vom Hund.«

Die leichte Luft von vorhin bleibt mir im Hals stecken. »Oh«, sage ich. »Aber…«

Aber natürlich. Das Seil muss ich wegtun vom Hund. Sonst haut's uns alle beide in die Spalte. Ein Meter zwanzig sind es hinüber. Und alles, was ich denken kann, ist »Nein«.

Mechanisch schüttle ich den Kopf.

Billy steht wach und interessiert hinter mir. Er macht keinen Mucks. Beobachtet Guido. Drüben.

Jenseits der Großen Kluft. Die keine große Kluft ist, weil ein Meter zwanzig. Geht schon.

Mein Hals fühlt sich an, als müsste ich den kompletten Venediger schlucken. Ich krächze: »Billy. Sitz.« Ich muss tief Luft holen. Ich schraube den Karabiner vom Geschirr.

Billy sitzt. Brav, hellwach, am Rand der Gletscherspalte.

»Kann ich nicht außenrum gehen mit ihm?«, frage ich Guido.

Aber hinter seinem Verhau von Augenbrauen und Bart glimmen mich zwei Augen an, die mir jeden weiteren Gedanken in diese Richtung austreiben. »Bei drei bisch du do, Zwietracht.«

Eins... ich kann mich nicht bewegen. Ich kann Billy nicht hier drüben lassen.

Zwei... mir ist total klar, dass ich gerade komplett irrational am Rad drehe, aber...

DREI. Ich springe!! Uff. Schnee. Ein Eisbrocken. Ich bin drüben.

Das... hat jetzt weiter ausgesehen, als es war. Ich bin drüben. Kein Ding.

Doch hinter mir tappeln Billys Pfoten am Rand der Spalte. Er schnüffelt hinunter. »Billy!!! Vorsicht!«, japse ich und mache einen Schritt auf ihn zu. Einer der Holländer, Lars, schaut alarmiert zu mir rüber.

In derselben Sekunde landet ein Ellbogen in meinen Rippen. Guido. »Weiter geahn, Zwietracht!«

»Aber...«

Wortlos macht Guido einen Schritt. Ohne Blick zurück. Das kann er doch nicht machen! Billy!! Wir müssen ihn irgendwie da rüberbringen!

Neben mir ein leiser Pfiff. Ich habe wohl eine Sekunde weggeschaut. Nur einen Schritt zu Guido gemacht. Und neben mir macht es *WHFOPPP*! Billy ist über die Spalte gehüpft und schüttelt sich die Schneespritzer aus dem Fell.

Hah.

Oh Gott.

Ich hauche mit schwacher Stimme »Oh, Billy...«, und schwindlig wird mir auch.

»Nid du an Zirkus machn, Zwietracht.« Guido hatscht unbeeindruckt weiter.

Die Männer aus Holland springen und schlagen nacheinander im grauen Harsch auf wie Meteoriten. »Guido!«, ruft Lars. »Bist du schon einmal reingefallen?«

Da rammt Guido Rucksack, Pickel und Seil in den Schnee und blitzt Lars mit seinen eisblauen Augen an. »Des konnsch dir denken. Mogsch ohe?«

Logisch will Lars runter. Alle wollen runter. Aber Guido lässt nur Lars. Er fädelt ein Doppelseil durch Lars' Karabiner. Wirft mir den Pickel zu. Den sollen wir als T-Anker im Schnee vergraben, zum Sichern des »Retters«. Während Lars tiiiief in der Spalte verschwindet.

»Sodala.« Macht Guido. Klickt schneller, als ich schauen kann, Hanno an den T-Anker. Fersen in den Schnee gerammt. »Nachad ziach on!«

Hanno zieht mit aller Kraft.

Aber bewegen tut sich gar nichts.

»Phah.« Macht Guido.

»WHUFFF!« Macht Billy.

»Han-no!«, schreien wir im Chor.

Und zu diesem Rhythmus wuchtet Hanno, schweißgebadet, Lars aus seiner Spalte. »Jooo!«

»WUUU-HAUUUUU!«, macht mein Hund ohne Leine neben mir.

»Sehr brav, Billy.«

Zurück auf der Hütte lindern Hanno, Lars und die anderen ihre Strapazen mit ein paar Meisterwurz. Draußen pfeift ein schwarzer Graupelsturm. Auch die Gäste für heute haben abgesagt.

»Prost, my fffriend!«, grölt Hanno in mein Ohr und hält mir ein Glas hin. Sein Atem landet heiß und feucht auf meinem Hals. Seine Lippen kleben irgendwo auf meinem Gesicht. Wie eine Würgeschlange umschlingt sein Arm meine Schultern. Die noch auswendig wissen, wie sich das anfühlt.

Und ich warte auf die kalte Faust um mein Herz. Das Flattern meiner Hände und den klammen Schweiß. Alles, was mir sonst immer passiert. Aber... nichts. Lustig ist es bei uns am Tisch. Ich hab Billy schon vor einer Stunde rauf ins Zimmer gebracht. Brav auf seine Hundedecke. Wo sonst. Ich glaube, er schnarcht. Wenn ich konzentriert über der Eckbank horche, höre ich ihn. Lars singt ein irisches Seemannslied, bereits die siebte Strophe, und Hanno ruft in die Runde: »One more!«
Ich klaube unspektakulär seinen Arm von mir runter. Hanno ist harmlos. Alles ist ganz anders als sonst. Irgendwie finde ich Halt, wo sonst immer der Abgrund war. Ich bin nicht allein hier. Ich habe jemanden. Oben im Zimmer stinkt er meinen Schlafsack voll und schnarcht. Ich glaube... Billy, das Sauviech... ist so was wie mein T-Anker.

In der Früh sehen wir alle aus wie Zombies. Guidos »selbst gebrannter« Kaffee macht das nicht besser. Aber der Vorteil, wenn man einen Hund hat, ist die frische Luft. Gnadenlos, jeden Tag, raus aus der Tür und frische Luft. Das ist gesund. Belebend.

Außer die frische Luft trägt den geballten Qualm von einem gestern schon angerauchten Krummen Hund in sich.
»Boah, Guido«, huste ich. »Es gibt auch andere Sachen, die man rauchen kann.«
Guido spuckt etwas in den Schnee. Etwas, wovon ich die Farbe nicht sehen will. »Cowboyfrühstück. Sonsch halt i's id aus mit enck.« Schnell bringe ich ein paar Meter zwischen den Cowboy und mich. Und glotze übernächtigt in den Nebel, während Billy macht, was Hunde morgens machen.
Als ich zurückkomme, hat Guido fertig geraucht. Er zeigt mit

dem zerbissenen Stumpen von seinem Krummen Hund auf Billy. »Des isch koa schlechter Kerl. Des kannsch mir glaubn.« Ich versuche, Hinweise in Guidos Gesicht zu finden. Was er jetzt meint. Aber es bleibt dabei. »Koa schlechter Kerl. In zehn Minutn fahr ma. Richt's euch zam, du und dei Sauviech.«

Der Haflinger Puch wartet ratternd. Eine Wolke aus blauem Rauch umhüllt ihn. Auf der Pritsche lehnen sich fünf graugesichtige Holländer Halt suchend aneinander. Hanno hält mir die Hand hin und hilft mir einsteigen. Was uns nicht ganz gelingt, weil Hanno im Prinzip beide Hände bräuchte, um sich selbst aufrecht zu halten. Aber irgendwie… ist es netter, als allein einzusteigen.

»Hama's dann bald!?«, hustet Guido. Und fährt los, ohne auf eine Antwort zu warten. Bergab finden so was wie Stoßdämpfer beim Haflinger Puch nicht mehr statt. Wir flutschen hin und her, völlig hilflos auf unseren rutschigen Dry-Tex-Hintern. Ich halte Billy fest, so gut ich kann. Aber nach einem medizinballgroßen Steinbrocken haut Guido die Bremse rein. Seinen Blick spüre ich schon, bevor seine Augen überhaupt hinter seinem Bart-und-Augenbrauen-Gewirr herausblitzen können.

»Ja, ja, ich lass'n springen«, seufze ich.

Okay.

Ich klicke den Schraubkarabiner vom Geschirr. Billys Ohren fluppen zu mir.

Ich nicke. »Hopp… saus!«

Ganz aufgeregt haxelt er sich über die Bordwand. Landet im Schotter, dreht sich einmal um sich selber und dann… Tiefflug. Seine langen Beine waagrecht in der Luft. Sein Körper ein schwarzer Strich über dem Boden. Ich halte die Luft an. Warte, fürchte, dass er aus meinem Blick verschwindet… Aber dann dreht er ab. Zieht einen langen, weiten Kreis um uns und rast von hinten an uns vorbei. »Huiii!«, schreit Guido und heizt wieder los, mit dem Haflinger Puch und uns hinten drauf. Billy

schaltet noch mal einen Gang dazu. Vollgas, dass das Urgestein von seinen Pfoten fliegt. »Hah! Schau dir den an! Hah! Zwietracht. Ihr seid's mir so a Gspann, du und dein Sauviech.«
Ich grinse, fast ertappt. Schau meinem Hund nach und mein Herz fliegt mit ihm.

Vor dem Bergführershop steigen wir aus. Hanno und seine Freunde schleichen zu ihrem Hotel. Ausschlafen. Ich verfrachte meinen müden, zufrieden hechelnden Hund in den Bus und helfe Guido noch beim Aufräumen. Irgendwie, weil sich's so gehört, und irgendwie, weil ich noch nicht wegwill.
Hinter der Theke stülpt sich Guido ächzend aus seinen blauen Koflachs. Er wirft sie in den Karton unter der Kasse. Wo auch verschiedene Steigeisen, Handschuhe, Mützen und einglasige Gletscherbrillen leben. Aus diesen Untiefen spricht er zu mir: »Für di woaß i epp'an, Zwietracht.« Er zupft das Loch in seinem Socken an eine Stelle, wo's ihn nicht stört. Offenbar kann er seine Talschuhe gerade nicht finden. Holzpantoffeln. Für alle Zwecke der richtige Schuh. »An Teifl, an boarischen, woaß i.«
»Okay ...« Ich warte, was noch kommt.
Guido schüttelt eine Handvoll Dinge aus seiner Hemdtasche. Darunter ein Bleistift und ein Fetzen Textil, der vielleicht mal ein Pflaster war. Auf den schreibt er etwas: WildErHund. Und eine Telefonnummer.
Ich bin ein Fragezeichen.
»Den ruafsch an. Machsch an Kurs oder was. Der isch guat. A wilder Hund.«
Ich nicke. Alles klar. Ein wilder Hund. Steht sogar auf dem Textilfetzen. WildErHund.

Schiffe und andere schaukelnde Gefährte werden nicht unser Ding
(links oben). Tiefflugeinlagen auf der Almwiese und Gipfelkreuze ... eher
schon (rechts oben und unten). Und ab und zu braucht sogar ein Berserker mal Pause (links unten).

Winter mitten im Sommer. Ein Blick wie ein Adler. Und: Was auch immer da vorne im Gras mümmelt, lassen wir in Ruhe, Billy! Brav sitz ... brav ... sitz und bleib ... BILLY!!!

Höhenmeter, Kilometer und kein Fernsehsessel mehr. Acht Kilo, wenn nicht zehn, löst ein Problemhund in Luft auf (oben). Ein Hirtenhund wird allerdings nie aus Billy. Glocke, die kluge Kuh, weiß selber, wo sie hinmuss (unten).

Vor der Hütte hängt der Toter-Hase-Schlafsack in der Sonne. Glück ist eine Frage der Freiheit ... und von gelüfteten Daunen (oben). Nika, frisch gewaschen und gekämmt, nachdem sie ein Schmankerl aus dem Misthaufen gegraben hat. Und Dogge Lucy, die so was *nie* machen würde (unten) ...

Es gibt viele Wege durch die Dolomiten. Atemberaubende, herrliche, wunderschöne. Mit wem man sie geht, macht den Unterschied... philosophierend kaue ich mein Käsebrot – *Happ!* Schluck. Weg.

Schnee ist einfach das Beste auf der ganzen Welt (links). Da rüber noch, dann gibt's Spaghetti... Felsenzacken, Bergdohlen und senkrechte Abgründe schaffen wir ja jetzt mit links und lockerer Leine (rechts).

Über Gletscher, karge Berge, weite Wiesen … und auf einmal gehen wir im gleichen Takt. Ganz egal, ob das Leben um uns herum schiefläuft oder geradeaus. Billy ist mein T-Anker.

Neue Wiese, neues Zuhause und warum das erste Wort meiner kleinen Tochter »Diddy« ist und nicht »Mama«...
Die Hunde von links: Nika, Gori und Billy.

Der Bus auf Sommertour. Das höchste Leben (links). Ein paar steinige Straßen waren schon dabei, aber irgendwie sind wir durch das ganze Schlamassel ins Paradies gestolpert, glaube ich...
Riesenkugelbauch. Dahinter versteckt: Goris oranger Ball (rechts).

Nika hat ihre Bestimmung gefunden: Familienhund (links).
Und Billy nimmt's einfach lässig. Auch wenn ihn eine kleine Berserkerin
aus Versehen mit dem Schubkarren umfährt (rechts).

»Diddy, b'av!!« Das große Hundeherz gehört ihr voll und ganz.

Zu Hause lege ich den Textilfetzen in die bunte Schüssel neben meinem Fernseher. Für später mal. Dann, wenn ich mich Dingen wie Hundetraining wieder gewachsen fühle. Irgendwo in dieser Schüssel liegt auch schon der Flyer aus dem Tierheim. Von dieser tollen Hundetrainerin. Die sollte ich mal googeln. Später. Irgendwann.

Ich packe den Bus aus. Eisregen fegt um Frau Hörndls Hauseck. Mein Rucksack ist grausig und die Ikea-Tasche, die wochenlang mein Kleiderschrank war, gehört eigentlich samt Inhalt in die Mülltonne. Uagh. Ich klappe meine Waschmaschine auf. Frau Hörndl wird spätestens beim Schleudergang von ihrem Diwan aufschrecken und wissen wollen, wo ich war, wochenlang. Morgen ist auch noch ein Tag.
Socken und Unterwäsche zuerst. Dann Billy füttern. Reis mit Erbsen hätte ich. Für Billy mit Pedigree-Flocken. Für mich mit Ketchup.
Oder... ich könnte uns eine Pizza holen.

Ivano's Pizzeria ist nur ein paar Hundert Meter weiter oben im Ort. Billy nehm ich mit. Sonst zerkratzt er Frau Hörndls PVC. Und abends noch die Waschmaschine laufen lassen ist eh schon laut... also rein in den Bus.
Ich hätte eigentlich keine Eile. »Venti minuti«, hat Ivano gesagt. Aber mein Herz klopft irrational schnell, als ich durchs Dorf kurve. Ich muss einfach öfter unter die Leute, denke ich. Ich werde soziophob. Wegen nichts. Wegen einer Pizza...

Auf dem Parkplatz steht der Suzuki.
Durchs Fenster sehe ich sie sitzen. Kilian. Ein befreundetes Pärchen. Noch ein paar Leute.

»Scheiße«, hauche ich.

Ich würge den Bus ab. Meine Hände zittern. Mir wird eiskalt. Trotz Wollmütze und Daunenjacke. Ich fühle mich wie ein Dieb. Ungut. Schuldig. Ertappt.

»Was soll das«, denke ich. Ich hab ihn seit drei Jahren nicht gesehen. Außer, dass er einmal in seinem Suzuki an mir vorbeigerauscht ist, ohne mich zu erkennen. Er hat drei Jahre lang bewiesen, dass er mich nicht will. Nicht braucht. Also. *Wieso* sitzt er jetzt in meiner Pizzeria? Jetzt, wo ich auf einem guten Weg bin. Zufrieden. Leicht. Ausgerechnet heute?

Geburtstag.

Er hat Geburtstag heute.

Prost! Sie haben eine Flasche Rotwein bestellt.

Ich will's überhaupt nicht wissen.

Ich reiße an allen Hebeln an meinem Lenkrad. Und fahre davon. Ich sehe die Straße verschwommen. Mein Scheibenwischer wischt. Rattert. Ich schalte in den falschen Gang.

Bin ich eigentlich bescheuert? Wieso hol ich nicht einfach meine Pizza, gleichgültig und im Gleichgewicht!? Ich hänge an einem Nichts. An einem Hirngespinst. Weil Liebe kann's nicht sein. Liebe wächst. Blüht. Will Wurzeln schlagen, verdammt noch mal, und den Himmel berühren.

Hah. Dafür war ich einfach zu feig. Zu flüchtig. Zu viel Angst. Zu wenig Zuversicht.

Ich ramme den Bus in die nächste Parklücke. Fummle mein Handy heraus und schreibe Anika: »Sichtung K.«

Als keine Antwort kommt, schnappe ich Billy, das Zwölf-Meter-Seil und eine Stirnlampe aus dem Handschuhfach und latsche los.

Vorbei an den Straßenlaternen und raus aus dem Ort, über die Betonbrücke …

Auf Billy passe ich überhaupt nicht auf.

Den Hasen sehe ich im Augenwinkel noch flitzen.

Das Zwölf-Meter-Seil spüre ich in den Kniekehlen.

Dann – schwarz.

Um mich herum ist es dunkel. Aber ich weiß, ich fliege. Und zwar rasend schnell.

Ich spüre den Wind. Den Widerstand. Ich sehe die felsigen Schluchten auf mich zukommen. Neben mir fliegt noch jemand. Ein eleganter, stromlinienförmiger Flugkörper. Wir sprechen kein Wort, geben keinen Laut von uns, aber ich verstehe in Nanosekunden, was er zu mir sagt. Er schießt an mir vorbei, dreht sich, ohne jede Mühe, und segelt im Sturzflug an der schwarzen Felswand entlang. Ich wundere mich kein bisschen. Ich folge ihm einfach. Stürze mich in Geschwindigkeiten, die ich nur noch fühlen kann. Segle. Schlage Haken mit überirdischer Leichtigkeit. Ich war noch nie so wach. Noch nie so ich selbst. Es ist affenstark.

Und auf einmal verstehe ich – das ist sein Ding. Diese Freiheit. Diese Geschwindigkeit. Dieses Gefühl, das ist seine Essenz. Er ist ein Berserker und ein Meister des Tiefflugs.

Und dann katapultiert's uns hinaus. In eine Weite. Noch genauso schnell wie vorhin und gleichzeitig ist hier nichts mehr. Keine Felsen. Kein Boden. Kein Maßstab. Keine Geschwindigkeit, keine Zeit mehr. Keine Relevanz. Vielleicht, weil alles so groß ist. Die Dimension… unendlich.

Vielleicht hat Einstein das gemeint. Zeit existiert nicht. Materie ist nur der Bodensatz. Vielleicht ist Einstein auch auf den Kopf gefallen. Umgeworfen von einem wilden Hund. Damit er erkennt, was Sache ist.

Es ist ein seltsamer Zustand, gleichzeitig Gedanken zu denken und NICHTS…

Aber plötzlich werde ich wieder schwer. »Nein, noch nicht!«, denke ich. Wenn ich aufwache, werde ich das alles nicht mehr verstehen. Das Geheimnis aller Dinge. Das Wunder. Das perfekte Sein…

Ich sinke. Ich bin noch ziemlich weit oben. Es ist immer noch…

wow. Ich will auf keinen Fall weitersinken. Aber ich sehe schon die Lichter. Es sind Straßenlaternen.

So profan. Materie. Ein paar Dächer. Ich kenne diese Dächer.

Ich habe überhaupt keine Lust auf das jetzt.

Gar keine Lust.

Aber die Straßenlaternen leuchten. Und ich bin unten.

Jemand schreit mich an. Laut, hoch und hysterisch. Und ganz ehrlich, es interessiert mich überhaupt nicht, was diejenige von mir will.

»Schrei nicht so!«, sage ich. Und: »Wo is'n der Billy?«

Jemand erklärt mir wirres Zeug. Zeug, das mich nicht interessiert. Dass ich hier liege. Dass ich seit zehn Minuten nicht aufwache.

»Das stimmt doch alles nicht«, nuschle ich. »Wo is'n der Billy?«

Die Stimme redet zu schnell und totalen Unsinn. Sie ruft jetzt den Notarzt.

»Schrei nicht so. Wo is'n der Billy?« Widerwillig blinzle ich. Und erkenne die vagen Umrisse von … Anika.

Anika kniet neben mir. Anika schreit mich so an. Oh Mann, leise! »Schrei nicht so … Wo is'n der Billy?«

»Der ist ABGEHAUEN!«, schreit sie. »Du bist bewusstlos! Und du laberst totalen Mist! Immer denselben Satz!!!«

»Das stimmt doch alles nicht …«

Anika springt auf und rauft sich wild die Haare. Ich versteh sie nicht. »Wo is'n der Billy?«

»… abgehauen.«

Sie spricht leise jetzt. Gott sei Dank.

»Da kommt er ja«, sage ich.

»Was???« Anika sieht ziemlich verzweifelt aus. Als möchte sie mich schütteln und traut sich nur nicht. Aber hinter ihr, im stockdunklen Gebüsch, klimpert es. Der Schraubkarabiner am Geschirr.

»Da kommt der Billy«, lalle ich.

»Ja, ich seh ihn.«

Das Seil ist matschummantelt. Seine Pfoten sind grau. Voller Lehm. Bis zu den Ellbogen. Er ist gerannt. Er hechelt und ist ganz warm. Außer Atem.

Ich merke, dass ich auf der Betonbrücke liege.

»Er hat einen Hasen gesehen.« Meine Worte schlurfen. Aber das ist mir egal. Sprache wird total überbewertet. Ich stehe auf.

»Bleib liegen!« Anika. Völlig aufgelöst.

»Nein, es ist saukalt. Komm, wir gehen nach Hause. Hast du meine SMS gekriegt?«

»Du warst bewusstlos«, faucht Anika.

Ich fädle konzentriert Billys Zwölf-Meter-Seil auf. »Komm, wir gehen nach Hause. Hast du meine SMS gekriegt?« Meine Zunge fühlt sich an wie eine ungeschälte Kartoffel.

»Oh Mann, sonst wär ich nicht da!!«

Schwankend warte ich, bis Anika aufsteht und mitkommt. Schau so lang die Sterne an und mümmle. »Der Himmel da oben – das ist nur der Anfang.«

»Alles klar. Alles klar. Wo ist der verdammte Autoschlüssel.«

Anika zerrt mich in die Notaufnahme und zum CT.

Was sie mir da erzählen, interessiert mich nicht. Mir ist schwindlig und schlecht wie noch nie in meinem Leben. Ich muss hierbleiben, sagen sie.

»Nein, das geht nicht«, erkläre ich mit Nachdruck. »Ich habe einen Hund.«

Die Ärztin wechselt einen Blick mit Anika. Sie stehen zu weit weg, ich kann nicht hören, was sie sagen. Aber ich versteh's trotzdem.

»Der Hund war dabei, als sie gestürzt ist.«

»Wie lange ist das jetzt her?«
»Vier oder fünf Stunden?«
»Ah.« Ein Nicken. Eine Notiz auf dem Klemmbrett. Ein Blick
auf die Uhr. »Ihre Familie weiß Bescheid, sagen Sie?«
Wieder ein Nicken. Dieses Mal von Anika. »Ich hab ihre Eltern
angerufen.«

Ich bin 35. Und sie rufen meine Eltern an. Super.

In der nächsten Sekunde sitzt meine Mutter neben mir.
»Du bist eingeschlafen«, sagt sie.
»Das stimmt doch alles nicht…«, murmle ich. »Wo is'n der
Billy?«

Ich sehe die Sorge in ihrem Gesicht. So bekannt, so vertraut.
Ich kenne sie auswendig, die Sorge. Nur, wenn ich meinen
Blick schärfe und akribisch ziele, wie ein Scharfschütze, dann
kann ich auch andere Dinge sehen. Einen blinkenden Monitor.
Eine weiße Bettdecke. Eine beigefarbene Jalousie. Warum sie
die in Beige machen, ist mir ein Rätsel. Es wird einem schlecht
von dieser Farbe.
»Mach dir keine Sorgen.« Ich lenke meinen Blick auf meine
Mutter. »Mir geht's gut.«
Mein Ziel ist, dass sie mir das glaubt. Und mit diesem Glauben
nach Hause fährt. Keine Sorgen. Bloß keine Sorgen.
Ich schaue auf die Jalousie, die langsam um mich herum-
schwenkt. Meine Gedanken driften auseinander. Wie der ganze
Raum hier.
Und auf einmal folge ich einer Unterhaltung: »Warum kannst
du das so gut? Fliegen?«
»Es ist meine Natur.«
»Ah.«
»Du musst sein, wie du bist. Wie es deine Natur ist.«
»Wie soll das denn gehen??«

»Du spürst es. Du musst nicht mehr denken, weil du weißt.«

»Und wenn ich keine Ahnung habe, was meine Natur überhaupt ist??«

»Immer, wenn deine Seele mühelos wird. Wenn du alle Hindernisse überspringst, als hättest du dein Leben lang dafür trainiert. Wenn dein Herz sich erinnert.«

»Dann hab ich keine Natur.«

»Doch. Hast du.«

»Kleiner Tipp?«

»Wie du die Welt siehst. Deine Träume. Du träumst, auch wenn du wach bist.«

»Das is' keine Tugend.«

»Doch. Wenn du träumst, kannst du die Sterne sehen. Und ihre Geschichte erzählen. Das ist nichts, was jeder kann.«

»Wär einfacher, wenn's Gitarrespielen wäre. Oder Laufen oder Schwimmen. Dann könnte ich Triathlon machen.«

»Es ist nicht deine Natur, den simplen Weg zu gehen.«

»Sondern welchen? Hallo? Welchen Weg?« Weil direkt vor mir sehen tu' ich momentan keinen Weg. Eher Gestrüpp und Geröll. Endlose, karge Tundra.

»Wo ist denn der Billy …« Ich schaue mich um. Weil ich schwören könnte, dass er gerade mit mir gesprochen hat.

»Der Papa hat ihn abgeholt«, schnieft meine Mutter.

»Ah ja. Danke.« Ich muss mich konzentrieren. Normal aussehen.

»Brauchst du irgendwas?«, fragt sie. »Kann ich dir irgendwas holen?«

Ich justiere meinen Blick. Und eine Information, die ich längst vergessen habe, kommt aus meinem Mund. »In meiner Wohnung, auf der Kommode, steht eine bunte Schüssel. Da ist … da sind Zettel drin.«

Meine Mutter nickt und fährt los.

Sie bringt einfach die ganze Schüssel. Meine »Irgendwann-

Schüssel«. Randvoll mit Ideen und Dingen, die ich irgendwann machen werde. Ich krame Guidos Textilfetzen mit der Nummer vom WildEnHund zur Seite. Den Flyer der tollen Hundetrainerin. Und finde, tief am Boden, eine Visitenkarte aus dickem, weichem Papier: eine Tier-Telepathin. So was sammelt man irgendwo unterwegs auf und weiß gar nicht, warum. Eine Frau, die mit Tieren spricht.

Genau die.

»Danke.« Ich lächle zu meiner Mutter hinauf. Die Besuchszeit ist längst vorbei. »Mir geht's gut, Mama. Kannst heimfahren. Wirklich.«

So. Und dann ist Ruhe. Bis auf das Blinken des Pulsoximeters an meinem Zeigefinger. Ein paarmal muss ich noch durchatmen. Das Zimmer dreht sich in beide Richtungen. Abgefahren. Irgendwann habe ich die Telefonnummer auf der weißen Visitenkarte entziffert und in mein Telefon getippt. Horche auf den Klingelton, eine halbe Ewigkeit, bis mir einfällt, dass es sicher schon nach 19 Uhr ist …

»Katrin Rother, wie kann ich Ihnen helfen?«

Hah!

»Hallo …«, krächze ich. »Ich muss … ich möchte …«

»Ja?«

»Können Sie mit meinem Hund reden?«

Sie lacht leise gurrend ins Telefon. »Ja, das ist mein Beruf.«

Es ist surreal. Sie braucht ein Foto vom Hund. Auf's Handy reicht. Sie würde mich dann zurückrufen. In einer Stunde etwa?

Ich japse »oh!« und merke, dass ich dafür überhaupt nicht gewappnet bin. Obwohl *ich* angerufen habe. Aber es ist, was es ist. »Okay!«

Warten ist nicht meine Stärke. Mein Pulsoximeter blinkt schneller. Dann piepst mein Handy. Und das Geräusch katapultiert mich halb aus dem Bett.

Eine SMS. Mein Vater schreibt, was an sich ein Ereignis ist: »Billy ist ein toller Hund. Da gibt's gar nix. Gruß. Papa.«

Das ist gut. Die beiden kommen klar. Alles ist gut.

Fünf Minuten später ruft sie an.

»Dann schießen Sie mal los.« Sie spricht leise und langsam. Sehr konzentriert. Fokussiert.

Ich habe tausend Fragen. Millionen. Ob ich verrückt werde. Ob es stimmt, was ich höre oder sehe, und ob das wirklich mein Hund sein kann. Und wenn ja, dann will ich wissen, warum wir im realen Leben so … anders sind.

Ständig haut er ab. Ständig will er fort von mir. Und die ganze Wut. Meine. Seine. Und die Angst. Ich kann mir nicht vorstellen … also, ich weiß nicht, ob er glücklich ist bei mir. Wie schlimm er die Leine findet. Ob er einsam ist, wenn er nie mit anderen Hunden spielen kann. Wie's jetzt weiter geht mit uns …

Dann fängt eine völlig fremde Frau an, mir Antworten zu geben. Auf keine einzige meiner Fragen, und doch sind es die einzig richtigen Antworten:

»Er sagt, ,Ich bin dein Begleiter'. Er sagt, ,Ich fühle den Aufruhr in dir wie ein Erdbeben'. Er sagt, ,Mir ist es egal, wie lange es dauert. Ich bin an deiner Seite'. Er sagt, ,Wir haben's doch gut! Ich genieße mein Leben'. Er sagt, ,Freiheit' – und zeigt, wie er rennt. Wie er sich im Gras wälzt, und er zeigt auch irgendwie Schnee, wenn das sein kann?«

Hier macht die Stimme eine Pause. Ein kleines Lachen gluckst in der Leitung. »Aha. Er sagt, ,Ich kenne dich schon lange. Meine Seele kennt dich aus einer Dimension, die wir beide vergessen haben. Ich bin ein freier Hund. Jedes Wesen muss seiner Natur nach leben. Es gibt nur diese eine Möglichkeit'. Er sagt, ‚Ich sehe Dinge, die nicht Materie sind. Ich sehe den Raum dazwischen. Ich sehe, was zwischen den Lebewesen ist'. Er sagt, ‚Du musst die Wahrheit erkennen. Du musst an dich glauben. Denn was du fühlst, stimmt. Es ist deine Natur. Es ist ganz einfach'. Er sagt, ‚Es gibt keinen Zweifel'. Und er sagt, er ist dein Begleiter.«

Das ganze Gespräch dauert zehn Minuten. Das ist kurz, meint die Telepathin, aber scheinbar ist Billy momentan sehr beschäftigt mit einem gelben Ball.
»Das kann schon sein…«, murmle ich. Niemand kann sich's verkneifen, für Billy Bälle zu werfen. Mein Papa schon gleich dreimal nicht…
Als wir auflegen, ist mein Gesicht tränennass. Mir ist nicht mehr schwindlig, aber dafür fühlt sich jetzt mein ganzer Körper ätherisch an. Als ob ich nicht mehr real wäre. Sondern… ätherisch. Ich sehe trotzdem den Pulsoximeter an meinem Finger. Real. Ich sehe den weißen Bettbezug und die kotz-beige Jalousie. Sehr real. Ich bin in Zimmer 143. Und habe gleichzeitig keine Ahnung, wo zum Geier ich eigentlich bin.
Billy ist mein Begleiter. Er ist ein freier Hund, das ist die einzige Möglichkeit, und ich muss an mich glauben.
Es ist, was es ist.

»So, dann schauen wir mal«, tönt ein weiblicher Bariton hinter mir. »Geht's schon besser?« Eine Krankenschwester, die ich noch nie in meinem Leben gesehen habe, watschelt neben mich. Nimmt meine Hand und hält meinen Finger vor ihre Brille: »97,5, das ist doch gar nicht schlecht.« Schwupp, klickt sie den Pulsoximeter weg und legt ihn auf den Rolltisch neben meinem Bett. »Und? Waren Sie schon Toilette?«
Staunend schüttle ich den Kopf. Nein. Toilette noch nicht.

»Na dann.« Offensichtlich wartet sie auf eine Reaktion von mir. Beine über den Bettrand schwingen wahrscheinlich.

Geführt von Armen wie Bäumen tappe ich zur Kloschüssel. Ich bausche mein Krankenhausnachthemd vor mir zusammen. Und höre: »Rufen'se wenn'se fertig sind!«

Ich sehe meine Zehen auf dem beigen Fliesenboden. Ich fühle den kühlen Kreis der Klobrille. Gerade vorhin hat jemand mit meinem Hund gesprochen. Und jetzt sitze ich hier. Ich bin immer noch ich. Billy ist Billy. Das wird sich wahrscheinlich nie ändern. Aber meine Natur ist das Träumen. Und Billy ist mein Begleiter.

»Wissen Sie, mein Hund hat mich umgeworfen«, rufe ich durch die Toilettentür.

»Ach du liebe Zeit. Ich hab einen Dackel. Stur wie Oskar. Wenn er könnte, würde er mich wahrscheinlich auch umwerfen!«, boomt ihr Bariton und wir lachen.

»Fertig!«

Anika holt mich vom Krankenhaus ab. Mit dem Mini. Billy im Kofferraum. Ich auf dem Beifahrersitz mit meiner Irgendwann-Schüssel auf dem Schoß.

Wir schweigen die ganze Fahrt.

Zu Hause bei Frau Hörndl will ich die Irgendwann-Schüssel wieder auf die Kommode stellen, wo sie immer war. Aber Anika knallt sie vor mich auf den Küchentisch: »Such einen von deinen 1000 Flyern raus und buch ein Hundetraining. Egal, welches. Aber wenn du wieder aufhörst, zünd ich dir die Bude an.«

2021, 5. Mai, 03:00 Uhr

Um seinen Körper entsteht ein Energiefeld. Es ist wie Magnetismus, nur warm. Vielleicht ist dieses Feld … vielleicht ist das der Anfang. Vielleicht sammelt er seine Kraft, seine Essenz, das wäre... ich weiß nicht. Verrückt? Fantastisch? Wenn man das spüren könnte. Vielleicht ist's auch nur der Schlafmangel. Ein Halbtraum...

Ich lasse meine Hand ganz still bei dem Feld. Ich habe Zeit jetzt. Es ist alles getan, alles entschieden. Das Fieber ist weit genug unten. Schmerzmittel habe ich ihm eingeflößt, aber die Antibiotika hat er nicht mehr geschluckt. Futter auch nicht. Nahrung stört ihn. Zu schwer.

Er schläft so tief. Ich will ihn nicht aufwecken. Schlafen ist gut.

Ich fühle in Zeitlupe, wie weit die Energie geht. Am stärksten ist sie über seinem Herzen. Dort ist ein Ball. Ein See. Ein Ozean. So groß wie ein Planet. Je näher ich dieser Energie komme, umso größer wird der Raum um mich herum, und gleichzeitig verschwindet alles. Ich bin an keinem Ort mehr. Ich kann mit einem Atemzug das Weltall umfassen. Es ist Bewusstsein. Unendlicher Raum, bevor er Materie wird. Es ist das Alles. Das, wovon Schamanen und Zenmeister seit Jahrtausenden sprechen. Alles, wonach zu suchen ich aufgehört habe, weil ich dachte, es geht nicht. Es existiert nicht.

Aber vielleicht doch. Weil gerade jetzt ist es einfach da. Neben mir.

Es ist, vielleicht, die Seele von meinem Hund.

2013 / 1
Von wilden Hunden und Wölfen

Das Erste, was ich den WildEnHund frage, ist: »Kann man bei Ihnen auch Einzelstunden buchen?«

Darauf er: »Warum denn das?«

Und ich: »Weil mein Hund... abhaut. Wenn er einen Hasen sieht. Zum Beispiel.«

»Und?«

»Und … äh … andere Hunde anfällt.«

»Aha.«

Und dann nichts mehr.

Stille am Telefon kann ich sehr schlecht aushalten. Als wär's meine Schuld, wenn mein Gegenüber nichts sagt. Ich fange an zu plappern deswegen: Dass Guido vom Großvenediger gesagt hat, ich soll anrufen. Dass Hundetraining gar nicht mein Ding ist momentan. Dass ich wahrscheinlich nicht geeignet bin, um einen schwierigen Hund zu haben, aber ich kann's auch nicht ändern, denn im Tierheim abgeben kann ich ihn nicht, das hab ich schon ausprobiert. Irgendwie, erzähle ich weiter, haben wir die Balance gefunden, wenn wir am Berg unterwegs sind. Und im Prinzip könnten wir auch einfach so weitermachen. Wir meiden einfach alle anderen Hunde und Menschen. Es gibt ja Berge genug, auf die sonst niemand geht. Das wäre vielleicht die beste Lösung für uns … oder zumindest machbar?

»Danke«, sage ich im Anschluss, weil der WildEHund am anderen Ende weiterschweigt. »Das war's auch schon, ich leg jetzt besser auf.«

»Nächste Woche hab ich noch einen Platz frei.« Sagt er. »Treffpunkt acht Uhr, Brauneckhaus.« Dazu höre ich seine Computertastatur. »Ich hab euch eingetragen.«

Und ich: »… äh. Okay.«

»Hast einen Zettel, dann sag ich dir, was du alles brauchst.«

Ich brauche den Hund, zwei Isomatten, eine Thermosflasche und eine Schüssel für Wasser. Schneefeste Kleidung und ein zweites Paar Schuhe für mich.

Es ist ein Lawinensuchkurs. In einer Gruppe mit acht anderen Teilnehmern.

Acht. Teilnehmer.

Acht andere Hunde.

»… okay.«

»Wir seh'n uns nächste Woche.« Klack. Aufgelegt.

Warum in aller Welt zettle ich freiwillig Dinge an, die mich völlig aus der Bahn werfen? Dinge, denen ich nicht gewachsen bin? Vor denen ich die nächsten sieben Tage schreiend auf und davon laufen will?

Weil irgendwo ganz hinten im Verhau meiner Gedanken tatsächlich immer noch einer aufblitzt, der sagt: Komm. Schau's dir wenigstens an. Versuch's noch ein einziges Mal. Das Leben kann so schön sein. Ihr könnt frei sein. Glücklich sein. Dazugehören.

Deswegen.

Billy blinzelt mich an, von unterm Tisch, mit seiner Augenbraue, auf der dieses eine weiße Tasthaar wippt. *Geh deinen Weg. Es ist höchste Zeit.*

Ich weiß nicht, ob das Gewohnheit wird, dass ich schlaue Ratschläge von meinem Hund höre. Und wo er's bitte hernimmt, die ganze Weisheit. Ich lehne meinen Kopf an die Wand hinter meinem Küchenhocker. »Billy«, seufze ich. »Ich glaub, ich bin einfach restlos am Arsch…«

Am Abend vor dem Lawinenkurs parke ich den Bus an der Talstation der Brauneck-Seilbahn.

Die Kursteilnehmer dürfen morgen ausnahmsweise schon um halb acht mit der Gondel hochfahren. Eine Sonderfahrt.

Aber einmal Königsseeschiff reicht mir lebenslang. Deswegen werden wir morgen früh mit den Tourenski starten. Sehr früh.

Ich stülpe mir also meine Wollmütze auf den Kopf. Grabe mich, so tief ich kann, in meinen Toter-Hase-Schlafsack. Beobachte, wie die Beleuchtung der Gondelkasse Billys Fell mystisch glimmen lässt. Und versuche, mir nicht auszumalen, wie Billy und ich umzingelt sind von anderen Hunden. Er wild um sich beißt. Ich keinen Ausweg finde. Wir durch ein endloses Spalier aus Hundebesitzern laufen müssen.

Um kurz vor fünf wecke ich meinen schnarchenden Hund und latsche los. Übernächtigt. Mit überspanntem Nervensystem. Und wir latschen, ungesehen und ohne Zwischenfall, bis zur Bergstation.

Wir sind die Ersten, oben. Die Aussicht ist atemberaubend. Weiß. Gold. Zackige Karwendelkette am Horizont. Berge, unendlich. Das Brauneckhaus vor uns schimmert bronze-metallic in den ersten Sonnenstrahlen. Und alles in mir sträubt sich, auf dieses Gebäude zuzugehen.

»Whff.«

Ein Mann in rot-oranger Hochtourenmontur steht auf der Terrasse und sortiert Zettel auf einem Klemmbrett. Als er uns ums Eck stiefeln sieht, winkt er.

»Whufff!«

»Brav sein, Billy!«, hauche ich.

»WHUFF. WHUFF.«

Der WildEHund nutzt die letzten Schritte, die wir noch hinauf-müssen, um uns lückenlos einzuschätzen. Natürlich zieht Billy voraus mit aller Kraft. Natürlich rutscht mir die verschwitz-te Mütze ins Gesicht. Natürlich verheddere ich mich. Natür-lich löst mein Gehirn den Leinengreifreflex aus und natürlich springt Billy einem Bergfinken hinterher. »WHARR.«

»Hallo. Sorry. Sitz.«

»Ihr habt die Probleme mit den anderen Hunden«, stellt der WildEHund fest. Er heißt Robert. Nach einem kurzen Blick auf seine expeditionstaugliche Armbanduhr zeigt er uns als Erstes unser Zimmer. Wir haben ein Einzelzimmer. Mit Waschbecken.

»Ich hol euch, wenn die anderen da sind«, sagt der WildEHund und schließt die Tür hinter sich.

Ich plumpse auf die Matratze. Oh Gott.

Ich glaube, ich kann das nicht. Diese Hütte ist ein Labyrinth aus engen Gängen und knarzenden Treppenstufen. Wie soll ich uns da nach draußen bugsieren, ohne an jemandem vorbeizumüssen. Jemandem mit Hund, logischerweise. Wir nehmen an einem Lawinenhundekurs teil. Uagh. Ich glaube, ich steuere auf eine Magendrehung zu. Nein. Nein, wir bleiben einfach zwei Tage in diesem Zimmer.
Und Billy steht stramm wie ein Soldat Wache an der Tür.

Nach 20 Minuten klopft's. »WHOARRR!! WHOARR!«
»Billy, halt die Klappe«, flüstere ich. Und es müsste wahrscheinlich nicht zwingend sein, dass ich kaum an die Klinke komme. Weil er die komplette Tür blockiert. Er könnte durchaus auf seine Hundedecke gehen, wenn ich's ihm sage. Auch wenn er ein Sauviech ist. Und ich könnte ganz normal die Tür aufmachen. Konjunktiv.
Stattdessen hasple ich »gleich!!«. *Stolper*. Krach. »Entschuldigung, sofort!«
Leise zische ich: »Billy. Platz« und zerre ihn auf seine Decke. Wo er eh nicht bleibt, aber ich komm wenigstens an die Tür. Ich schiele durch einen schmalen Spalt. »Ja?«
Der WildEHund steht draußen. Augen auf sein Klemmbrett gerichtet. »Kommt's in fünf Minuten runter, die anderen warten drüben beim Gipfelkreuz.«
Ich nicke. Schlucke. Jetzt ist auch noch mein Hals verknotet.

Meine fünf Gnadenminuten verbringe ich mit hektischem Umpacken meines Rucksacks. Zweite Hose, fällt mir ein. Denn ich werde ganz sicher durch den Schnee geschleift. Zweites Paar Handschuhe, aus demselben Grund. Noch ein Thermounterhemd, weil ich das erste jetzt schon durchgeschwitzt habe. Lange Leine, kurze Leine. Leckerlis. Ein Wiener Würstl, falls Billy die gesunden Kekse nicht mag. Isomatte für ihn. Isomatte für mich. Wasserschüssel. Thermosflasche.

Ich hab alles.

Gnadenfrist rum.

»Komm, Billy.« Ich wickle die Leine um meine Hand. Horche. Spähe in den Gang hinaus. Mein Leinenarm spießt starr nach hinten. Um Billy zurückzuhalten, im Falle des Falles.

Und zack-die-Bohne steigt mein Puls. Im menschenleeren Gang im ersten Stock des Brauneckhauses. Hoffentlich ist niemand auf der Treppe. Am Ende noch mit Hund. In der Gaststube. Im Vorraum.

Hoffentlich.

Was für ein bescheuertes Wort das ist, dieses Hoffentlich.

Wir erreichen begegnungslos die Lawinengruppe. Acht Menschen. Alle in Hochtourenhosen. Acht Hunde. Alle in High-End-Geschirren. Aber nur zum Teil an irgendwelchen Leinen. Auch große. Hunde.

Einer rennt auf uns zu.

Ein Aussie.

Oh…

Ooooh…

Aber der Aussie stoppt und macht kehrt.

Wie aus dem Nichts!!

Oder nein, sein Herrli hat eine dieser Hundepfeifen.

»Ah. Dann sind wir komplett.« Sagt der WildEHund in sein Klemmbrett hinein. Billy und ich sind das letzte Häkchen. Dann wirft er den ersten Blick in die Runde. »Nehmt's eure Hunde an die Leine, bis wir drüben beim Übungsgelände sind.« Alle nicken. Alle leinen ihre Hunde an.

»Und ihr zwei«, der Blick vom WildENHund trifft mehr Billy als mich… »kommt's in 30 Metern Abstand hinterher. Alle anderen ignorieren den schwarzen Hund da, wie heißt er noch mal?«

»Billy.«

Seine Samtohren klappen nach vorn. Auch wenn er die anderen

Hunde nicht aus den Augen lässt. Ich schlucke. Meine Lunge fühlt sich an wie voller Brösel. Natürlich wage ich es nicht, zu husten. Die schwarze Granate neben mir könnte beim geringsten Geräusch losgehen …

Mut ist viel stärker, höre ich jemanden sagen. *Was soll schon passieren. Wenn du's mit mutigem Herzen machst.*

Ich schau zu Billy runter.

Echt jetzt, oder?

Die Gruppe setzt sich in Bewegung. Gore-Tex raschelt. Karabiner klimpern an Brustgeschirren. Ich höre unbedarfte Stimmen. Leises Lachen, wohlgelaunte Menschen.

Die Gruppe bewegt sich auf dem Bergkamm entlang. Fast mystisch, in der gleißenden Vormittagssonne über den Karwendelspitzen. Fast surreal.

Ich würde mich gerne zwingen, auch loszugehen. Wirklich. Aber ich kann nicht. In Schockstarre stehe ich da und registriere, wie der Sauerstoff in meinem Körper weniger wird.

Billys Leine strafft sich. »WHFFF! WHFF, WHFF!«

Okay. Einatmen.

Mut ist viel stärker. Ausatmen.

Ich zähle bis 30.

Und wir folgen. Den acht Hunden vor uns. In Sichtweite.

Wahrscheinlich bin ich grün im Gesicht. Oder weißgrau wie der Schnee am Brauneck. So viel Mut ist in mir.

Wir erreichen unser Lawinengelände. Natürlich ohne Lawine. Der WildEHund hat auf der Nordseite des Kamms vier Schneelöcher in den Hang gegraben. Verbunden durch einen Trampelpfad. »Das«, erklärt er, »ist euer Übungsbereich. Bitte keiner reinlatschen.«

Alle acht Teilnehmer mit allen acht Hunden treten brav zurück. Auf der Südseite des Kamms verteilt der WildEHund Lawinenschaufeln: Schneelöcher graben. Als Höhlen für unsere Hunde. Ich wähle den Platz ganz außen. Selbsterklärend. Wickle Billys Seil fest um meinen Bauch und grabe.

Vor jedes fertige Schneeloch steckt der WildEHund einen T-Anker mit Schlaufe und Karabiner. Wir sollen die Isomatten ins Schneeloch schieben, sagt er, und die Hunde am T-Anker anbinden, aber ausschließlich am Geschirr. »Wenn die Hunde grade nicht arbeiten, dann lasst sie auf keinen Fall irgendwo rumsausen. Und geht's auch nicht sonst wohin Gassi, sondern lasst's eure Hunde an ihrem Platz. Die sollen schlafen. Oder wenigstens auf ihren vier Buchstaben hocken bleiben und Löcher in die Luft schauen. Die brauchen die Pause. Sucharbeit ist extrem anstrengend. Also bitte. Haltet's euch da dran.«

Uff.

Ein Brocken vom Ausmaß der kompletten Karwendelkette fällt mir vom Herzen. Keine frei herumlaufenden Hunde. Alles überschaubar. Wir sind sicher.

Ich klicke den Karabiner in Billys Geschirr und plumpse neben seinem Schneeloch auf den Hintern. Es ist mir pfurzegal, ob ich nass werde. Hier sitze ich und hier bleibe ich sitzen.

Mut ist stärker. Keine Frage. Aber anstrengend.

Der WildEHund holt immer nur einen Hund zum Arbeiten. Alle anderen bleiben an ihren Plätzen angeleint.

Als Erste ist eine muntere Briard-Hündin dran. »Nova.« Wie ein Felltornado ohne Anfang und Ende wirbelt sie am Startpunkt um ihre Besitzerin. Die Besitzerin versteckt sich als »Lawinenopfer« in einer der vier Suchhöhlen, Leckerlidose parat. Der WildEHund hält Nova fest. Dann – konzentrierte Stille.

Aufgeregtes Hütehundkläffen.

Der WildEHund sagt: »Such!« Und wie ein wuschliges Geschoss rammt sich Nova mit ihrem ganzen Körper in das Schneeloch. Ich höre: »Huuuch! Ah! Nova! Hallo! Ja, so eine

Gute! Ja, Hilfe!!«

Freudestrahlend kommt Nova zurück an ihren Platz gewirbelt. In den Haaren ihrer Besitzerin hängen Schneebatzen und scheinbar haben Novas riesige Tatzen ein paar Fäden aus ihrer Mütze gezogen.

Die zwei sind witzig, denke ich.

Auch Billy schielt rüber zu ihnen.

Das Lächeln auf meinem Gesicht gefriert. Ich sehe, dass Novas Besitzerin etwas zu mir sagt. Aber ich höre sie nicht. Weil in meinem Kopf der Punk abgeht. Ob Billys T-Anker noch festsitzt? Ob die Schlaufe hält? Was ich mache, wenn nicht? Ob Billy eher davonrennen würde oder einen Hund in einer der anderen Schneehöhlen verletzen?

Ich glaube, Novas Besitzerin wartet auf eine Antwort. Also nicke und lächle ich. Wahrscheinlich knirscht mein Gesicht dabei. Wahrscheinlich wirke ich leicht debil. Vorsichtig setze ich mich auf meine Hände, damit ich nicht im Impuls Billys Geschirr packe. Weil wenn ich ihn packe, springt er sowieso los. Drei Sekunden. Vier.

Billy rührt sich nicht.

Auch nicht, als Nova ihre gigantischen Felltatzen streckt und ihn zum Spielen auffordert. Er schaut nur.

Vielleicht, weil Nova nicht aussieht wie ein Hund. Eher wie ein Yeti. Also offensichtlich… harmlos?

Novas Besitzerin winkt mir zu. Ihr Handy hat geklingelt. Sie erzählt ihrem Mann, wie toll Nova hier alles findet. Und den Kindern geht's gut? Ach, er fährt mit ihnen ins Schwimmbad, super Idee…

Sie scheint echt nett zu sein. In etwa mein Alter. Ihre Stimme klingt wohltuend. Ich könnte ihr den ganzen Tag zuhören…

Aber der WildEHund winkt mich zu sich.

Oh.

Puls auf 180. Hände eiskalt. Kopf wie eine Luftblase.

Hervorragend.

Ich zittere den Schraubkarabiner an Billys Geschirr fest. Wickle das Zwölf-Meter-Seil sicher und ordentlich über meinen Arm. Und gehe außenrum zum Start. Nicht an den anderen Schneehöhlen vorbei. Sondern im weiten Bogen, zwischen Felsbrocken und Latschenkiefern durch, im brüchigen Schnee. Natürlich spüre ich die Blicke der anderen im Rücken. Ich bin eine seltsame Frau. Die man nicht verstehen muss.

Der WildEHund wartet geduldig. Klemmbrett unterm Arm. Schiefes Halblächeln auf dem Gesicht. »Dann gib mal her, dein' Hund.«
Ich stutze. Wie – hergeben.
Der WildEHund nimmt einfach ein Segment von Billys Zwölf-Meter-Seil. Locker in einer Hand. Und sagt, »gehst ins zweite Schneeloch«. Sein Kinn zeigt zu dem Trampelpfad im Schnee.
»Hast Leckerli dabei?«
Ich nicke. Und krächze: »Aber nicht die Leine loslassen, sonst haut er ab.«
»Ich pass auf«, nuschelt der WildEHund und ich weiß, wie viel Nerven er schon an hysterische Hundebesitzerinnen verloren hat. Ich seh's ihm an.
»Okay«, sage ich.
Ich fühle mich alt, schwach und krank.
Ich will nach Hause.
Ich will einen Fernseher, eine Live-Übertragung Biathlon oder Viererbob und eine Tüte Chips.
Doch der WildEHund nickt nochmals zu dem Trampelpfad.
Ich gehe. Schleiche. Wie ein geprügelter Hund. Und krabble auf allen vieren in das zweite Schneeloch.

Die Welt ist blau hier drin. Kühl und kuschlig zugleich. Die Geräusche von draußen dringen nur gedämpft hier rein. Ein Raumschiff aus Schnee. Ich könnte abheben und schweben. In eine andere Dimension …

»Such!«

Oh. Scheiße. Es geht los.

Ich horche auf Pfotengetrappel. Hecheln. Irgendein Hundegeräusch. Aber in meinen Ohren klingt nur das weiße Rauschen von Angst.

»Mutig sein!«, flüstere ich.

Da!

Ein schwarzer Blitz vor meinem Schneeloch. Loses Seil schleift dahinter. Und weg ist er. Scheiße.

Ich hole Luft, um »Billy!« zu schreien … Da legt sich ein Schatten vor mein Schneeloch. Ein schwarzer Schatten. Eine schwarze Hundeschnauze bohrt sich in mein Gesicht. In meinem linken Ohr macht es »WHOFF«.

»Billy.«

Klamme Finger. Tupperdose. Wiener Würstl. Eines rauspopeln. *Schnapp. Happ.* Alle weg auf einen Satz.

»Uh.«

Jemand fädelt das lose Zwölf-Meter-Seil auf. »Geht's bei dir?«, fragt der WildEHund draußen.

»Uh.«

Ich bin normalerweise eigentlich schon in der Lage, artikulierte Laute von mir zu geben. Nur jetzt gerade blinken alle Emotionen.

BILLY. *Blink, blink.*

HAT. *Blink, blink.*

MICH. *Blink, blink.*

GEFUNDEN. *Blink, blink, blink.*

Der WildEHund hilft mir aus meinem Schneeloch. Auch das ist er gewohnt. Routiniert, effektiv stützt er meinen Ellbogen. Ich bin's nicht gewohnt und stolpere über seine Hanwag Extreme.

»Uhpsi«, kichere ich. »Danke!« Aber gerade jetzt ist mir gar nichts peinlich. Billy hat mich gefunden.

»Macht er doch ganz gut«, nuschelt der WildEHund und gibt mir Billys Seil zurück. In Bergwachtlerroutine aufgefädelt. In aller Ruhe. Für den WildEnHund ist Billy *kein* Problem. Sondern völlig harmlos. Der WildEHund hat schon ganz andere Kaliber vor sich gehabt.

Und auf einmal, glaube ich, habe ich auch nicht mehr so viel Angst, dass was passieren könnte. Weil da jemand ist, der Billy von jedem anderen Hund runterklauben könnte. Wenn's wäre.

Ich wackle zurück zu unserem Schneeloch, wie in Trance.

Novas Besitzerin lächelt mir entgegen. »Und, wie war's?« Mein Gesicht fühlt sich an wie Pudding. Ich ertaste ein seliges Grinsen auf meinen Backen. »Ja, das war ... toll. Ich hätte nie gedacht ...« Novas Besitzerin nickt. Von ihr aus muss ich keine ganzen Sätze.

Sie heißt Fritzi. Wir wohnen so gut wie im selben Ort, stellt sich heraus. Sie geht auch gern Bergsteigen, aber mit Kind und Kegel hat sie wenig Zeit. Trotzdem könnten wir ab und zu total gern gemeinsam ...

Nova, drüben in ihrem Schneeloch, duckt sich lustig zu Billy: *Spielen!* »Whäff! Whäff!«

Schon hebt sich meine Hand, um bremsend in sein Geschirr zu fassen. Alarm!

Aber Billy? Macht einen unbeholfenen Hüpfer, verwickelt sich in seiner T-Anker-Leine und purzelt auf den Rücken.

Sonst nichts.

Ich entwirre ihn. Er schnappt übermütig in die Luft. Sein Kopf wackelt hin und her dabei.

»Der ist ja lustig«, findet Fritzi. Ein toller Kerl.

Mein Herz fühlt sich an, als wäre es riesengroß und könnte die ganze Welt umfassen. Ein Moment wie ein Planet. Ein Kieselstein Glück. »WHAFF.«

»Du bist ein Clown«, flüstere ich.

Ich glaube nicht an Glück als Endzustand. Aber an so was ...

an so was glaube ich. Kieselsteine. Liegen einfach auf dem Weg.
Immer mal wieder einer.

Nachmittags dürfen die Hunde eine fremde Person im Schnee-
loch suchen. Fritzi wählt mich als »Opfer« für ihre Nova.
Billy bleibt am Platz. Sicher. Unaufgeregt. Müde. Ein braver
Hund. Trotzdem wird's mir mulmig, wenn ich ihn nicht sehe.
Ich rutsche in meiner Schneehöhle herum. Das blaue Kalt unter
meinem Hintern, unter meinen Händen. Die Sekunden tropfen
langsam. Allein, in einer Zeitkapsel. Einem blauen Raumschiff.
Völlig losgelöst …
Aus der Ferne höre ich ein tiefes »WUUUU-UUUUU …
WUUUU-UUUUU …«
Wie ein Wolf. Ich kann's nicht einordnen. Es ist fremdartig.
Nicht wirklich irdisch … Aber vertraut.
»WUUUU-UUUUU …«
Was das wohl sein kann, denke ich. Aber in dem Moment don-
nert Chewbacca gegen meine Brust. Ich plumpse nach hinten.
Sehe nichts außer Fell. Eine Zunge schleckt über mein Gesicht.
»Huch! Nova!«, japse ich. Und fummle die Leckerlidose vor
ihre Schnauze.
Happ-happ, schlabber, schluck.
»Super, Nova. Guter Hund.« Meine Worte landen im Zottel-
fell. Ich kichere und stemme mich mit meiner ganzen Kraft
gegen dieses Wesen, das vor reinem Glück und Spaß nur noch
zappelt und vibriert.
»Nova! Guter Hund! Komm!«, ruft Fritzi von draußen und
startet den Versuch, ihre Nova irgendwie gemäßigt aus dem
Schneeloch zu zerren. »Uff!« Stattdessen schlittert sie auf uns
drauf. »Bisschen eng, aber eigentlich gemütlich«, lacht sie.
»Uh, ja. Allein hier drin kommt man sich ein bisschen vor wie

Major Tom.«

Und dann höre ich's wieder: »WUUUU-UUUUU. WUUU-UUUU.«

Gedämpft in unserem Schneeloch. Aber das ist…

»Das ist Billy. Der macht Hundeparty.« Aus Fritzis Mund klingt das völlig normal.

»WUUUU-UUUUU…«

Der heult wie ein Wolf.

Ich hasple: »Scheiße, was stellt er an!?« und versuche, meine Beine zu entwirren. Ich muss raus! Ich muss schauen, was er macht. Und verhindern, was auch immer er macht…

Ich haste über den Grat und sehe: Billy. Mit langem Hals und Schnauze in der Luft. »WUUU-UUUU…«, heult er den Himmel an.

Ich… sollte »stopp« sagen. Oder »aus«. Oder was sollte ich tun?

WUSCH! macht es und ich werde überrannt von Nova. Und Fritzi. »Ha, ha, die will auch mitmachen!«

Der Beagle vom übernächsten Schneeloch fängt jetzt auch an. »Wuu-huuuu. Whuuu.«

Nova legt ihren Kopf schief. Überlegt. »Whiff, Whiff, Whiff!« Und dann: »Uuiii-uiiii-uuuu!«

Und dann der Aussie ganz vorne. Bis alle neun Hunde den Sonnenuntergang anheulen.

Billy ist ein Wolf in einem Rudel. Als wäre er sein Leben lang nichts anderes gewesen.

Der WildEHund steht da und hört zu. Schaut von einem Hund zum anderen. Dann hockt er sich ein paar Meter neben Billy in den Schnee. Er ist einer von ihnen.

Mut habe ich mitgenommen, vom Brauneck. Einen Wolf, der mit seinem Rudel heult. Und eine Freundin. Mit der wir Gassi gehen können.

Billy krümmt der lustigen Nova kein Haar. Fritzi zuckt mit keiner Wimper, wenn wir uns ins Unterholz schlagen müssen, weil ein anderer Hund entgegenkommt. Und sie kocht einen Kaffee, der mich tagelang über Wasser hält. Fritzi und Nova sind unsere Bojen, im offenen Meer. Wie eine Verschnaufpause. *Gemeinsam sein*, höre ich irgendwo in meinem Kopf. *Hunde sind gemeinsam.*

Seit ich auf den Kopf gefallen bin, »rede« ich ab und zu mit Billy. Versuche, ihn zu verstehen. Zu sehen, wer er ist. Und nicht nur mich. Mit meiner... Einsamkeit. Wut, Angst, Verzweiflung. Chaos.

Vielleicht rede ich anstatt mit Billy die ganze Zeit auch einfach nur mit mir selber... kann sein. Und trotzdem ist da ein neues Gefühl. Ein jubelndes. Wie rumsausen ohne Leine, mit anderen Hunden. Löcher graben. Sich hemmungslos in Fuchsdreck wälzen, weil's gerade keiner sieht.

Ein Hundeleben.

»Das versprech ich dir«, flüstere ich ihm zu.

Fritzi schenkt mir Kaffee nach. »Was versprichst du?«

»Glaubst du, dass Billy irgendwann ein ganz normaler Hund sein kann? Ohne Leine, ganz normal, auf einer Hundewiese?«

Fritzi überlegt.

»Ihr müsstet halt was machen, was euch Spaß macht.«

Und dann ruft sie »Hah! Sommertraining!« und haut mit der flachen Hand auf meinen Oberschenkel, dass es nur so klatscht.

»Der WildEHund hat einen eingezäunten Hundeplatz. Der macht tolle Sachen dort. Nova und ich kommen auch mit!«

Mein Kaffee schwappt, schwarz und ölig, auf mein gutes T-Shirt.

Wir tragen kurze Hosen und der WildEHund ein Baseball-Cap und eine verspiegelte Sonnenbrille. Und eine Beinprothese.
Ich starre seine neongelben Laufschuhe an. Das... das ist mir am Brauneck überhaupt nicht aufgefallen. Zu keiner Sekunde.
Skiunfall, erklärt er. Deswegen hat er aufhören müssen mit dem Rettungsdienst. Deswegen macht er die Lawinenkurse. Und den Hundeplatz im Sommer. Ja, er war mal ganz woanders.
Kein Leben verläuft ohne Falltüren. Aber du stehst wieder auf und gehst weiter. Es interessiert keine alte Sau, ob du zwei Beine hast oder nur eins. Ob du hinter Glas lebst oder so wie alle anderen.
Wenn du Mut hast, stehst du auf. Und gehst weiter.
Das ist der Weg.

Simpel.

Der WildEHund macht Dummytraining mit uns. Für Konzentration und Körper. Der Billy soll arbeiten. Das tut ihm gut.
»Der Hund«, erklärt uns der WildEHund, »muss lernen, dass er nur zum Erfolg kommt, wenn er auf unser Signal wartet. Der Hund muss seine Aufmerksamkeit auf uns richten.«
Nicht wir auf ihn.
»Sobald der Hund seine Aufmerksamkeit woanders hat«, erklärt der WildEHund, »gibt's nix. Wir fordern die Aufmerksamkeit ein.«
Ja, ganz genau. Wir fordern die volle Aufmerksamkeit. Sowieso.
Wissen Sie was? Ich fühle mich ... stinklangweilig. Wer auf der ganzen Welt will bitte seine Aufmerksamkeit auf mich richten?
Niemand. Kennen Sie das Gefühl?
»Losrennen und seinen Ball holen«, erklärt der WildEHund, »ist, was der Hund will.« Und dass er das darf, ist die Beloh-

nung für seine Aufmerksamkeit.

Erst die Aufmerksamkeit. Dann losrennen.

Nicht vorher.

Und nicht halbherzig.

Alles klar, wunderbar.

Als »Dummy« hat Billy einen Ball dabei. Tennisball. Völlig zerfieselt. Gelb-grau.

Nova hat einen geknoteten Strick. Die Farbe erkennt man nicht und den Geruch erspare ich Ihnen.

Erste Aufgabe: Ball hinlegen. Hund nimmt ihn erst auf Kommando. »Stell deinen Fuß auf den Ball, wenn er's doch versucht«, sagt der WildEHund. »So lang, bis er wartet.« Aufmerksam wartet natürlich.

Aber soll ich Ihnen was sagen?

Mein Fuß ist zu langsam.

Nach gefühlt 38 Versuchen kriegen wir's halbwegs hin. »So is' er bra...« *Schnapp*. Billy mit Ball... weg.

Fritzi und Nova sind schon bei der nächsten Übung: Hund bleibt sitzen, während Frauchen den Dummy ein paar Schritte entfernt auf den Boden legt. Auf Kommando – *such!*

Vier lange Sprünge. Billy schnappt sich Novas Seil und rennt damit weg. Sein Tennisball hoppelt hinter ihm.

Nova – bleibt neben Fritzi sitzen. Toller Hund. Sie kriegt Frolics dafür.

Billy dagegen...

»A bissl a Sauviech is' er schon«, kommentiert der WildEHund.

»Da bist du nicht der Erste, der das sagt.«

»Hah... Aber schau dir den mal an. Wie der rennt.«

Wenn die Thermik am Hundeplatz um einen Hauch besser wäre, würde Billy wahrscheinlich in den nächsten Sekunden abheben.

»Ja. Das ist irgendwie unser Problem, glaube ich.«

»Naa. Mit einer Schlaftablette würdest du's eh nicht aushalten.«

Doch, denke ich. Ich könnte eine Schlaftablette *sehr gut* aushal-

ten! Wir würden Biathlon schauen. Oder… Snooker. »Billy!«
Ich versuche, ihm den Weg abzuschneiden, und das findet er
noch lustiger.

»Lass ihn, wenn er eh nicht folgt«, sagt der WildEHund. »Mach
was anderes.«

Der WildEHund fängt an, lautstark in einer Tüte Frolic zu graben. Nova kriegt eins, mir wird eine Handvoll in die Tasche
gestopft, Fritzi soll sich eins aussuchen… *raschel, raschel*…
Und siehe da, wer kommt dahergetrottet? Ohne Seildummy?
Mit breitem Grinsen auf dem Gesicht?

»Braver Billy«, sagt der WildEHund und steckt die Frolic-Tüte
wieder ein. Nie im Leben kriegt ein Hund von ihm ein Frolic,
nur weil's ihm grad einfällt.

»Sitz.« Billy sitzt.

Ich hol derweil mal unseren Ball. Das muss ja auch jemand
machen.

Billy glotzt den WildEnHund an. Mit voller Aufmerksamkeit.
Und lässt sich eine Leinenschlaufe um den Hals legen. Locker.
Gar kein Problem.

Der WildEHund legt den Ball einen Meter vor Billy ins Gras.
Lässig. Kein Ding. »Such.«

Hund nimmt Ball. Späht in die Weite. Leiser Zupfer an der
Leine. Hund gibt Ball her. Hund kriegt Frolic.

Simpel.

Virtuos.

Der WildEHund mit Billy. Robby Naish in den Wellen vor
Hawaii. Isabell Werth auf Emilio. Marco Odermatt in Kitzbü-
hel. Kunst in ihrer höchsten Form… Vollendung… Muss leicht
aussehen.

Beim Üben zu Hause, im Garten von Frau Hörndl, läuft das dann ungefähr so ab:

Ich vergesse, dass mein Fuß zu langsam ist, und verpasse Billy versehentlich einen Kick in die Nase, anstatt auf den Ball zu steigen. Ich halte die Leine zu nachlässig. Sodass Billy natürlich den Ball schnappt und damit abzischt. Im Tiefflug über Frau Hörndls Gartenteich und dreimal quer durch ihre Tulpen.

»Billl-lllyy!!«

Ich raschle daraufhin mit den Frolics. Und als er tatsächlich herkommt, superbrav Sitz macht und mich mit superbraven Hundeaugen anblinzelt... geb ich ihm eins.

Mein Hund wickelt mich virtuos um den Finger. Kunst in ihrer höchsten Form.

Konzentrier dich! Würde der WildEHund sagen.

Bis wir's einmal schaffen, den Ball auf Kommando zu suchen und wieder herzugeben, bin ich mental am Ende. Ausgelaugt und erschöpft.

Und als Billy dann an mir hochhüpft, weil er seinen Ball will... werfe ich ihn.

Uups.

Ras, ras, ras... um die todgeweihte Gartenkiefer. Und noch eine Tulpe...

Noch mal uups.

Aber er ist so glücklich. Mit seinem vollgeschlonzten Tennisball...

Und, scheiß drauf, ich werf noch mal.

Der WildEHund hat Geduld mit mir. Verständnis vielleicht nicht, aber Geduld. Billy ist für ihn nicht das Problem. Beim WildEnHund macht Billy alles, was von ihm verlangt wird. Soll er sitzen, macht er Sitz. Soll er liegen, macht er Platz. Soll er Fuß gehen, macht er Fuß. Soll er warten, wartet er. Soll er an einem anderen Hund vorbeigehen, geht er an einem anderen Hund vorbei.

Ich bin das Problem.

Mein Timing stimmt hinten und vorne nicht. Meine Ansagen sind nicht klar genug. Meine *Vorstellung von dem, was der Hund tun soll*, ist nicht klar genug. Ich muss lernen, genau zu sein. Zu fokussieren. Ich muss den Ablauf von dem, was ich tun will, wissen. Ich muss das gewünschte Verhalten vor Augen haben. Und es dann verlangen. Immer.

»Arbeite immer erst an dir«, sagt der WildEHund.
Und das werde ich. Für Billy.
Ein Hundeleben. Das hab ich ihm versprochen. Und fange an, an mir zu arbeiten.

Klar werden. Stark werden.
Fokussieren.
Manifestieren.
Die Buddhisten können das.
Ich … nicht. Keine 20 Sekunden. Nach zehn platzt mir schon der Kopf.
Noch mal von vorne.
Einatmen auf eins. Ausatmen. Einatmen auf zwei. Ausatmen. Einatmen auf drei. Ausatmen. Einatmen auf vier. Ausatmen. Einatmen auf fünf. Ausatmen. Einatmen auf sechs. Sieben …
Verdammte Hacke.
Soll ich Ihnen was sagen? Einem Marathon unter vier Stunden bin ich um Meilen näher als einer halben Minute Stille und Konzentration.

Ein paar Wochen später – ich höre Wellenrauschen aus meiner Bluetooth-Box und versuche zu atmen, ohne an meinen Gedanken festzuhalten – klingelt mein Telefon.

Fritzi.

Nova kriegt Welpen. Sie waren bei einem FCI-anerkannten Rüden, und es hat geklappt. Es werden reinrassige kleine Briards. Babys ...

Ich halte die Luft an.

»Willst du einen?«

Es dauert einen Moment, bis ich merke, dass Fritzi mich das gefragt hat. Ob ich einen will. Einen kleinen reinrassigen Briard.

»Oh.«

Die Sache ist die: Ich bin so gut wie Ende 30. Kilian hat aus mir eine dörrende Wüste gemacht. Nein, stimmt nicht. Ich selber habe aus mir eine dörrende Wüste gemacht. Aussichtslos. So dass meine Therapeutin in einer unserer hoffnungsloseren Sitzungen angedeutet hat, dass ein Mann nicht der einzige Weg zu einer Familie sein muss. Und mir eine Notiz mitgegeben hat. Donogene Insemination. Man kann googeln, was das heißt.

Ich habe die Notiz ganz unten in meine Irgendwann-Schüssel gestopft. Ich will da nicht drüber nachdenken. Ich habe eine dicke, massive schwarze Truhe in meinem Kopf und dieses Thema dort hineingesperrt. Klappe zu.

Wenn ich mich jetzt mit Hundebabys befasse, dann ... kann ich gleich die ganze Truhe wieder ausleeren. Nein. Das werde ich nicht. Ich werde meditieren. Meine Wohnung entrümpeln. Versuchen, meinen Auftrag für eine *Daily Soap* nicht zu vergeigen, die berstend vollen Edeka-Tüten von gestern zu den Jungs unter der Reichenbachbrücke in München bringen. Und ein paar Flaschen Wein dazu ...

»Es sind ja noch acht Wochen. Überleg's dir«, sagt Fritzi.

»Ja ... mach ich«, krächze ich.

Und einmal mehr in meinem Leben ahne ich, dass ich längst kopfüber hineingesprungen bin.

2021, 5. Mai, 04:00 Uhr

Es ist nicht mehr Nacht. Das sehe ich an dem grauen Schimmer, der durch die Scheibe in unserer Haustür fällt. Ich blinzle.

Ich bin wohl trotz allem eingeschlafen. Ich will nicht, dass es schon so spät ist. Ich muss nachschauen, ob Billy ein Schmerzmittel braucht ...

Da stößt mein Fuß auf Widerstand. Durch den Schlafsack. Weich. Warm. Und nicht zu verschieben, auch wenn er nur noch 20 Kilo wiegt.

Glück, denke ich, ist ein Zustand, den kein Mensch in Worte fassen kann. Ein jubelndes Gefühl. Ein Tor, das sich himmelweit aufreißt, völlig ohne Vorwarnung. Weißt du noch, wie's uns in Südtirol so eingeschneit hat? Im Juni? Das Rauschen der wilden Isar? Und wie ich immer wollte, dass du schwimmst? Weil ich dachte, ein Labrador-Mix braucht Wasser zum Glücklichsein? Nie im Leben bist du ein Labrador-Mix. Du rennst wie ein Windhund. Vielleicht bist du ein halber Podenco. Gemacht für Tiefflug über Stock und Stein. Geschwindigkeit. Wind in den Augen ...

Glück ist, etwas Großes, etwas Wesentliches zu erkennen und es sofort wieder zu vergessen, weil mein Menschengehirn für diese Dimension nicht ausreicht. Glück ist ... ein beharrlicher Hundehintern auf meinem Schlafsack.

Und ich sauge es ein. Jeden Atemzug.

Noch kommt aus den Betten oben kein Geräusch. Der Tag hat doch noch nicht angefangen. Später werde ich Kaffee machen. Und Haferbrei. Und Äpfel in Stücke schneiden, wie immer ...

»Hey, du Breitarsch. Ich steh nicht auf. Und du?«

»Wphffff.«

Und dann lungern wir einfach auf der Matratze herum. Und machen gar nichts. Wie früher, im VW-Bus ...

2013 / 2
Paradies im Maschendrahtzaun

Erster Mai. Die Welpen sind da. Es sind elf. Elf kleine Briards.
Ich halt's genau einen Tag aus, bevor ich Billy in den Bus verfrachte und rüberfahre. Mein Herz klopft, voller Erwartung.
Voller … Freude.
Ich parke unter dem Baum vor Fritzis Garten. »Bin gleich wie-
der da…«, flüstere ich und steige vorsichtig aus. Als müsste ich
auf rohen Eiern gehen. Mit keinem Geräusch die Babys stören.
»Die Kleinen sind unglaublich!« Fritzi nimmt mich einfach an
der Hand und zieht mich hinein in mein Schicksal. »Komm!«
Im Wohnzimmer vor der Terrassentür ist eine riesige Box aufgebaut. Ausgelegt mit Teppichen und absorbierenden Vlies-
tüchern. Nova residiert auf einem Podest in einer Ecke. Ihr
Fluchtpunkt. Denn überall. Überall. Krabbeln blinde kleine
Körper, so klein wie Maulwürfe. Schwarz und hellbraun. Sie
haben bunte Bänder um den Hals, jeder eine andere Farbe. Und
alle wollen nur eins: Mamas Milchbar. Fritzi drückt mir ein
Tütchen mit Sauger und Ersatzmilch in die Hand. »Schnapp dir
irgendeinen. Es sind einfach zu viele.«
Einer der Welpen ist langsamer als die anderen. Und vielleicht
noch kleiner. Ein hellbrauner. Besser gesagt eine hellbraune.
Ihr Bändchen ist gelb. Sie hat kaum die Kraft, ihren runden
Kopf hochzuhalten. Die nehm ich.
Sie passt genau in meine Hand. Ihr Bauch fühlt sich dick und
weich an. Ihre Beinchen sind so kurz, dass sie nicht mal über
meine Handfläche ragen.
Ich manövriere das Tütchen mit dem Sauger vor ihre Schnauze.
Unbeholfen wackelt der Kopf. Mühsam sperrt sich das Mäulchen auf. »Jetzt hopp«, flüstere ich. Wir verkleckern das meiste
von der Milch, aber ein paar Schlucke schafft die Kleine. Im Vergleich zu allen anderen fast nichts. Aber immerhin. »Sehr brav.«

Als ich sie zurücksetze in die Box, krabbeln drei oder vier Geschwister über sie drüber, schieben sie um, rollen sie auf den Rücken und sie hat nichts entgegenzusetzen.

Es gibt noch einen, der so klein ist. Der hat ein hellgrünes Bändchen. »Eigentlich sollten die zwei mal allein zu Nova«, grübelt Fritzi. Und fängt an, Welpen aus der Box zu klauben. Die kleine Gelbe und der Hellgrüne bleiben drin. Mama-time. Eine Träne purzelt über meine Wange. Ein dicker schwarzer Welpe pinkelt auf meine Jeans. Fritzi drückt mir die nächste Milchtüte in die Hand und die haut der feiste Kerl weg wie der Engel Aloisius eine Maß Bier.

Und dann hab ich sie wieder auf dem Schoß. Winzig. Wacklig. Immer noch hungrig. Ich lege ihren Kopf auf meinen Zeigefinger, damit sie ihn nicht selber halten muss, und schiebe die Milchflasche in ihr Mäulchen. *Schluck. Schluck. Schluck.* Satt. Sie schnarcht.

»Die mag dich aber«, lacht Fritzi.

Ich zucke mit den Schultern. Aber da bin ich längst schon jenseits.

Nika.

Das wird ihr Name.

Ich besuche sie jeden Tag. Auf das gelbe Band muss ich schon lange nicht mehr schauen. Ich schnappe sie, gebe ihr die Milchtüte und bin stolz, dass sie wieder einen Tag geschafft hat. Die theoretische Möglichkeit, dass sie einfach zu schwach ist, sich irgendwas einfängt, unter dem Berg ihrer Geschwister erstickt … an die denke ich gar nicht erst.

Billy bleibt im Bus. Brav und geduldig. Jeden Tag. Zehn Tage vergehen so. Am elften Tag, einem warmen, sonnigen Sonntag im Mai, dürfen die Welpen raus in den Garten. Es ist ein Gewusel und Gestolpere und Nova, ganz die überbeanspruchte Mama, lässt sich weit weg von allen Welpenmäulern in den Schatten von Fritzis Kirschbaum plumpsen.

Meine Füße baumeln vom Terrassenrand. Die Welpen hüpfen vor uns herum wie kleine Teddybären. Kleiner als der Löwenzahn, aber größer als die Gänseblümchen. Einer niest. Der nächste zerrt knurrend an einem Zweig. Es ist zum Schießen. Billy beobachtet uns durch die Seitenscheibe. Aufmerksam. Studiert jede Bewegung im Gras.

»Brav sein«, wiederhole ich in Gedanken. Versuche, den braven Hund im Auto zu visualisieren. Das Bild, das ich haben will. Den positiven Zustand.

Und dann stupst etwas an mein Bein. Von hinten. Von unter der Terrasse. Hellbraun, energisch und ausgeklügelt in der Sekunde, in der die anderen Welpen zu dem einen Zweig rennen, um alle miteinander dran zu zerren.

»Nika!«, flüstere ich. Und sie tapst mit ihren dicken Vorderpfoten an meinen Jeans hinauf. Ich heb sie hoch. Und lasse sie auf meinen Fingern herumkauen …

Was sie nicht darf, weil Welpen sind ja auch schon Hunde. Und man muss Grenzen ziehen. Aber …

Aber in dieser Sekunde, mit 20 Zentimetern Nika auf dem Schoß und einem kleinen Finger, der von winzigen spitzen Milchzähnen malträtiert wird …

… in dieser Sekunde bin ich die Sonne.

Viele Besuche später läuft sie mir nach bis zum Gartenzaun. »Ciao, kleine Maus, ich muss nach Hause.« Ich habe gleich einen Termin bei meiner Therapeutin. Und Billy sitzt seit zwei Stunden im Bus. Also zwänge ich mich hinaus. Vorsichtig, damit ich das kleine Fellknäuel nicht einzwicke. Aber sie wirft sich mit allem, was sie hat, gegen die welpendicht vergitterten Eisenstäbe.

Da kurvt Fritzi auf ihrem Lastenrad aus der Garage. »Ach, hier seid ihr! Ich muss kurz weg und hab das Haus schon zugesperrt. Kannst sie ja so lang mit zu dir nehmen!«, ruft sie mir in die Pedale steigend zu. Eine Frau, die nur ins Auto steigt, wenn's gar nicht anders geht, weil jeder nicht gefahrene Kilometer zählt.

»Aber… Billy?«, stottere ich.

»Ach, Billy. Der wird sie lieben.« Fritzi winkt und radelt davon. »Ich bin in einer Stunde oder zwei zurück. Und irgendwann muss er sie ja kennenlernen!« Damit biegt sie ums Eck.

Und ich steh da. Mit Nika, sieben Wochen alt, die mir gerade zeigt, dass sie über das Gartentor klettern kann, wenn sie muss. Und hinter mir im Bus hockt mein 38-Kilo-Berserker.

Puh. Meiner Therapeutin sage ich ab. Das mache ich prinzipiell nie, denn Gleichgewicht ist alles. Aber sie akzeptiert meine Entscheidung. Sagt sie. Und egal wär's mir, wenn nicht.

Und dann heb ich vorsichtig den hellbraunen Kletteraffen übers Gartentor. Das ist sie schon so gewöhnt, dass sie sich gemütlich in meinen Arm kuschelt. Die kleine Nika…

Ich setze sie auf den Beifahrersitz. Herzbeben und alles.

Hinter mir bleibt's ruhig. Nur die schwarze Nase hebt sich schnuppernd. Und Nika krabbelt neugierig an den Rand des Beifahrersitzes. »Stopp, stopp, stopp…«

Ich schnalle Billy immer an, auf seiner Rückbank. Er könnte Nika also rein faktisch jetzt gar nicht fressen. Trotzdem…

Ich muss sie in eine Box setzen. Irgendeine Kiste. Schnell kippe ich den Karton aus, in dem ich seit Urzeiten meinen Toter-Hase-Schlafsack, eine Kaffeekanne, Dosenravioli und einen Gaskocher spazieren fahre, und setze Nika hinein.

Halbwegs sicher.

So fahren wir nach Hause.

Ich nehme Billy an die Leine und den Karton mit Nika unter den Arm. Frau Hörndl schaut Glücksrad. Und wir kommen ungesehen hinauf in unser Kabuff.

Billy umkreist mich und den Karton unter meinem Arm. In dem es scharrt und fiept. Ich habe keine Ahnung, wie ich das jetzt mache. Ich setze mich auf die Couch. Karton umklammert.

Billy wartet.

Macht Sitz. Klappt die Ohren nach vorn. Hält den Kopf schief.
Ein Bild von einem Hund, der aufmerksam wartet.

Nika wartet nicht. Ihre Tatzen stülpen sich über den Rand des
Kartons. Weil mit Klettern kommt sie am ehesten dorthin, wo
sie will. Also hole ich sie aus der verdammten Schachtel. Ein
Wollball. Nur Fell, Pfoten und Kopf.

Billy ... schaut.

Ich weiß, ich soll nicht die Luft anhalten. Aber irgendwie ...
sind in meinem Wohnzimmer erstens: Nika. Tapsig und sehr
unternehmungslustig, jetzt, wo sie endlich Kraft hat.

Zweitens: Billy. Problemhund, massiv, schwarz, hochsensibel
und unter Umständen gefährlich.

Und, drittens, ich.

Es ist eine Entweder-oder-Situation. Entweder frisst der Problemhund den Welpen und ich muss ihn für immer verbannen
und mich schuldig fühlen.

Oder ... wir werden ein Rudel. Eine Familie.

Billy macht weiter Sitz vor der Couch.

Dann legt er sich hin.

Ohren gespitzt. Aufmerksam.

Nika rudert mit ihren Tatzen, um näher zu ihm hinzukommen. Ich halte sie fest, mit beiden Händen.

Billy schnuppert. Steht aber nicht auf.

Okay.

Ich setze die Kleine auf den Boden. Immer noch umfasst mit
beiden Händen. Bereit, sie jederzeit in die Höhe zu reißen. In
Sicherheit.

Billy steht immer noch nicht auf. Er schaut Nika an. Fast ...
freundlich.

Ich löse, Finger für Finger, meinen Griff um das wuschelige
Welpenfell. Adrenalin rauscht in meinen Ohren. Ich fühle mich
in der Lage, in Nanosekunden zu reagieren. Billy beim gerings-

ten Zucken niederzurammen, von ihr fernzuhalten.

Nika tapst auf ihn zu. Überquert die unüberwindbare Kluft von einem knappen Meter altem PVC, als wäre es nichts. Stupst Billy an der Schulter.

Nichts.

Gar nichts macht er. Nika steigt mit ihren tapsigen Pfoten an ihm hinauf. Wie sie's auch an meinem Hosenbein macht. Schnüffelt an ihm.

Keine Regung. Billy liegt einfach nur da, Vorderbeine ausgestreckt, wie eine Sphinx. Und lässt die freche halbe Portion auf sich herumkrabbeln, wie sie will.

Das macht ihr Spaß. So viel Spaß, dass sie herzhaft in Billys mächtigen Hals beißt und dran zerrt wie ihre Geschwister an dem einen Zweig. Mit Knurren. Zumindest glaube ich, dass das Geräusch mal ein Knurren werden wollte.

Billy bleibt liegen.

Seufzt.

Und sein Kopf plumpst auf seine Pfoten.

Mit dem Ergebnis, dass sich spitze Welpenzähne in sein Ohr bohren. Es hin und her zerren. Es schütteln.

Ein kleiner Winsler ist alles.

Als Nika sieben Wochen alt ist, erobert sie sich das Tollste, was einem kleinen Hund passieren kann. Das ganze Herz des großen, starken, unbesiegbaren Billy.

Später, nachdem ich einen todmüden kleinen Briard zurück zu ihrer Mama und ihren Geschwistern gebracht habe, drehe ich noch eine Runde mit meinem geduldigen, toleranten, nicht-aggressiven Nicht-Labrador-Mix um den See. Abseits und auf Schleichwegen. Ich horche auf unsere Schritte und meine Gedanken schweifen zurück. Wie toll er das gemacht hat. Wie gar nicht ich das von ihm erwartet habe. Wie meine Welt auf einmal doppelt so groß ist, weil er der kleinen Nika nichts getan hat. Wie unmöglich und wie perfekt alles ist, gleichzeitig. Und irgendwo zwischen all diesen Gedanken höre ich, *Es ist einfach. Sie gehört zu dir. Und ich bin dein Begleiter.* Ja. Manchmal vergesse ich, wie einfach alles ist.

Damit wir keine Schlammspur in Frau Hörndls Treppenhaus hinterlassen, trockne ich ihn gründlich ab, meinen Begleiter. Und da sehe ich's. Lauter kleine blutige Löcher. Überall. In seinen Ohren, in seinem Hals, sogar in seinen Lefzen. Lauter Welpenzahnbisse. Er sieht aus wie getackert.
»Oh, Billy!« Meine Wundertüte. Er ist wahrscheinlich tatsächlich einfach … anders.
Neurodivergent.

Als Nika zehn Wochen alt ist und so groß wie Fritzis fauler Kater, inseriert Fritzi die Welpen: *Zehn reinrassige Briard-Welpen ausschließlich in hundeerfahrene Hände abzugeben.*

Zehn, nicht elf. Denn der Gedanke, dass jemand anderes Nika abholt, ins Ungewisse, kommt nicht einmal im Ansatz in Frage. Das bedeutet auch das Ende unserer Zeit im Dachgeschoss bei Frau Hörndl. Weil zwei Hunde – und Briards sind große Hunde – kann ich weder ihr noch ihrem Tulpenbeet antun.
Also.
Wälze ich den Immobilienteil im lokalen »Blauen Blattl«. Der umfasst 20 Seiten. Und ist von vorne bis hinten für die Katz. Weil irgendwann, nach dem zigsten »Naaa, tut mir leid, Hund kommt mir keiner ins Haus« und »Den Dreck, den die machen. Und verkratzen die ganzen Böden« und »Ich lass mir nicht meinen Garten von dene' Sauviecher zuscheißen« … irgendwann kotzt's mich einfach an. Der ewig gleiche Vermieter-Talk über Hunde. »Dann schieb dir deine verfaulte Bude in deinen …

sonst wo!«, fauche ich ins Telefon, in ein mir völlig unbekanntes Ohr. »Tausendmal lieber schlaf ich in einem Zelt, bevor ich bei jemandem wie dir einziehe.«
Peng. Aufgelegt.

In meiner Wut donnere ich mit meinem Mountainbike (das ich hinter Tilos Mülltonnen herausgezerrt habe, und was soll ich sagen – es ist immer noch eine geile Karre. Nur XT-Komponenten. Laufnaben aus der Schweiz. Ein Rahmen, auf den ich passe wie angegossen ...).
Ich donnere also auf meinem Mountainbike über den Berg. Und überlege, wie ich Zelte googeln werde. Jurten. Tiny-Häuser. Schrebergärten. Almhütten. Die können mich alle mal! Und donnere weiter, durchs Nachbartal und wieder zurück ... An einem Schild vorbei.
Schild ist gut gesagt.
Roter Edding auf weißem Karton. Mit Draht an ein schiefes Gartentor gefädelt.
Ich ziehe die XT-Bremse voll an und scharre eine schlingernde Spur in den Kies.
Zu vermieten.

Es ist ein 60er-Jahre-Bungalow. Das Areal außenrum kann man nicht wirklich als Garten bezeichnen. Eher ist es ein Verhau aus Dornen, irgendwelchem Gestrüpp, abgeknickten Bäumen, einem Vogelhaus aus welligem Sperrholz und neben der Einfahrt stinkt ein schwarz verschlammter Gartenteich vor sich hin.
Aber es hat einen Zaun. Maschendraht. Rundherum.
Zimmer hat's zwei. Zweieinhalb. Das eine ist die Wohnküche mit Kaminofen. Das andere ist das Schlafzimmer, bedingt beheizbar mit Warmluftrohr vom Kaminofen weg. Angrenzend daran ein halber kahler Kaltraum. Dort, denke ich, werde ich in Zukunft meditieren. Yoga machen. Meisterschaft über

mich selbst erringen, in diesem scheußlichen Raum. Die Fenster im ganzen Bungalow sind zu groß für ihre billigen Scharniere und um meine Knöchel weht eine Zugluft, die locker ein Teelicht ausblasen kann.

Es ist... perfekt.

Ich kann sofort einziehen. Hunde kein Problem.

Yippee-Ya-Yeah!

Tilo muss mir versprechen, dass sie für immer meine Nachbarin bleibt, auch wenn ich woanders wohne. Sonst schaff ich's nicht. Und auch der Abschied von Frau Hörndl fällt mir schwerer als gedacht. Sie schnieft, als Anika, Thomas (der Feuerwehrler vom Königssee) und sein bester Kumpel Patrick in weniger als 40 Minuten meine komplette Wohnung an ihr vorbeitragen und in einen Lieferwagen von Thomas' Baufirma packen. Die beiden sind dabei wunderschön anzuschauen mit all ihren Muskeln, riesigen Händen und den lässigen Jeans. Patrick ist Architekt. Auch wenn er alles andere als so aussieht. Und als er mich angrinst, so schief und nett, und fragt, ob ich in der neuen Wohnung jemanden brauche, der mir meine Möbel wieder zusammenbaut, dann finde ich keinen einzigen Grund, Nein zu sagen.

Patrick ist witzig, sportlich, klug, bescheiden und wirkt wie ein heller Fleck am trüben Himmel. Ich könnt's mir wirklich vorstellen, auf dem wackligen Gasherd in der Küchennische Spaghetti zu kochen, während Patrick Schrank schraubt. Carbonara vielleicht, da müsste ich nur den Speck kaufen, alles andere gibt mein vegetarischer Küchenumzugskarton noch her. Und später, auf der Terrasse, könnten wir ein Bier trinken, mit Blick auf dürre Bäume und Dornenverhau. Es könnte vielleicht... romantisch werden?

Weil …

Es wäre irgendwie höchste Zeit?

Tja. Patrick schraubt tatsächlich mein Bett und meinen Schrank zusammen. Kunstvoll und schnell. Ich koche tatsächlich Spaghetti Carbonara. Einmal mit Speck für ihn, einmal ohne für mich. Wir trinken tatsächlich ein Bier auf der Terrasse. Und es wäre tatsächlich um ein Haar romantisch geworden.

Aber dann fangen wir an, von unseren Ex-Lieben zu erzählen. Wie's zwei Idioten einfach machen müssen. Es stellt sich heraus, Patrick hängt an seiner mindestens genauso hoffnungslos wie ich an meiner. Das können wir nicht ändern. Leider. Wir versuchen's trotzdem. Mit noch einem Bier. Und noch einem. Ich finde sogar einen verstaubten Pernod im ansonsten leer geräumten Keller. Wir enden zu dritt in meinem neu aufgebauten Bett. Rechts Patrick, sturzbetrunken, mit Anorak und Mütze auf, in der Mitte Billy und links ich. Im Toter-Hase-Schlafsack. Alle unsere Bemühungen haben nichts genützt.

Nichtsdestotrotz steht an meinem ersten Morgen im neuen Haus ein halb nackter Adonis in meinem Bad und versucht, sich zu rasieren. Für's Büro. Das Badfenster zeigt direkt zu meinen Nachbarn. So was wie Vorhänge oder Jalousien habe ich natürlich noch nicht. Und der Adonis ist ein Trugbild, aber das sieht man ja von außen nicht. Dazu rast Billy, den ich eigentlich nur zum Pinkeln rauslassen wollte, wie ein Berserker an ihren Gartenzaun. »WHARRR, WHARRR, WHARRRRRR!!!«

»Billy! Aus!« Und vor meine Tür tritt ein Wesen wie Gollum. In Mütze, Unterhemd und Boxershorts. »Äh … Guten Morgen!« Das wiederum ist kein Trugbild. Das bin ich.

Wir sind, glaube ich, nahtlos in unserem neuen Zuhause angekommen. Billy und ich.

So. Und jetzt … holen wir unsere Nika!

»Welpen vermitteln ist echt ein Knochenjob.« Fritzi schnäuzt sich. Nika ist die Letzte. Alle anderen sind schon abgeholt. Geschwister, die man nie wiedersehen wird. »Welpen werden groß und müssen raus in die Welt.« Sie lächelt ein paar Tränen weg. »Auch wenn's uns tausendmal zu schnell geht.«

Ich nicke. Mir geht auch alles tausendmal zu schnell. Die Zeit… frisst mein Leben auf. Irgendwann, bald, muss ich lernen, mitzukommen mit der Zeit. Die Welle erwischen. Gleichgewicht halten. Surfen wäre die Lösung.

»Ich mach einfach einmal im Jahr ein Welpentreffen«, schnieft Fritzi.

Billy ist der Einzige, der nicht sentimental wird. Er sitzt aufrecht wie ein Pfeil auf seiner Rückbank. Sein Adlerblick scannt Fritzis Garten. Nova lässt sich aufseufzend unter den Kirschbaum fallen. Und unter der Terrasse… lugt eine kleine Fellschnauze heraus. »WHFFF.«

Tappel-tapp, tappel-tapp, kommt sie daher. Im Hoppelgalopp. »Hey, Nika.« Fritzi wuschelt durch ihr Fell. »Wir seh'n uns. Du halbe Portion.« Pflopp, hat sie sie hochgehoben und drückt sie mir in den Arm. »Tschüss!!«

Und das war's.

Ich setze Nika in ihre – mittlerweile höhere – Schachtel im Beifahrerfußraum. »Nika, sitz«, sage ich. Aber das wird nix. Sie krabbelt einfach raus aus der Schachtel und zu Billy auf die Rückbank.

Unser erster Stopp ist eh bei der Zoohandlung Halber.

Das Erste, was ich sehe, ist ein wunderschöner runder Bauch in Leopardenstretch.

Sylvia ist schwanger. Sie hat noch zehn Wochen, aber morgen ist schon ihr letzter Arbeitstag.

»Hallo«, krächze ich. »Wow, herzlichen Glückwunsch!« Und rechne, wann ich das letzte Mal hier war. Nach dem Fiasko mit Bea.

Sylvia sieht überglücklich aus. Strahlend. Kugelrund. Wie eine Sonne. Wie der Beweis, dass man strahlen und leuchten kann, auch wenn einem das Leben echt schon ein paar eingeschenkt hat.

»Wie geht's euch denn? Mit dem Hundetraining?«

Ich sage, »gut«. Und grinse zu meinem VW-Bus hinaus. »Ich brauche einen zweiten Hundekorb. Eine Transportbox und ein kleines Brustgeschirr, vielleicht in Pink …«

»Ooohhh!!«, juchzt Sylvia. »Habt ihr einen zweiten Hund?«

Ich nicke. Und grinse. Grinse genauso breit wie Sylvia. Leuchte genauso hell.

Und natürlich watschelt sie raus, um Nika kennenzulernen.

»Ach Gott, ist die süß! Ach, da freu ich mich für euch!«, lacht Sylvia. »Und ich würd ein Geschirr Größe M nehmen.«

»M??«

»Ja, locker.«

Wir gehen zurück in den Laden und suchen ein paar Geschirre zum Probieren aus.

Tatsächlich.

M.

Ich staple also eine Transportbox, zwei Hundebetten, einen Arm voll Ochsenziemer, eine Tüte Leckerlis auf Insektenbasis, einen Kaustrick und ein pinkes Brustgeschirr Größe M in den Bus. Wünsche Sylvia, dass es rote Rosen und Champagner auf sie regnet, sobald sie wieder darf, und fahre heim mit meinen zwei Hunden.

Billy bellt schon in der Einfahrt. »WHORR! WHORR! WHORR!«

Der Motor läuft noch. Und Pearl Jam. Es ist laut im Bus. Er

kann von draußen gar nichts hören. »Billy, da ist kein Mensch.«
»WHORR!«
Ich hebe Nika aus ihrer neuen Transportbox und lasse sie auf meinem Arm, während ich Billy abschnalle. Sofort springt er raus. Wirft einen Blick um sich. Und patrouilliert am Zaun auf und ab: »WHORR. WHORR.«
Einmal ums Haus: »WHRRR… WHARRR, WHARRR, WHARRR!«
Ich rufe: »Billy!!« Und leise: »Schau mal, Nika, wo wir wohnen. Schön, gell?«
Ich merke erst an der Haustür, dass ich sie immer noch trage. Sie hat ihre Vorderpfoten und ihren Kopf auf meine Schulter gelegt. Ich mache mit einer Hand die Tür auf. Hänge mit einer Hand die Leinen an die Garderobe. Entsperre mit einer Hand mein Handy und höre Anikas Sprachnachricht ab. »Ruf mich an, sobald ihr zu Hause seid!«
Ich trag sie, ohne nachzudenken, durchs Wohnzimmer und auf die Terrasse. Ein kleiner Grunzer neben meinem Ohr. Eine kalte kleine Nase mit Fell. Meine Arme haben ihre Aufgabe gefunden. Innig. Nah. Für einen Moment erlaube ich mir das Gefühl. Und noch ein paar Sekunden drauf, als Reserve. »Mein kleiner Schatz.«
Auch wenn das nicht der Rolle des Hundes in einem gesunden Sozialgefüge entspricht. Wir leben in einer verkorksten Welt. Wir sind geschundene Herzen. Also scheiß drauf, wenn ich für drei Minuten ein kleines – oder mittelgroßes – Fellmonster an mich drücke, es küsse und ihm sage, wie toll es ist.
Ich mach nachher gleich Erziehung.
Sitz kann sie eh schon.
»Du bist der süßeste Knopf überhaupt!«
So.
Und dann kommt Billy angetrabt, mit seinen langen federnden Schritten. Schaut nach, was wir machen. Und schlagartig ist's vorbei mit Kuscheln. Ich setze eine ungeduldige, tatzenrudern-

de Nika auf den Boden. Und weg sind sie.

»HAWFF.«

»Whiff, whiff, whiff.«

Ich folge.

Wie's eine bedachte Hundebesitzerin eben tut. Wohlüberlegt laufe ich dorthin, wo meine Hunde hinlaufen. Schaue auf nichts anders mehr als nur auf meine Hunde, und wenn die Welt indessen untergeht. Sie sind ja so süß miteinander. Sie sind ein Wunder und es spielt sich direkt vor meinen Augen ab.

Mein Gott, die zwei … Wie an einer Schnur gezogen tappelt Nika hinter Billy her. Schnüffelt jeden Grashalm an, den er anschnüffelt. Steckt die Nase in ein Mäuseloch, wenn's er tut. Schlabbert Wasser aus dem schwarzen Teich, synchron mit ihm. Sie ist sein Minischatten. Sie ist sein Gegenteil und genau, was gefehlt hat.

Ich erzähle jedem, Anika, meinen Eltern, meinen neuen Nachbarn, Patrick, sogar meiner Therapeutin, nur noch von Billy und Nika. Ich sprudle über vor Ereignissen. Wie Nika genau unter Billys Bauch passt, und sie dann aussehen wie ein Stapelhund. Wie ich »Sitz« übe mit Billy, und Nika macht's einfach nach. Wie ich alle meine Schuhe jetzt an der Garderobe aufhänge, weil ich sonst nur noch mit zerkauten Fetzen an den Füßen rumlaufe. Wie wir stundenlang an der wilden Isar Verstecken spielen. Wie Nika den Komposthaufen entdeckt hat. Und seitdem in alter Affenmanier über das Holzgestell hinaufkrabbelt, um an das gute Zeug zu kommen. Wie sie alles frisst. Einfach alles. Auch Dinge, die Billy in seinem Leben nicht anrühren würde …

Nein, mir ist eigentlich keine Geschichte zu banal. Nicht wirklich.

Auch dem WildEnHund erzähle ich von Nika. Rufe ihn an, aus keinem anderen Grund, als ihm zu sagen: Ich hab einen kleinen Hund, und stell dir vor, die findet Sachen! Wenn ich zum Beispiel mit Billy »Dummy« übe, endet das darin, dass Nika losrast, sich als Erste den Ball schnappt und ihn quer durch den Garten zerrt, während Billy am Zaun Wache schiebt.

Da lacht er, der WildEHund. »Das kann ich mir vorstellen, was das für eine ist …«

»Ja, ist sie.« Der Stolz auf meinen Hund kann sich aus dem Nichts in mir ausbreiten. Innerhalb einer Sekunde. Auf die Größe eines mittleren Sonnensystems und darüber hinaus.

»Aber pass auf, dass der Billy nicht zu viele eigenständige Entscheidungen trifft«, rät mir der WildEHund. Und ich höre die Zahnräder in seinem Kopf ineinanderklacken.

Nicht ideal, wenn Billy zu viele eigenständige Entscheidungen trifft.

Aber ich schüttle den Kopf und sage: »Alles gut.«

Wir haben einen Zaun. Maschendraht. Hinter diesem Maschendraht leben wir im Paradies. Ich kann einfach ganze Tage damit verbringen, Billy und Nika beim Hundsein zuzuschauen. Mache nebenbei einen völlig konfliktfreien Job als Texterin für einen Sportartikelkatalog und fühle mich zum ersten Mal in meinem Leben wie eine Made im Speck. Mit Löchern im Rasen. Ohne Leine. Voller Fuchsdreck.

Das sind ein paar große Träume – wahr geworden.

Und ich habe ein Date.

Ein wirkliches, reales, tatsächlich stattfindendes Date mit einem neuen Mann.

Ein Kollege von Patrick.

Anika findet zwar immer noch, Patrick und ich wären perfekt füreinander. Beide so lange schon Singles. Beide so traurig.

Und beide solche … Yetis. Aber Patrick und ich, wir müssten uns so abmühen, so kämpfen um einen Funken. Wenigstens einen halbherzigen. Der niemals eine Flamme wird. Das wäre noch trauriger.

Jedenfalls, Patrick hat diesen Kollegen. Auch ein Architekt, logischerweise. Ich bin ihm wohl aufgefallen, auf einer Vernissage bei Anika. Er mir nicht. Aber egal. Er heißt Andrew und hätte gerne meine Nummer. Meint Patrick.

Nur als Idee …

Die Entscheidung war auf einmal glasklar.

Wenn Single-mit-Billy-und-Nika nicht meine Endstation sein soll, muss ich was ändern. Ich muss was machen. Ein weißer Ritter mit glänzendem Pferd wird nicht auftauchen. Ein grüner Jäger mit rostigem Suzuki auch nicht.

Also. Treff ich Andrew, den Architekten. An einem Abend, an dem Anika keine Vernissage, keine Sonderausstellung und keine lange Nacht der Kunst hat und auf die Hunde aufpassen kann. Nika ist ja noch klein.

Okay, »klein« ist vielleicht nicht mehr das richtige Wort für sie … aber trotzdem. Sie war noch nie allein.

Also. Andrew ist aufgewachsen in Südafrika. Blond. Belesen. Politisch interessiert. Ein Feminist, sagt er. Pro Diversität. Und Gitarre spielt er auch. Klassisch und Blues. Das hat er mir alles schon am Telefon erzählt. Im Prinzip könnte ich auf »sofort kaufen« klicken. Keine Zeit verlieren, zack, peng, und weiter.

Aber zuerst das Date. In München treffen wir uns. Wir gehen ins Kino. Den neuen Kaurismäki. Seine Wahl. Dann einen Cocktail trinken. Bei dem wir über die Dramaturgie der Entpersönlichung sprechen. Dann spazieren wir romantisch durch den Hofgarten. Es ist eine laue Nacht. Wir sind zwei freie Menschen. Er fragt, ob er mich küssen darf.

Er macht alles richtig.

»Hauptgewinn!«, konstatiert das Lehrbuch. Und natürlich küsse ich ihn.

Es ist zum Aus-der-Haut-Fahren. Wirklich. Ein gut aussehender Mann mit allen Attributen. Und Gitarre. Und pro divers. Und leider … langweilig. Fürchte ich.

Aber ich geb noch einmal alles. Ich umschlinge sein Bein mit meinem. Fühle, suche Reibung. Einmal in fünf Jahren könnt's doch klappen. Ich hab's langsam echt satt. Ich zieh das jetzt durch. Ob ich will oder nicht. Und ein zweites Date sag ich auch zu: »Ja, sehr gerne, vielleicht nächste Woche.«

Okay, abgehakt. Damit ist's für heute irgendwie erledigt. Neues Date nächste Woche. Und tschüss.

»Ich ruf dich an«, lächelt Andrew. Charmant. Latent beeindruckt von sich selber. Aber bevor er den nächsten Kuss verbal einleiten kann, bin ich heimgefahren.

Anika hat gefühlt 130 Fotos von den Hunden geschickt. Denen geht's gut.

»Wie war's???«, schreit sie mir schon von der Haustür entgegen. Ihre Augenbrauen wackeln suggestiv dabei.

Gleichzeitig werde ich überrannt von etwas Hellbraunem. Die Welt um mich herum zappelt und springt an mir hoch. Ich schnappe die riesigen Schlappohren und drücke Nika einen Kuss auf die Stirn.

»Gut«, antworte ich. Auf Anikas Frage. Wie das Date war.

»Wieso bist du dann schon zu Hause??«

Ich zucke mit den Schultern. »Dramaturgie der Entpersönlichung.«

Und dann lande ich auf dem Hintern. Weggefegt von einem halbwüchsigen Briard und einem schwarzen Muskelpaket, die einander wie zwei Irre um den Bungalow verfolgen.

Wusch-sch – Billy. *Wusch-sch* – Nika. Und weggefegt ist jegliche Entpersönlichung. Jegliches Konstrukt. Jegliche Verbalität. Mein Herz macht Saltos. Ich liebe diese zwei Idioten. Mit einer Vehemenz, die Andrews Version von Emotion einfach blass aussehen lässt.

Anika liebt sie auch. Nur mit ein bisschen mehr Autorität als ich. Sie sagt einmal, »hopp hopp, alle ins Haus!«. Und schon liegen beide Hunde brav neben dem Ofen und Anika quer auf meiner Couch.

Meine Welt ist komplett.

Ich würde zehn Dates mit Andrew absagen für einen Abend mit Anika, Nika und Billy. Zwanzig Dates. Ich schmelze Schokolade in einem Topf, schneide Bananen in Scheiben und höre mir ihre Geschichten aus der Galerie an. Was Thomas zur aktuellen Ausstellung sagt. Welche Clubs neu aufgemacht haben. Welche Bands gerade voll abgehen. Und dass Thomas voll oldschool ist, was Musik angeht.

»Wer??«, frage ich.

Sie grinst mich schief an. Ganz untypisch schief. »Thomas …«

»Unser Thomas? Vom Königssee?«

Sie grinst stumm weiter.

»Bester Freund von Patrick, der bei Billys Pitbull-Fight dabei war und mit dir in der Kasermanndl-Bar gewartet hat? Der Thomas??«

»Ähm …«, stammelt Anika. Und wird rot. Herz. Kirsch. Rot.

»Ich hab's gewusst!«, juble ich.

Anika streitet's zwar ab, aber aus den beiden wird was Großes. Ganz sicher.

L-O-V-E – das kann ich mittlerweile mit meinem Körper buchstabieren, Yoga sei Dank.

»Hör auf! Es ist nur so ein Ding … Eine Momentaufnahme«, nuschelt Anika. Da täuscht sie sich. Aber wenn's ihr fürs Erste mit »Momentaufnahme« besser geht, füge ich mich und lasse sie Andrew googeln.

»Sehr schick«, ist ihr erster Kommentar.

Ich nicke.

»Hat… Charisma.«

Ja, hat er bestimmt.

»Liebt Kultur und Kunst.«

Alle Architekten lieben Kultur und Kunst.

»Vielleicht war er einfach nervös.«

Nein.

»Also, einmal versuchst du's noch.«

Ich nicke.

Sie nickt auch. Zufrieden. »Aber trotzdem brauchst du ein Profil auf love-match!« Zur Sicherheit. Doppelt gemoppelt.

Ich purzle rückwärts in die Couchkissen. »Niemals!«, kreische ich. »Auf keinen Fall!«

Es ist ein Uhr nachts. Ich sitze wehrlos auf meinem heruntergeklappten Klodeckel. Gesicht geschrubbt. Oberlippe gewachst. Und Anika zupft meine schilfrohrdicken Augenbrauen, bis ich aussehe wie Henry Maske nach dem Kampf. Die resultierende Schwellung kühlt sie mit Gurken und Heilerde wieder runter. Macht ein Kunstwerk aus meinen Haaren und zum Schluss ein tatsächliches Gesicht aus meinem Gesicht.

Dann die Fotos.

Haare offen. Haare hochgesteckt. Lachen mit Zähnen, lachen ohne Zähne. Sinnlich? – lieber nicht. Mit Pulli. Ohne Pulli. Vor dem Ofen. Auf der Couch. Im Spiegel. Im Kopfstand in meiner Yoga-Zelle. Mit Kussmund, mit schmollendem Gesicht. Fotos bis an mein Lebensende.

Die besten sind die von den Hunden.

Echt jetzt. Ich nehm eins von den Hunden.

Dann der Text:

Starkes Single-Frauchen sucht Freiheit, Fahrtwind und einen Beifahrer ohne Hundeallergie.

Na ja.

Glück ist eine Frage der Freiheit, sagt mein Hund. Schreib uns nur, wenn du dich traust.

Mhm. Einer noch.

Wer einzigartig ist, findet nicht leicht einen zweiten. Du auch?

Egal.

Wir trinken den restlichen Pernod. Rufen Thomas – *Anikas* Thomas – an, um ihm vorzulesen, was in meinem Profil steht. Er versteht uns kaum unter unserem Gekicher. Trotzdem empfiehlt er uns, die Entwürfe einfach mal zu speichern und morgen hochzuladen.

»Gute Idee, du toller Mann!«, gurrt Anika.

Es wird eh bald hell. Morgen ist quasi jetzt. Und als der erste Sonnenstrahl in der goldenen Kugel auf der Kirchturmspitze blitzt, ist mein Profil online.

Ich mache Kaffee.

Lasse barfuß meine Hunde zum Pinkeln raus. Der Zeitungslieferant winkt mir von draußen zu.

»WHARRR, WHARRR, WHARRRRR!!!«, grollt Billy am Zaun.

»Billy! Schluss!«

»WHOARRRRR, WHOARRRRRRR, WHOARRRRRR!!!«

Der arme Zeitungslieferant. Ich muss mir was ausdenken, damit Billy ihn in Ruhe lässt. Vielleicht mit Wiener Würstl…

Aber wenn ich ehrlich bin, hat's mir der WildEHund ja schon gesagt. »Pass auf…« Und wenn ich ehrlich bin, blinkt vor meinen Augen schon länger das Wort *Hundetraining*. In Leuchtschrift. Ich fühle jeden Buchstaben.

H u n d e t r a i n i n g.

Uagh.

»Du bist schon zweimal ge-love-matcht!«, schreit Anika durch einen Mund voll Zahnpasta aus dem Bad.

Ich blinzle die Leuchtbuchstaben, die ich nicht lesen will, aus meinem inneren Gesichtsfeld. Der Rest der Welt flimmert in einer abgefahrenen Schattierung von Blasstürkis. Aber ich bin ge-love-matcht. Das ist doch was.

Zwei Tage später ruft Anika mich an. Ich höre leise Stimmen im Hintergrund und das Klirren von Cateringgläsern. Galeriegeräusche.

»Setz dich mal kurz hin«, sagt sie.

»Wieso?«, frage ich. Skeptisch. Misstrauisch.

»Sag ich dir gleich. Sitzt du?«

»Ja.«

»Nein, wirklich. Setz dich irgendwo hin.«

Na gut. Ich setze mich auf die kleine Stufe vor meiner Haustür. Billy verbellt einen Mountainbiker am Zaun. Das muss ich echt demnächst unterbinden. Aber wenn ich ihm hinterherrenne und schimpfe, wird's eher schlimmer. »Billy!« »WHOWWW, WHOWW!!« Und Nika rast neben ihm her, als wäre es das lustigste Spiel. Dann kommt sie zu mir und schleckt mir übers Gesicht. »Ah, pfui bäh!«

»Kilian ist getrennt.«

...

Okay.

Okay.

Das dauert jetzt ein bisschen. Bis die Info das Wabern in meinem Gehirn durchdringt. Kilian ist getrennt. Okay. Was soll ich jetzt machen – rüberfahren und fragen, ob er mich jetzt vielleicht zurückhaben will? Wär doch praktisch. Aaaaah!!

Ich war an einem guten Ort. Ich habe gute Schritte gemacht. Wichtige Schritte. Ich habe viel mit Billy gearbeitet. Wir haben unsere Freiheit zurück, dank zwölf Metern Seil und einem

Maschendrahtzaun, der rein optisch eine Zumutung ist, aber für mich bedeutet er das Paradies. Wir haben die Nika. Wir sind jetzt ein Rudel. Ich habe fast alle Umzugskartons ausgepackt. Bis auf zwei oder drei. Ich mache Yoga. Ich bin schon zweimal ge-love-matcht. Übermorgen ist mein zweites Date mit Andrew, verdammte Hacke.

Und mit einem Anruf zieht es mir den Boden weg. Gähnende Leere unter mir. Das habe ich nicht kommen sehen. Ich muss irgendwas tun. Egal was. Eine Aufgabe. Einfach machen. Ich schaue mich um. Ich stehe in meinem Garten. Über die Hälfte davon ist von Dornen überwuchert. Brombeerdornen. Fest verankert in der Erde. Dornen überall.

Sehr gut! Das werde ich machen. Ich werde den Garten von Dornen befreien. Mit der Hand und einer kleinen Axt. Hervorragend.

Wortlos fange ich an. Rupfe. Hacke. Schau weder links noch rechts. Sieben Anhänger voll. Meine Arme sind kaum mehr ansteuerbar. Aber ich rupfe weiter. Der Wertstoffhofmitarbeiter winkt nur noch, wenn ich vorbeifahre. »Um fünfe mach' ma zua. Oaner geht no!« Und ich grüße ihn mit einem Victory-Zeichen.

Ich bin ein Terminator ohne TÜV.

Staunend stelle ich fest, dass mein Garten jetzt doppelt so groß ist. So groß, dass ich richtig Dummytraining machen könnte. Während ich Dornen ausreiße.

»WHORRRR, WHORRRR, WHORRRR!!«

»Wiff, wiff, wiff, wiff, wiff!«

Zwei Wanderinnen mit Walkingstöcken. »Billy. Aus.«

Ich werfe ihm seinen Ball. Damit er beschäftigt ist. Damit er nicht ständig am Zaun kläfft. In voller Lautstärke. Die Nachbarn wollen in Ruhe auf ihrer Terrasse grillen. Passanten haben Angst. Meine Nerven sind nicht die besten. Und ich muss Dornen ausreißen. Mich konzentrieren auf diese eine Sache. Mein Gleichgewicht wiederfinden.

Fünf Jahre. Das ist lange. Aber die Zeit ist ein Osterhase. Anders verpackt kann man sie auch als Nikolaus verkaufen. Das ist, was ich denke, als ich ein Auto den Hügel herauffahren höre. Ich habe einen besonders dicken Dornententakel gepackt und hole gerade massiv Schwung, um ihn samt der Wurzel auszureißen. Wie die Sehnsucht. Wie die Angst. Wie die Unfähigkeit. Mit der Wurzel ausreißen.

Und registriere ganz außen an der Peripherie meiner Hörzentrale das Knirschen von Kies unter Reifen.

Kein Hundegekläffe, denke ich.

Ich habe nichts bestellt, denke ich.

Und reiße mit aller Kraft an meiner Brombeertentakel. Bewegt sich keinen Millimeter.

»WHFF«, höre ich. Und wundere mich drüber. Das war Billys Stimme. Jemand spricht mit ihm. Leise. Freundlich. Hat sich jemand verirrt? Und fragt vielleicht die Nachbarn nach dem Weg? Was ist mit Billy los? Warum kläfft der nicht am Zaun …?

RATSCH macht das Wurzelgewebe und ich taumle rückwärts.

»Au! Scheiße!«

Jemand sagt: »Hallo.«

Vor meinem Garten.

Und Billy japst leise.

Kein Gebrüll. Kein »WHORR! WHORR!«

Ich krabble hinter meinem Dornenhaufen hervor. Was ich sehe, ist ein schwanzwedelnder Billy mit einem riesigen Hundegrinsen und den Pfoten oben auf dem Tor. Ein Suzuki mit offenem Verdeck parkt in der Einfahrt. Und Kilian unterhält sich mit meinem Hund. »Ja, Billy-Bongo. Servus. Geht's dir gut? Hast gut auf dein Frauchen aufgepasst, wie wir's ausgemacht haben?« Nika springt auch am Gartentor herum. Was da wohl Tolles passiert.

Und ich stehe da wie im falschen Film.

Über Zaun und Hunde hinweg schaut er mich an. Schüchtern, wie er ist. Auch wenn man das von außen betrachtet nicht glauben mag.

»Was is' los?«, frage ich. Von allen Wörtern auf der Welt wähle ich diese. Die drei Wörter, die diesem Anlass am wenigsten entsprechen. Und doch sind sie die einzige Frage, auf die ich eine Antwort brauche. Was ist hier los!?

Er zuckt mit den Schultern. Fragt nicht, ob er reinkommen darf. Schielt mich stumm und verunsichert an. Ich rupfe ungeduldig eine Dorne aus meinen zotteligen Haaren. Klopfe an den Lehmbatzen an meinem Hintern herum, ohne etwas zu bewirken, und weiß nicht, was ich tun soll.

»Ich hab… mir gedacht… auch damals… wenn mein Leben anders gewesen wäre…«

Ich nicke. Meine Zähne knirschen.

Ich hab einen langen Weg hinter mir. Ich hab ein Haus gefunden für meine Hunde und mich und sieben Hänger voll Dornen ausgerissen.

Kilian angelt etwas aus seiner Karre. Ein Magnum Mandel für mich und ein Classic für ihn. »Ich hab übermorgen ein Date«, platzt es aus mir heraus.

Er hält den Kopf schief, wie er's immer tut. »Mit wem denn?«

»Ein Architekt.«

Er nickt.

Ich gehe einen Schritt auf ihn zu. Er schaut fragend auf das Gartentor. Ich mach's ihm auf. Und Billy, der sonst jede Gelegenheit nutzt, um abzuhauen, stupst Kilian an der Hand und trabt fröhlich voraus zum Haus.

»Der hat ein paar Kilo dazubekommen, hm?«, murmelt Kilian.

»Ungefähr zehn. Alles Muckis.«

»Ein toller Kerl«, sagt er mit leisem Kopfschütteln. Fünf Jahre. Das ist echt viel Zeit.

Ich stelle ihm Nika vor. Die schnuppert aufgeregt an seinen Schuhen. Alle Hunde schnuppern an Kilians Schuhen. Die riechen nach Hirsch. Wie viele Dekohirschgeweihe ich die letzten fünf Jahre deswegen ignoriert habe. Es ist doch nicht zu fassen.

Kilian hält immer noch die beiden Magnums in der Hand. Aber bevor ich eins nehme, muss ich eine Sache klarstellen. »Dieses Date. Der Architekt. Der ist ernsthaft auf der Suche und ich will… ich will eine Familie, bevor ich zu alt bin.« Kilians Brustkorb hebt sich. Genauso ein Erdbeben wie ich. Fragend hält er mir das Magnum hin. Und ich nehm's. Die Berührung ist wie ein blauer Blitz auf meiner Haut, aber warum wundert mich das überhaupt.
Wir setzen uns hinter meinem Dornenhaufen ins Gras. Das ist ein guter Platz. Gemütlich, windstill, mit Aussicht auf Bäume. Nika kugelt sich grunzend neben mir, Tatzen in der Luft, und Billy plumpst neben Kilian. Ein großer Seufzer. Als wäre er nach einem langen, langen Marsch am Ziel.
Mein Begleiter.
Kilian kratzt ihn am Ohr, sagt: »Ja, ja, hast es schwer« und hält mir grinsend sein Magnum hin zum Anstoßen. Prost! Wir sitzen wie in einem Zeitloch hier. Die Welt hat sich ohne uns weitergedreht.

Wir reden. Stundenlang. Über Billy. Über die Arbeit. Über gemeinsame Freunde, über Anika, über meinen VW-Bus und warum ich nie eine Weltreise machen werde. Übers Davonlaufen und übers Daheimbleiben. Über Energie und ob es sein kann, dass man jemanden über große Entfernung wahrnehmen kann? Instinktiv, unmittelbar, wie's Tiere manchmal können? Ob Kilian vielleicht mich über die Entfernung wahrgenommen hat? An seinem Geburtstag, in der Pizzeria, hat er an mich gedacht. Wollte unbedingt nachschauen, wie's mir geht. Aber es wäre falsch gewesen, einfach aufzutauchen…
»Hah!«, prustet es aus mir heraus. Und ich schüttle leise den Kopf.

Es ist, was es ist.

Wir bleiben hinter dem Dornenhaufen sitzen und reden, bis es dunkel wird. Alles ist klamm und kalt. Kilian müsste zurück in sein Revier. Ich müsste noch zwölf Allround-Ski für den Sportkatalog texten. Aber keiner von uns steht auf. Billy ist irgendwann zur Terrasse gedackelt und schläft auf dem Fußabstreifer vorm Wohnzimmer. Nika liegt wie ein Donut in meinem Schoß. Auf den ersten Blick sieht man gar nicht, wo sie anfängt und wo sie aufhört.
Die Zukunft, auf die ich zusteuern wollte, verschwindet aus meinem Blick. Und es macht mir nichts aus. In mir drin ist alles ruhig. Ein Schiff im Hafen.
Wir sitzen da bis Mitternacht. Dann geh ich rein und Kilian fährt nach Hause. Wir versprechen uns nichts. Er hält nur kurz meine Hand. Ein Blick. Und dann ist er weg.
Es ist surreal. Ich muss durch alle Räume in meinem Bungalow gehen, Türen, Wände und Möbel berühren, damit die Dinge wieder Materie werden. Nika torkelt schlaftrunken neben mir her. Genauso übermüdet und durcheinander wie ich. Nur Billy grunzt, tiefenentspannt, vor dem Ofen.
Andrew hat geschrieben. Wir könnten uns dieses Mal in Schwabing treffen. Er nennt mir die Adresse einer kleinen, aber schicken Galerie. Ich krame meine Wollmütze unter meinem Kopfkissen heraus und krabble unter meine nagelneue Bettdecke. Übergröße. Damit ich nicht jedes Mal, wenn nachts ein Hund aufs Bett steigt, halb erfriere.

Schwabing ist ganz okay. Die Künstlerin ist eine Bildhauerin. Anika hat schon ein paarmal erzählt von ihr. Sie stellt sich selbst dar, in ihren Skulpturen. In Eisen, Holz und Kunststoff.

Ich mag ihre Art, sich zu sehen. Sie legt sich auf keine Körperform fest. Ich glaube, sie zeigt sich, wie sie sich fühlt. Mal aufgeblasen, mal zittrig instabil, mal zerborsten. Das ist reine Spekulation. Aber wenn ich die Skulpturen anschaue, erinnere ich mich.

Vor einer Skulptur bleibe ich lange stehen. Die ist zweigeteilt.

»Toll, diese Bipolarität. Hat eine unglaubliche Kraft«, erklärt Andrew neben mir. Er versteht was von Kunst. Er schaut sich auch echt viel Kunst an, als gefragter Architekt in der Stadt. Und Bipolarität ist immer ein Wort, das man verwenden kann. Aber diese Skulptur versteht er nicht.

»Andrew«, sage ich. »Ich weiß nicht, wie ich's sagen soll.«

Er lächelt erwartungsvoll.

»Aber das ...«, ich zeige von ihm zu mir und zurück. »... wäre nicht ehrlich. Es ... ist nicht meine Natur.« Ich drehe mich um. Zum Ausgang.

»Hey«, höre ich Andrews erstaunte Stimme neben mir. »Wir können gern woanders hingehen, kein Ding.« Er hat meine Jacke dabei.

Ich schüttle den Kopf. »Ich hätt dir gestern noch schreiben sollen. Tut mir leid, Andrew.«

Er versteht nicht ganz, was ich auf einmal habe. Das schrullige Landei. Weiß gar nicht, was für eine Möglichkeit sie hier gerade ausschlägt. Tja.

Es ist, was es ist.

Ich komme also ziemlich früh nach Hause. Es gibt Radau an der Tür, einen zerkauten Socken und an Nikas Bart hängt eine fluffige weiße Feder.

»Nika!«

Brav macht sie Sitz und klimpert mich unter ihrer Chewbacca-Frisur an.

»Böser Hund.«

Billy schielt vom Ofen rüber, als wäre er an allem schuld. Es ist das erste Mal, dass sie ein paar Stunden allein zu Hause waren. Irgendwas haben sie angestellt, die zwei ... Ich folge der zarten Federnspur. Was hat sie da nur ... wo kommen all diese Federn her?

Das komplette Schlafzimmer glimmert mir weiß getupft entgegen. Federn. Federn überall.

Alles klar.

Ich bin ja von Grund auf kein Haushaltsgenie. Einfach ... nicht mein Ding. Aber ich bücke mich, ohne mit der Wimper zu zucken, in die Tiefen meines letzten nicht ausgepackten Umzugskartons. Grabe unter afrikanischen Schutzgeistern, dem Porzellanhund meiner Oma und meinen alten Gitarrennoten ein Nähset heraus. Setze mich mit Stirnlampe auf dem Kopf auf mein Bett und flicke den 40-Zentimeter-Triangel, den Nika in meine sauteure neue Bettdecke gerupft hat.

So.

Und dann gehe ich und hole den Staubsauger.

Eine Feder landet auf Billys Stirn. Er wackelt nur mit den Ohren. Beobachtet mich still. Er hasst Staubsauger. Aber irgendwie lernt er, mit ihnen zu leben.

Es ist zwanzig nach elf, als ich mir die Wollmütze auf den Kopf stülpe, in den dicken Fleecepullover schlüpfe und meine Bettdecke (minus ein Kilo Federn) bis an mein Kinn hochziehe.

Billy schläft im Wohnzimmer. Geräuschlos. Nika zerkaut in Billys Korb etwas, was ich versäumt habe, ihr wegzunehmen. Aber ich steh auf keinen Fall noch mal auf.

Es ist kalt.

Ich könnte noch was lesen. Biathlon schauen. Die Wintersaison hat angefangen. Ich *sollte* Biathlon schauen.

Oder ich könnte Kilian anrufen.

Es gibt keinen Grund mehr, ihn nicht anzurufen.

»…ich bin's«, murmle ich ins Telefon. Er ist noch wach. Im Hintergrund läuft sein Fernseher. »Was schaust du?«

»*Stirb langsam.*«

»Welcher?«

»Der dritte.« Die ersten beiden hat er schon durch. Ich könnte einfach fragen. Es macht keinen richtigen Sinn, dass wir beide fernsehen, bis wir eckige Augen haben.

»Wie war's heute?«

Er fragt als Erster.

»Hm.«

»Eine Ausstellung, oder wo wart ihr gleich noch mal?«

»…hm.«

Er zögert. »Wenn du eh noch wach bist, kann ich…«

»…magst du rüberkommen?«

Er muss lautlos hereingeschlichen sein. Wie ein Einbrecher. Oder ein Mörder. Jeder normale Hund wäre aufgesprungen und hätte ihn gefressen. Aber mein gefährlicher schwarzer Berserker? Hat sich wahrscheinlich wohlig den Bauch kratzen lassen.

Weil als ich aufwache, liegt etwas Schweres auf meiner Decke. Eingewickelt in meinen Toter-Hase-Schlafsack.

Etwas, was nicht Billy ist. Der steht nämlich gähnend von seinem Korb auf, streckt sich, tappelt neben das Bett und schleckt einfach zwei Menschen übers Gesicht anstatt einem.

»Servus, Cowboy«, grummelt Kilian. Neben mir.

Mein Leben stürzt sich gerade kopfüber in ungewisse Schluchten. Ich möchte kurz auf Pause drücken. Weil ich ahne, was kommt. Altvertrauter Rausch der Geschwindigkeit. Und die Ungewissheit, wo ich landen werde.

2021, 5. Mai, 05:00 Uhr

Ich mache ihm die Haustür auf. Bis er draußen ist, stütze ich ihn von der Seite. Er hasst es, getragen zu werden. Er ist ein stolzer Hund. Er kommt schon klar.

Er pinkelt eine wacklige Spur bis zum Zaun. Ich stakse so lang barfuß im kalten Gras herum. Dann hoppelt er zu seinem Platz am Hauseck. Sein lauschiger, warmer Rasenfleck. Noch ein bisschen schauen, was draußen los ist…

Und ich schütte Haferflocken in einen Topf.

Ein guter Haferbrei muss leise köcheln, mit Bedacht gerührt, bis er weich und glänzend blubbert.

15 Jahre sind ein langes, langes Leben. Wir waren wild. Und frei. Wir kennen uns aus jetzt. Mit Verzweiflung, Glück und dem ganz normalen Wahnsinn. Es war eine unglaubliche Reise. Alles war so anders als jetzt. Es war Erdbebenzeit.

Ich hätt's nicht ausgehalten ohne ihn. Das ist ein Fakt. Das werde ich ihm nie vergessen. Billy, mein Berserker.

Man muss sich konzentrieren, auf den Haferbrei. Ich rühre. Langsam und stetig.

Jetzt muss ich wissen, was richtig ist. Ich muss für ihn entscheiden. Weil er mein Hund ist.

Die Vernunft ist sinnlos heute.

Aber vielleicht kann ich's fühlen. Fühlen ist das Einzige, was ich sicher kann. Also mach ich das. Ich gehe das Gefühl fühlen. Seins. Meins. Und das himmelhohe andere, dazwischen, um uns herum. Überall.

Es ist, was es ist.

Zum Abkühlen stell ich den Haferbrei auf ein Brett. Wenn man ganz zum Schluss obendrauf noch ein bisschen Zucker streut, dann knistert's beim Essen, wie Sternenstaub.

2014
Kopfüber in den Ozean

Kilian hat einen neuen Hund. Gori.
Sein Maxl ist 16 geworden. Zum Schluss hat er ausgesehen wie 102. Und als Maxl eines Tages das Lammfell auf der Ofenbank von Kilians Mutter entdeckt hat, war die Sache entschieden. Nix mehr arbeiten. Fein schlafen, bei der Oma vorm Ofen, und einmal am Tag ums Haus gehen reicht völlig.

Der neue, Gori, ist ein Überbleibsel von einer Treibjagd, bei der er seiner Besitzerin davongelaufen ist. Zwei Tage später hat Kilian ihn, an einem Wurzelstock hängen geblieben, gefunden. Die Frau wollte ihn nicht unbedingt zurück. Zu nervös für sie. Sie musste ihn tagsüber in der Garage anbinden.
Jetzt sitzt Gori im Suzuki. Brav, treu, folgsam und eine Seele von Hund.
Billy kennt ihn noch nicht. Es ist immer so wenig Zeit. Und einfacher, schwierige Dinge zu vermeiden. Einfacher, wenn Gori im Auto hocken bleibt.
Für seine Gassirunde am Abend komme ich mit. »Hopp«, raunt Kilian und aus dem Kofferraum hüpft eine absolut liebenswerte Wurst mit Ohren bis zum Boden. »Ja, wo is' er denn, der Gori«, raunt Kilian.
Gori ist überglücklich, ihn zu sehen, und gleichzeitig hat er überhaupt keine Zeit, weil jetzt muss er schnüffeln am Wegrand. Mit einer Inbrunst, die ihren Raum fordert. Wir kommen nur zwei Schritte pro Minute vorwärts.
Es ist schattig, im Buchenwald hinter dem Bungalow. Wir gehen Hand in Hand. Fast im Stillstand.
Ich möchte Kilian so viel fragen. Ihm so viel sagen. Mein Leben mit ihm planen, auch wenn dann doch alles ganz anders wird …
Aber wir sind in einer Art Zwischenzeit. Eine Seifenblase, in

der niemand irgendwas weiß. Wie gehen wir um mit ... allem? Kilian mit mir. Mit seiner auseinanderdriftenden Familie, seinem anspruchsvollen Job im Jagdrevier und kaum Platz für irgendwas anderes.

Ich könnte umziehen. Zu ihm. Das würde viele Dinge leichter machen. Aber mein Bungalow ist meine Insel. Ich schwimme nicht hinaus ins offene Meer. Nicht jetzt.

»Den Gori adoptier ich«, grinse ich, als wir von unserer Runde zurück sind. Zufrieden hüpft er zurück in den Suzuki. Setzt sich hin und wartet brav, bis Kilian die Tür zugemacht hat. Der Gori ist Balsam für die Seele. Er strahlt uns an, bis Kilian sich zu mir dreht und fragt, ob ich Lust habe, was essen zu gehen?

Ich reiße meinen Blick von Goris treuen Augen und frage: »Hm?«

Kilian grinst sein schiefes Grinsen. »Wir könnten was essen gehen, wir zwei.«

Das klingt total nach einem Abend *nicht* zwischen Tür und Angel. Mit einem Glas Wein vielleicht und Kerzenschein.

Und eventuell ohne den Toter-Hase-Schlafsack?

Uuups.

Sofort fängt mein Gehirn an, Fragen auszuspucken: Bin ich enthaart? Wie sieht's aus mit Cellulite? Besitze ich einen BH, der halbwegs wie ein BH aussieht und nicht wie ein Brustgeschirr für Boxerinnen? Was mache ich mit meinen knubbligen Zehen, irgendwo hab ich gelesen, heller Nagellack macht Füße schlanker – und wo ist die verdammte Pinzette, mit diesen Augenbrauen kann ich auf keinen Fall das Haus verlassen ...

»Gib mir zehn Minuten«, hauche ich und hetze ins Haus.

Ich höre das Quietschen der Reifen und das Winseln erst zeitversetzt.

Meine Pinzette fällt ins Klo. Ich renne barfuß und in Unterhose raus. Kilian kniet vor dem Gartentor und späht unter die Hecke meiner Nachbarn. Ein Auto fährt langsam davon. Mit Warnblinker.

»Was ist passiert!?«

Er schaut mich an. Und ich weiß es. Gori. »Er ist durchs Verdeck geschlüpft und voll in dieses Auto gelaufen. Wahrscheinlich wollte er mit ins Haus…«

»Wo ist er?«

Kilian hebt hilflos die Schultern: In der Hecke verschwunden, aber dort ist er nicht mehr.

Wir suchen. Umkreisen das Grundstück. Rufen. Durchkämmen wieder und wieder die Hecke. Kilian patrouilliert die Straße. Ich renne kreuz und quer durch den Buchenwald. Eine Stunde lang. Ohne jede Spur.

»Ich lass den Billy raus«, sage ich. »Wenn irgendwo ein anderer Hund ist, dann merken wir's.«

Und stapfe zurück durch den Garten zum Bungalow.

Und da sitzt er. Gori. Vor der Terrassentür. Brav, demütig und duldsam. Neben Kilians Bergschuhen. Drinnen, auf der anderen Seite der Glasscheibe, schläft Nika. Als wollte sie ihn nicht allein lassen.

»Ich hab ihn!«, schreie ich.

Er lässt sich streicheln. Ich kann ihn auch dazu bewegen, dass er aufsteht. Auf die Schnelle sehe ich nirgends Blut.

Kilian kommt ums Eck gerannt. Reißt sich die Fleecejacke vom Leib und wickelt seinen Hund damit ein. Vorsichtig trägt er ihn zum Auto.

Wir rasen in die Tierklinik.

Das macht der brave Gori alles mit. Lässt alles über sich ergehen. Lässt sich röntgen. Ultraschallen. Ohne Mucks.

Weiß wie die Wand lehnt Kilian im Flur. Stumm, ohne Blick, ohne Reaktion, als ich versuche, seine Hand zu nehmen. Bis die

Tierärztin zu uns herauskommt:
»Eine angeknackste Rippe. Sonst fehlt Gori nichts.«
»Sonst nix?«, fragt Kilian.
»Sonst nichts«, bestätigt die Tierärztin. Sie entfernt noch kurz die Kanüle von seiner Pfote und dann können wir ihn mit nach Hause nehmen.
Ich falle Kilian um den Hals. So ein Glück. So ein Glück.

Diese Momente, in denen wir mehr Glück als Verstand haben, die gibt's auch.
Die sollten wir in Gold aufwiegen. Glück in Gold aufwiegen. Pech in Federn.
Das nehme ich mir für alle Zeiten vor, als ich hinter Kilian und Gori zum Auto gehe. Das werde ich üben. Üben, bis der Dreck hergeht.

Zu Hause gibt's ab sofort neue Regeln: Entweder Billy benimmt sich und akzeptiert Gori im Bungalow. Oder wir wechseln ab, wer im Auto schläft.
Ich fasse Billy scharf ins Auge. Prophylaktisch. »Verstanden, Freund der Sonne?« Ich schnalle ihn im Wohnzimmer an Geschirr und Seil. Ich atme. Ich weiß, dass er's kann. Ich brenn's in mein Gehirn. Ich greife an die Türklinke.
Er winselt. Ungeduld. »Sitz, Billy.«
So halb.
»Ich glaub, das passt«, höre ich Kilian von draußen.
»Bist du weit genug weg?«, frage ich.
»Ja, ja.«
Ich mache die Tür auf. Und sofort wieder zu: Stopp! Nix da! Ich geh als Erste raus.
Weil wenn er Schwung hat, dann fliege ich.

Er schaut mich an, als würde er mich heute zum ersten Mal sehen. »Sitz.«
Und Billy … setzt … sich … hin.
Ich nicke. Atme. Okay.
Billy sitzt wie eine Statue. Kopf hoch. Pfoten perfekt gestreckt.
»Reiß dich bloß zusammen.«
Und dann mache ich den ersten mutigen Schritt.
Kilian lehnt am Zaun, mit Gori. »Servus, Billy«, lächelt er.
Wedel, wedel, wedel …

Nur ein paar Tage vergehen … Wirklich nicht viele. Und in meinem Bungalow sind: drei Hunde. Zwei Menschen. Und circa 12.897 frei herumfliegende Federn.
Ich sag nicht, wer's war.

Über Nacht ist es Winter geworden. Ein glitzernder, tief-schneestaubender Tag. Billy und Nika rasen um den Bungalow wie zwei Verrückte. Ich schaufle die Einfahrt frei, bis ich schwitze. Atme Eiskristalle ein, blinzle in die Wintersonne …
Mein Bungalow ist meine sichere Insel. Und es wird echt Zeit, dass ich den zweiten mutigen Schritt mache. In den offenen Ozean.

Kilian lebt auf einem windschiefen kleinen Bergbauernhof, ganz allein im Wald, mit seinem Hund, vier Hühnern und drei Schafen. Er ist nicht oft zu Hause. Sein Job als Revierjäger füllt jeden Tag von früh bis spät.
Es ist stockfinster, als er nach Hause kommt und der Licht-kegel seiner Stirnlampe auf drei frierende Gestalten vor seiner Haustür fällt. »HAH!«
Er hüpft richtig in die Höhe.

Ich bin mir nicht sicher, ob ich meinen Geliebten wirklich derart erschrecken will mit meiner Gegenwart…

»Was macht ihr denn hier?«

»Ins kalte Wasser springen«, bibbere ich.

»Ja, kaltes Wasser gibt's genug«, grinst Kilian. Sperrt sein Haus auf und heizt seinen Herd ein. Gori überschlägt sich vor Euphorie, dass er Besuch hat. Rast in der Küche herum, bis sich die Fleckerlteppiche unter der Eckbank stauen und Nika, doppelt so groß, versucht, unter ihm durchzukrabbeln. Billy ist das alles zu viel. Der bleibt im eiskalten Hausgang. Und weil ich das vorher schon gewusst habe, hab ich seine Isomatte dabei. Wir sind wie ein altes Ehepaar. Zwei eingespielte Einsiedler. Mitten in Kilians Leben. Vor dem ich, wie wir alle wissen, Angst habe. Vor den Traditionen. Dem unbekannten System. In das ich garantiert nicht passe, so wie ich bin. Und… vor seiner zauberhaften 5-jährigen Tochter. Hab ich auch Angst. Ich weiß, dass sie zauberhaft ist, weil alle 5-jährigen Mädchen zauberhaft sind. Nur was, wenn sie mich hasst? Oder ich versage als… Bezugsperson?

Kilian verdreht die Augen. »Jetzt fang' ma mal klein an.«

Er nimmt mich mit zum Hirschefüttern, in der klirrenden Kälte. Lehrt mich lautlos gehen. Und als ich's einigermaßen kann, nimmt er mich mit zum Gamszählen am Gana-Stoa. Er baut mit mir einen Jägerstand und kauft mir mittags eine heiße Schokolade beim Bio-Bäcker Pritzl.

Ich beginne zu verstehen, warum Kilian so wenig Zeit hat für »unwichtige« Dinge. Wie zum Beispiel Skitouren.

Auch wenn der Schnee der Wahnsinn ist. So einen Schnee kriegen wir nie wieder. Wir haben Klimawandel…

Am Samstag kommt er mit. Ganz in der Früh, denn mittags muss er seine Tochter abholen.

Ich genieße jede Minute. Billy geht brav am Zwölf-Meter-Seil hinter mir. Nika stapft schneebehangen voraus. Und Gori, wie immer, der Schatten von Kilian.

Wir gehen *nicht* bis zum Gipfel (um den Birkhühnern ihre Ruhe zu lassen), sondern hocken uns unterhalb eines kleinen Latschenfelds in die Sonne. Ich atme Licht und Glitzer ein. Wühle in meinem Rucksack und verteile: ein Käsebrot, drei getrocknete Hirschsehnen, einen glutenfreien Bananenmuffin.

»Ich liebe dich«, flüstert Kilian.

»Argh«, krächze ich. Mein Herz ist ein Heißluftballon.

Neben mir schnappt Billy ein Maulvoll Schnee.

»Du bist ja gut aufgelegt«, grinst Kilian. »Hast noch zu viel Kraft?«

Tja, was soll ich sagen. Hat er. Zu viel Kraft.

Für die Abfahrt habe ich natürlich geübt: Sitz. Bleib. Ein Stück fahren. Und komm.

Aber im wahren Leben kommt's drauf an. Kilian bleibt oben und hält die Hunde fest. Ich fahre voraus. Ziehe lange Schwünge in den unberührten Hang. Tiefschnee und Geschwindigkeit. Schneekristalle sprühen über mich hinweg. »Juhuuuuu!«, schreie ich. Ich habe völlig vergessen, wie geil Skifahren ist.

Kilian, noch oben beim Latschenfeld, lässt zuerst Nika los. Die rast wie ein verrückt gewordener Schneeball auf mich zu. Dann Gori. Dann Billy. Ich habe Leckerlis. Und Billys Tennisball.

»Bravo! Bravo!!! So brave Hunde!«

Das hat ja perfekt funktioniert.

Das machen wir gleich noch mal! Und schon bilde ich mir ein, die Hunde könnten gleich hinter mir herrennen. Dann müssen wir diesen traumhaften Hang nicht noch mal unterteilen.

Die Idee des Jahrhunderts. Denn sobald Billy neben mir herrast und mich überholt, packt ihn der Freiheitsrausch. Nase hoch. Haken. Lange Sprünge quer zum Hang. Und ... weg ist er. »Bill-lly!!« Oh, ich Idiot. Ich kenn ihn doch!

Ach, Scheiße ... »Niii-kaaaa!«

Gori dreht auf Kilians scharfen Pfiff um. Der Goldschatz.

Einen zumindest haben wir noch.

»Da war eine Gams«, schnauft Kilian neben mir und reißt schon seine Felle aus dem Rucksack. »Da drüben geht gleich die Gana-Wand her, wenn er da reinrennt...«

Fuck.

»Billl-llyyyy!«

Tatsächlich sehe ich Billys schwarzen Schatten auf einen Felsvorsprung zusegeln und dahinter verschwinden.

Also schnell. Ich kriege Nika zu fassen und nehme sie an die Leine. Gori ebenfalls. Kilian rennt voraus. Schritte wie Bulldozer. Ich folge keuchend in seiner Spur. Steil. Rutschig im lockeren Schnee. Nika zerrt an mir. Ganz aufgeregt.

»Ski hierlassen. Hunde auch«, kommt Kilians Kommando. Ein dürrer Fichtenast. Ich wickle Goris Leine einmal drum herum, binde Nika an das andere Ende. Kilian balanciert schon im felsigen Gelände über uns. Eine Pfotenspur. Schnee und Geröll stauben unter seinen Schuhen weg. »Pass bloß auf«, schreit er zu mir runter. »Langsam gehen.«

Ich hetze hinauf, so schnell ich kann. Nika und Gori winseln und wollen hinterher. Es ist ein Chaos.

»Hey, Billy«, murmelt Kilian unsichtbar irgendwo da oben.

»WHIWWW!«

Als ich krabbelnd den steinigen Kamm erreiche, sehe ich nur Kilian. Auf dem Bauch liegend. Kopf über dem Abgrund. »Ich erwisch ihn nicht.«

Zwei Meter unter uns steht Billy, auf einem schmalen Felsband, und glotzt in die Richtung, in der die Gams davongesprungen ist. Links von ihm geht's senkrecht runter bis ins Dorf.

»Sitz!«, schnappe ich. Es ist ein Reflex. Genauso gut hätte ich Spaghetti Carbonara sagen können. Oder Spezi. Oder Pizza Hawaii.

»Leine hast dabei?«, fragt Kilian.

Ich nicke.

Kilian klettert zu Billy runter. Der winselnd herumhüpft auf dem halben Meter, den er Platz hat.

»Sitz!«, zischt Kilian. Das wirkt dann so halb.

Ich lasse das Zwölf-Meter-Seil hinunterbaumeln zu ihnen. Kilian befestigt es an Billys Geschirr. Billy trägt immer ein Sicherheitsgeschirr. Damit er nicht rausschlüpft, wenn er meint, er müsste Attacke machen. Das ist ein Vorteil jetzt. Alles im Leben hat irgendwo einen Vorteil, irgendwann.

Kilian lehnt sich mit dem Rücken an die schwarze Wand. Seine Skitourenschuhe finden Halt auf dem Felsvorsprung. »Hast du ihn!?«

Ich schlinge das Zwölf-Meter-Seil um meinen Rücken. Angst kriecht über meine Haut. Ich setze mich rückwärts in den Schnee. Einen Fuß gegen einen Felsbrocken gestemmt, den anderen ramme ich, so fest ich kann, in den Pulverschnee. Wie Guido bei der Spaltenbergung.

»Hopp!«, ächzt Kilian, drei Meter weiter unten. Packt Billy mit beiden Armen und lupft ihn hoch über seinen Kopf. Und ich ziehe. Beide Arme. Mit aller Kraft.

»Und, HOPP!« 38 Kilo Hund. Kilian schiebt an seinem Hinterteil. »HOPP!!«

Ich hab ihn. Er ist oben. Oh mein Gott. Auf der Stelle heule ich los.

Kilian plumpst neben mich. Für einen Moment drückt er mich an sich. Dann fädelt er Billys Seil auf und knurrt: »Fuß.«

Ohne größere Zuppelei steigen wir über die steinige Rampe hinunter, wie wir heraufgekommen sind. Niemand spricht ein Wort.

Den Rest vom Heimweg fahre ich Pflug. Billy am kurzen Seil neben mir. Als wir dann auf die flache Forststraße kommen und meine Ski jegliche Fahrt verlieren… schaut er mich fragend an.

Das sollte an mir abprallen. Er sollte einfach weiter Fuß gehen. Diszipliniert.

Vor uns glitzert der Schnee. Die Forststraße eine perfekte Bahn. Und ich flüstere: »Billy, saus!«
Ich sehe, wie er umschaltet. Das Seil in meiner Hand spannt sich. Ich stelle die Ski flach. Mein Hund duckt sich, im Start zum Tiefflug. Und wir sausen, miteinander. Seine Sprünge sind lang und gleichmäßig. Kein Gedanke an Hakenschlagen. »Saus, Billy, saus!« Wir sind im Einklang. Was für ein Gefühl. Wenn man so rennen kann. Das ist, als hätte man … den Sinn des Lebens gefunden.
»Juuuuu-huuuuuuu!!«

Und dann sind wir zu Hause. Nassgeschwitzt, aufgewühlt, wieder zurück in der realen Welt … und viel zu spät dran. Es ist Samstag. Patchwork. Kilian muss seine Tochter abholen. Und er muss pünktlich sein. Zuverlässig. Es ist eh schwierig genug für die Kleine!
Stress macht ihn wortkarg, fokussiert und schnell. Ich dagegen werde fahrig, kopflos, plappere unnützes Zeug und steh ihm im Weg. Was zur Folge hat, dass er ohne Telefon und ohne mich mit schlitterndem Heck die Auffahrt hinunterbohrt.
Kein perfektes Kennenlernen. Aber da bin ich selber schuld. Oder Billy und ich. Wäre Billy am Gana-Stoa nicht abgehauen, hätten wir alle Zeit der Welt gehabt. Wäre jetzt keine Panik.

Als ich den Suzuki nicht mehr höre, fange ich an, eine Schlittenbahn in den tief verschneiten Hügel vorm Haus zu treten und schaufle eine kleine Sprungschanze. Kinder lieben Schlitten fahren. Das wird super. Wir können im Schnee toben und Rekordversuche starten, bis wir müde sind. Heiße Schokolade kochen. Waffeln. Lauter tolle Sachen. Es wird eine Kennenlern-Party. Denke ich.

Falsch gedacht.

Sie heißt Celine und ist ein blonder Engel. Sie trägt Stiefeletten mit Puschelfell an den Füßen und eine glitzernde Tasche voller *magic ponies* um den Hals.

Sie will nichts essen, keine schneefesten Schuhe anziehen und lieber ins Schwimmbad, als hier was zu machen.

Kilian nickt und schmiert ihr einen Nutellatoast. Ich sage: »Ach, das ist doch schade um den schönen Schnee, komm, wir fahren um die Wette!«

Will sie nicht.

Sie will überhaupt lieber wieder zu ihrer Mama.

Und der Stresspegel steigt.

Ich schlurfe hinaus, um die Schlitten wieder wegzuräumen. Richtung Einfahrt sehe ich weit auseinandergezogene Hundetatzen im Schnee. Und weiter die Einfahrt hinunter.

»Hast du das Tor nicht zugemacht?«

Kilian hat das Tor nicht zugemacht. Kein Hund mehr da.

Ich falle in das gleiche Panikloch, aus dem ich gerade eben erst herausgekrabbelt bin. Billy ist weg. Und Kilian kämpft gegen die Tränen seiner Tochter. »So wird das nix«, seufzt er und schleudert die Schwimmbadtasche in den Suzuki. »Such du in Ruhe deinen Hund. Wir fahren ins Schwimmbad. Wir sehen uns danach. Okay?« Flüchtiger Wangenkuss. Und weg sind sie.

Nicht okay.

Ich will nicht in so einer Stimmung auseinandergehen. Ich will überhaupt nicht auseinandergehen. Ich wollte Kilians Tochter kennenlernen. Mit ihr Schlitten fahren. Sie gern haben. Dazugehören. Eine zweite externe Familie für sie sein. Und ja, okay, ich wollte auch meine eigene externe Familie haben. Für mich.

Ich bin 38. Mein Leben läuft mir davon. Das gibt's doch nicht. Steh ich doch tatsächlich allein vor Kilians Haus. In der Kälte. Ohne Kilian, ohne Celine und ohne Hunde. Verdammt noch mal.

Vor meinen Augen fangen altbekannte Leuchtbuchstaben an zu blinken.

H u n d e t r a i n i n g.

Blink. Blink.

Wenn ein Hund besser trainiert ist, passieren solche Dinge seltener.

Blink. Blink.

Und dann stapfe ich los und suche meine drei Köter. Inklusive Gori. Am steilen, unwegsamen Rohnerkopf im knietiefen Schnee. Und wenn ich sie finde, drehe ich ihnen den Hals um.

Auf der anderen Seite eines namenlosen Bergrückens. Ich bin klatschnass und zerkratzt von Dornen und Stacheldraht, den ich unterm Schnee nicht bemerkt habe. Und da seh ich sie. Alle drei, fröhlich, gemeinsam in einer Dickung herumschnüffelnd.

»SO«, donnere ich. »Zweimal an einem Tag ist einfach scheiße.« Drei Köpfe heben sich. Erstaunt. Unschuldig.

»Zu mir. Sofort.«

Das sind keine konditionierten Kommandos. Keiner von den dreien kennt die Wörter »scheiße« und »sofort«. Aber sie verstehen mich kristallklar.

Ich versuche, Kilian anzurufen. Will ihm sagen, dass ich die Hunde gefunden habe. Dass alles wieder gut ist. Aber er hat sein Telefon ausgeschaltet. Stattdessen hat er mir auf die Mailbox gesprochen. Er geht mit Celine noch Pizza essen und danach bringt er sie direkt zurück. Es wird acht oder neun, bis er daheim ist.

Keine Info, wo sie beim Pizzaessen sind. Keine Frage, ob ich vielleicht noch dazukomme, später. Und mein Gehirn läuft Amok. Das war's also. Denkt mein Gehirn.

Es ist wie immer.

Wie immer. Denkt mein Gehirn.

Wie ein Krokodil packt es mein Herz mit seinem Riesenmaul und beißt es zu Brei.

Zurück bis zu Kilians Haus brauchen wir gefühlt ein ganzes Jahr. Er ist noch nicht da.

Ich packe mein Zeug und meine Hunde und fahre nach Hause.

Zurück in meinen Bungalow. Der sich nicht mehr wirklich anfühlt wie zu Hause. Sondern allein.

Keine Nachricht von Kilian.

Das sollte mir nichts ausmachen. Ich sollte ein Hochhaus sein. Aus Stahlbeton und Glas. Aber irgendwie ... gibt's das Hochhaus nicht mehr.

Und wenn ich so weitermache, versumpfe ich im Jammertal.

Weil meine Hunde abhauen.

So. Telefon her.

Ich rufe den WildEnHund an.

»Ah, wie geht's euch?«, fragt er.

Und ich fauche: »Kann das sein, dass der Billy mein Leben ruiniert?«

»Ähm ...«

»Ich will ganz normale Dinge machen. Und das geht nicht. Verstehst du mich?«

»Ja«, lacht der WildEHund. »Da versteh ich dich besser, als du glaubst. Ich hab auch mal so eine gehabt. Mein lieber Herr Gesangsverein.«

»Ja, Scheiße, oder!? Und was soll ich jetzt machen?«

»Du kriegst das schon hin, Mädchen. Da bin ich mir sicher.«

Der WildEHund hat keine Hundeschule mehr. Er ist wieder bei der Bergrettung. Als Ausbilder für Rettungshundeführer.

»Oh nein!!!«, jaule ich. Und trotzdem: »Das ist ja toll! Wahnsinn. Viel Glück!«

Weil genau da gehört der WildEHund hin. Die brauchen ihn.

Und ich?
Ich kippe meine Irgendwann-Schüssel aus.
Ich hab keine Zeit mehr für Irgendwann. Irgendwann muss entweder von der Bildfläche verschwinden oder *stattfinden*.
Als Erstes stopfe ich alle Notizen meiner Therapeutin ins Altpapier, unter anderem die Notiz, dass eine Beziehung mit einem Mann nicht der einzige Weg zum Wunschkind ist. Weil ich diese Entscheidung nicht getroffen habe. Sondern eine andere. So. Und alle weiteren Termine bei ihr sage ich ab.

Und dann finde ich, was ich gesucht habe. In gelber Schrift auf Waldboden:
Extended Edition:
Versteh deinen Hund! Verhaltenstraining für »schwierige«
Hunde.

Das Foto vorn drauf ist ein vertrautes Gesicht. Ich habe den Flyer schon hundertmal gelesen. Der aus dem Tierheim, damals. Der von der tollen Hundetrainerin.
Ich schiele zu Billy.
Der liegt vor dem Kaminofen. Hebt eine Augenbraue und schielt zurück.
Alles klar.
Ich hab das Telefon eh noch in der Hand.

»Tierpsychologie und Verhaltenstraining Stephanie Lang von Langen.«
»Hallo. Äh… Also… ich hab einen Hund…«

Stephanie rät mir, als Erstes eine Anamnese zu Hause zu machen. Den Hund in seiner gewohnten Umgebung kennenzulernen, bringt viele Vorteile fürs weitere Training.

Ich schweige ins Telefon. Mein Blick schweift durch mein Wohnzimmer. Wäsche stapelt sich. Die Küche fühlt sich kahl an, seit ich so oft bei Kilian bin. Die Fenster wirken schlierig und Nika kaut auf einer therapeutischen Notiz, mitten in einem Haufen Altpapier auf dem Boden.

»Ja…«, seufze ich. »Das hab ich befürchtet.«

Sie kommt mit VW-Bus und zwei Hunden. Ein sehniger, narbenübersäter Magyar-Agár-Mischling und ein Deutsch Kurzhaar mit nur einem Auge. Keine Knuddelhunde. Aber die beiden bleiben brav und gelassen im Auto liegen, während meine beiden grollend und kläffend an mir vorbeischießen und am Gartenzaun Terror machen.

Im Versuch, trotzdem kein ganz so schlechtes Bild abzugeben, hetze ich »Entschuldigung!« stammelnd zu meinen Hunden und zerre sie zurück ins Haus.

Tür zu. »WHORRR, WHORR!«

»WHÜÜ, WHÜÜÜ, WHÜÜÜ!«

»Sorry«, sage ich. »Wahrscheinlich brauch ich jetzt nicht mehr sagen, eigentlich sind sie ganz brav.«

»Dann wäre ich ja umsonst hier«, lächelt sie.

So vieles an ihr kommt mir vertraut vor. Als würde ich sie wiedererkennen. Die Art, wie sie redet. Wie sie sagt »Gehen wir einfach mal rein« und an der Haustür durch meine Hunde durchgeht, als wären die gar nicht da, und doch … freundlich. Unaufgeregt. Unkritisch. Beruhigend.

»Ähm… wollen Sie einen Kaffee?«, frage ich. Und denke, den hätte ich längst vorbereiten können, denn meine Prozedur mit der Kaffeekanne ist mit Sicherheit nicht der Grund, warum sie hier ist.

»Auf alle Fälle«, sagt sie. »Kaffee is' immer gut.« Und lächelt.

»Von mir aus können wir Du sagen.«

Ich atme aus. Lange. Etwas fällt von mir ab. Ich türme Espressopulver in meine Schraubkanne und stelle Tassen auf den

Tisch. Mir kommt es vor, als hätte ich vorher schon gewusst, auf welchen Stuhl sie sich setzen wird, und plumpse seufzend auf den Hocker ihr gegenüber.

Wir füllen einen Anamnesebogen aus. Sprechen über Verhalten, Stress, Alltag, Überforderung. Und weil ich gleichzeitig meine Kaffeekanne bewache und mit meinem steinzeitlichen Schneebesen lautstark Milchschaum für den dicken schwarzen Trank schlage… kann ich ihr sogar von Einsamkeit erzählen. Depression. Wut. Sie sammelt Informationen wie Kieselsteine. Bis ein Bild entsteht, das mir deutlicher erscheint als das Bild, das meine Therapeutin je von mir hatte.

Ich bin ehrlich mit ihr.

Das ist vielleicht der Unterschied.

Stephanie macht an diesem Tag kein Training mit uns. Keine einzige Übung. Ich soll nur drauf achten, dass ich Situationen, in denen ich in Stress komme, erkenne. Immer frühzeitiger erkenne.

Dann kann ich diese Situationen neu lösen. Es gibt ja ganz unaufwendige, effektive Lösungen. Wenn die mir zusagen.

Wenn der Stress kommt, weil ich Angst habe, dass mein Hund einen anderen Hund beißt – Maulkorb.

Wenn der Stress kommt, wenn er sich an der Haustür aufführt – an seinem Platz anbinden, bevor ich die Tür aufmache.

Wenn der Stress daher kommt, dass er auf einer Skitour abhaut – zehn Minuten mit ihm im Garten was üben und ihn von der Skitour zu Hause lassen.

Wenn der Stress daher kommt, dass ich denke, ich beschäftige meinen Hund zu wenig – aufhören mit diesem Denken. Hunde müssen 18 Stunden am Tag schlafen. Es ist gut, wenn's meinem Hund mal langweilig ist. Das braucht er.

In meinem Kopf fangen Zahnräder an zu knirschen.

Stephanie ist der erste Mensch, der mir sagt, es ist okay. Es ist eine Tatsache, dass Billy sich aufführt wie ein Berserker. Ich muss das nicht sofort auf der Stelle unterbinden. Ich kann ihn so lang einfach an der Couch anleinen, wenn jemand klingelt. Und Nika auch. Die kann ich genauso anleinen.

Das schaffe ich. Das ist nichts, woran ich scheitern muss.

Ich muss keine Performance abliefern bis zum nächsten Training. Ich muss nicht schneller sein als mein Hund. Ich muss mich nicht brutal fühlen. Ich muss nur Dinge tun, denen ich mich gewachsen fühle. Dinge, die niemandem wehtun.

Wach sein. Ehrlich sein. Sammeln, was mich stresst. Und vielleicht mal ausprobieren, es anders zu machen.

Es sind Prinzipien. Keine Trainingsmethoden.

»Und… darf ich ihm noch Kunststücke beibringen?«, frage ich, zaghaft.

Stephanie lacht und will sehen, was Billy denn alles kann.

Ich grinse. Und dann legen wir los. Rolle. Auf zwei Beinen stehen. Mir die Mütze vom Kopf ziehen. Schleichen. Toter Hund. Sich drehen wie ein Kreisel.

Stephanie applaudiert, leise lächelnd. »Das ist super für euch. Ihr habt Spaß und eine tolle Verbindung.«

Außerdem, bei einem kastrierten Rüden, der doch »eher nach vorne geht«, würde sie empfehlen, die Schilddrüsenwerte zu kontrollieren. Manchmal führt eine Schilddrüsenunterfunktion zu einem gewissen Maß an gestresstem Verhalten. Und zu Hautproblemen.

Sie rubbelt über Billys Fell. Billy, der natürlich in der Zwischenzeit sein Misstrauen abgelegt hat und sich beim kleinsten »na komm« an seine neue Trainerin wanzt. Weiße Schuppen rieseln von ihm herab.

Ich nicke. Die hat er immer schon, diese Schuppen.

Aha. Ja klar. Es fällt mir quasi wie Schuppen von den Augen: Er hat Stress. Er hat Hautprobleme. Und tatsächlich stellt sich beim Tierarzt heraus, dass er eine Unterfunktion hat.

Ich rühre also Schilddrüsentabletten in Billys Futter. Ich schnalle zwei Hundeleinen an die Couchfüße und erziele relative Ruhe in meinem Haus, obwohl die Mülltonne abgeholt wird und UPS meine neuen Klickschuhe fürs Mountainbike liefert. Ich mache viele Dinge anders jetzt.

Ich geh sogar ohne Hunde aus dem Haus. Laufen. Zum Yoga. Radl fahren. Zeit, von der ich überhaupt nicht gewusst habe, wie dringend ich sie brauche.

Und ich google Schilddrüse.

Alles, was ich lese, kommt mir bekannt vor. Innere Unruhe. Keine Konzentration. Erschöpfung. Schwindelgefühl. Emotionales und psychisches Ungleichgewicht. Schlechtes Körpergefühl…

Und siehe da – ich habe Hashimoto. Eine Autoimmun-Geschichte, bei der die Schilddrüse sich schubweise selbst »verbrennt«. Meine sieht aus wie eine zerschmurgelte Zwetschge.

Wie der Hund, so das Frauchen.

Hätte mir das vielleicht vor zehn Jahren mal jemand sagen können? Aber es ist, was es ist. Und nicht, was wäre, wenn alles anders wäre.

Für Kilian backe ich ein Schokoladenbrot. Es wird zur Hälfte kohlrabenschwarz in meinem vorsintflutlichen Gasofen. Aber er isst's auf. Bis auf ein kleines Stück, das er im Kühlschrank für Celine aufbewahrt.

Mein Herz atmet auf. Wir versuchen's einfach noch mal von vorn. Mit allem, was ist.

2021, 5. Mai, 06:00 Uhr

Ein paar Minuten haben wir noch, bis die Wecker klingeln. Ich schau durchs Küchenfenster raus zu ihm. Damit ich ihn nicht störe. Aber da dreht er schon den Kopf zu mir und versucht, sich aufzurappeln.

»Hau ruck«, lächle ich, springe schnell raus zu ihm und stütze sein Wackelgestell von der Seite.

Er tappelt zum Brunnen. Einen richtigen Almtrog haben wir da, am Hauseck. Selbst gehackt. Billy schlabbert ein paar große Schlucke Wasser. Und dann schüttelt er sich, und weil ich neben ihm knie, damit er nicht umfällt, fliegt mir der ganze Schlonz ins Gesicht. »Boah, Billy.«

Spitzbübisch schielt er mich an. »Whff.«

»Drehn wir noch eine Runde, oder wie?«, frage ich ihn.

Und dann machen wir genau das. Wir drehen noch eine Runde ...

2015
Was hat ein Ochsenfrosch mit wahrer Liebe zu tun?

Ein cremeweißes Kuvert ist in meinem Briefkasten. Anika heiratet.

Ja.

Anika heiratet.

Thomas, den Feuerwehrler vom Königssee.

Haben wir's nicht alle gewusst? Ich bin überglücklich für sie. Die zwei waren von der ersten Sekunde an nicht zu vermeiden.

Es wird eine Riesenparty. Wir sollen alle kommen. Kilian, Celine und alle Hunde. Nach München.

Mein VW-Bus hat keine grüne Plakette. Er ist alt und eine Feinstaubschleuder und außerdem dachte ich, ich müsste nie in die Innenstadt fahren.

In Kilians Suzuki passen wir nur rein, wenn wir Nika mit dem Geschenk (ein selbst gehackter kleiner Brunnentrog) in den Kofferraum quetschen, Celine, Gori und die Tasche mit den Ersatzklamotten auf die Rückbank stapeln, ich mit dem Sitz ganz nach hinten rutsche und Billy im Beifahrerfußraum einzwänge. Mir ist klar, dass er nach einem halben Kilometer halb auf meinem Schoß sitzen wird und mein einziger Rock dann voller Hundehaare klebt.

Aber noch sind wir frisch geduscht, alle in frischen Klamotten, Celine hört *magic ponies* auf ihrem iPod, und los geht's in die Stadt.

Kurz vor Rosenheim können wir's nicht mehr leugnen. Dieses Auto stinkt wie der leibhaftige Höllenschlund. Celine hält sich die Nase zu und verkündet: »Iff kann nifft mehr schnaufnnnn!« Ich versuche zu überlegen, wer wann wo gewesen ist und sich in was gewälzt hat. So können wir nicht in München aufkreuzen. Wenn wir allein schon ein Fenster aufmachen, denkt jeder unbescholtene Passant, in dieser Karre verwest etwas Großes.

Beim nächsten Parkplatz fahren wir raus.

Gewisse Dinge sieht man nicht gleich in Nikas Fell. Erst wenn man sie auch spürt. In diesem Fall ist das keine Substanz, die man mit Spucke und ein paar Papiertüchern entfernen könnte. Wenn man Papiertücher hätte.

»Chiemsee«, sage ich und verfrachte mein Stinkmonster wieder in den Kofferraum.

Kilian hält mir die Beifahrertür auf. Es ist besser, wenn ich erst mal nichts anfasse. Aber ich habe den leisen Verdacht, an Billys Kragen klebt das Zeug auch.

Ugh.

Die wenigen Kilometer zum nächsten Ufer – mit dem wunderbaren Ortsnamen Schafwaschen – fährt Kilian kiefermalmend. Wir werden zu spät kommen. Er hasst es, zu spät zu kommen. Auch wenn ich sage, Anika ist da cool.

In Schafwaschen mache ich schnell. »Nika, hopp.« Ich schnappe sie an ihren Zotteln und schiebe sie zum Wasser. Das hasst sie. Wasser, mit dem man sie wäscht. Jegliches andere Wasser hasst sie natürlich nicht. Verfaulte stinkende Teiche hasst sie nicht.

Güllepfützen hasst sie nicht. Oder tote Frösche in Schlamm-
brühe. Hasst sie auch nicht. Wie man sieht. Ughh.
Ich ziehe mich bis auf die Unterhose aus. Denn wenn dieses
Zeug an meine Klamotten kommt, war's das mit der Hochzeit.
Und ich schrubbe. Tauche. Rubble. Knietief im Chiemsee in
meiner Unterwäsche.
Nika versucht beharrlich, meinem Griff zu entkommen. Weg
von dem verhassten Wasser. »Wir haben's gleich«, keuche ich.
Ein letzter Spülgang. Dann lasse ich sie los und springe geis-
tesgegenwärtig zurück. Trotzdem. Ein trüber Sprühregen aus
Seewasser und den sehr verdünnten Überresten eines verwes-
ten Ochsenfroschs erwischt mich von der Seite. »Scheiße.«
Kilian seufzt.
»Doppeldusche«, kommt der Kommentar von der Rückbank.
Ich schiele zum Suzuki. Sie sieht überhaupt nicht aus wie Kili-
an. Aber am Grinsen erkennt man's. Ein Grinsen, dem ich ausgeliefert bin. Hinter meinen Rippen macht etwas *KNACKS*.
»Hupp-o«, sage ich erschrocken. Keine Ahnung, was in mir so
knacksen kann. Ein 40er-Brett vor meinem Hirn? Die massive
schwarze Truhe um mein Herz?
»Hupp-o ist kein Wort«, erklärt mir Celine. »Aber es kann
deine Worterfindung sein. Ich hab' auch schon ein Wort erfun-
den. Wihox. Das kann man für alles verwenden.«
»Wihox«, wiederhole ich.
Und dann fangen wir an zu lachen. Erst ich, dann Celine. Dann
kläfft Nika in mein Ohr: »WHU-WHU-HU-HU-U-U!«
Gori macht: »WHIFF, WHIFF.«
Und Billy im Fußraum... »WUUUUU-UUUUUU.
WUUU-UUUU.« Heult wie ein Wolf.
Ich reiße meinen Kopf nach hinten. »WUUUU-UUUU!«,
heule ich.
»IIIIIII-UUUUUU!«, kräht Nika dazu.
»WUUU-UUUUU!«, heult Celine.
Kilian schüttelt den Kopf. »Lauter Irre.«

Die Trauungszeremonie geht schon dem Ende zu, als wir das Standesamt in der Innenstadt erreichen.

Das Brautpaar sitzt in leisem Gespräch vor dem Standesbeamten. Anika sieht wunderschön aus in ihrem lila Kleid. Sie hat es selbst entworfen. In ihr Haar sind blühende Almrosen geflochten. Neben ihr nimmt Thomas, ihr Ehemann, zittrig den Stift entgegen, mit dem er die Heiratsurkunde unterschreiben soll. Anikas Mama tupft Tränen von ihren Wimpern. Ihr Vater räuspert sich energisch. Im Trauungssaal ist es so still, dass ich die Füllfeder über das dicke Papier kratzen höre.

Wir bleiben lautlos hinter den Stuhlreihen stehen.

Immer mehr Blicke schweifen zu uns. Ich lächle. Nicke den Leuten zu, die ich kenne. Einige fangen an, auf ihren Stühlen zu rutschen. Ich frage mich kurz, wieso. Aber dann schnüffle ich. Ja. Das sind wir.

Gestank... umgibt uns. Umdünstet uns. Hat uns von Schafwaschen bis hierher durchwoben, auch wenn die verursachende Substanz an sich nicht mehr an uns klebt. Oder fast nicht mehr. Vernachlässigbar, hätte ich gedacht.

Aber mit Gestank ist es wie mit so vielen Dingen. Ist man über eine längere Zeit einer sehr hohen Dosis ausgesetzt, stumpft man ab. Man empfindet den Gestank nicht mehr so differenziert wie... andere Leute. In blumiges Parfum gehüllte Hochzeitsgäste zum Beispiel.

»Ich geh noch mal Hände waschen«, hauche ich zu Kilian. Aber er schüttelt stumm den Kopf. Hierbleiben. Aufpassen. Keinen Aufruhr verursachen.

Also halte ich die Luft an und mache mich klein. Wie ein Kind, das versucht, unsichtbar zu sein.

»Wihox«, flüstert Celine mir zu.

»Was?«

»Wihox. Du stinkst.«

»Ich weiß.«

»Stink ich auch?« Ich schnuppere an ihr und schüttle den Kopf.

»Nicht so schlimm.« Daraufhin nickt sie. Ich stinke. Sie hat's mir gesagt. Sie selber stinkt nicht. Das ist die Ordnung der Welt und alles ist gut.

Vor uns küsst der Bräutigam seine Braut. Jeder im Raum sieht, er kann sein Glück nicht fassen. Die beiden strahlen so hell, so wahr, dass ich mich fühle, als könnte ihre Helligkeit mich auftanken. Eine große, sichere Hand nimmt meine. Und eine andere, kleine, zupft an meinem Ärmel. »Ich muss Wihox.« Ich nicke und gehe voraus, zu der Tür, auf der WC steht. »Aber ich kann's alleine!« Wieder nicke ich. Halte ihr die viel zu schwere Tür auf. »Nur zusperren nicht. Da musst du stehen bleiben.«

»Alles klar.«

Mein Spiegelbild sieht aus wie immer. Und gleichzeitig sehe ich eine Frau, die eine Toilettentür bewacht, als hätte sie ihr Leben lang nichts anderes gemacht. »Hey cool. Das Wasser ist ganz pink, wenn ich spüle!«

»Oh«, sage ich. »Das ist ein Klo-Stein.«

»Wieso hat der Papa keinen pinken Klo-Stein?«

»Weil das giftig ist für die Frösche und die Fische«, erkläre ich der 40-Quadratmeter-Spiegelwand und frage mich, ob es Frauen gibt, die sich wirklich von drei Seiten gleichzeitig sehen wollen.

»Aber in der Stadt gibt's keine Frösche und Fische, oder?«

»Nicht mehr.«

»Warum nicht?«

Wie bin ich nur in diese Diskussion geraten? Und wie komm ich hier wieder raus, ohne die heile Welt eines kleinen Mädchens zu zerstören?

»Fertig!«

»Ah. Perfekt.«

»Ich hab nicht gespült, weil vielleicht gibt's doch irgendwo einen Fisch.«

»Sehr gut. Hände waschen.«

Brav rubbelt sie ihre Finger unterm Wasser. Dann beäugt sie mich, von ihren Einmeterfünfzehn aus. »Das würd ich an deiner Stelle auch waschen.«

Der Frosch. Oder was von ihm übrig war. Klebt in schlierigen Streifen an der Unterseite meines Ärmels.

Ugh.

»Ich geh raus zum Papa.«

Okay, super. Ich komm gleich.

Ich wasche und föhne meinen Ärmel. Mehrmals. Kilian schreibt mir, dass die Hochzeitsgesellschaft jetzt dann zur Partylocation an der Isar aufbricht. Und wie lange ich noch brauche?

»Bin schon da«, antworte ich. Und kaum schiebe ich mich halbwegs neutral riechend ins Foyer hinaus, rollt eine lila glänzende Fontäne auf mich zu.

»Heyyyy! Ich hab einen Ehemann!!«

Anika. Mit Champagner in der Hand. Schwappend. Denn Anika umarmt mich und dreht mich im Kreis und hält mir ihren extravaganten Ehering vor die Nase, alles gleichzeitig.

»An mir klebt irgendwo noch ein toter Frosch, nicht dass ich dein Kleid ruiniere.«

»Ach, da wird bis heut Abend noch mehr dran kleben als ein toter Frosch. Wo sind deine Süßen??«

Ich zeige auf Kilian und Celine. Die ein paar Schritte entfernt warten. Anika umarmt sie. Dann mich. Und wieder sie. »So schön, dass ihr da seid. Genial. Kommt, ihr könnt mit uns im Brautauto fahren!«

In einem original 1954er-Land-Rover rumpeln wir vom Standesamt bis zu einer leer stehenden Glaserei am Isarufer, die nur für heute in eine Strandbar verwandelt worden ist. Den Landy hat Thomas eigenhändig restauriert. Natürlich fährt er auch selber. Und Anika zupft Blumen aus ihrem Strauß, damit Celine die Blüten vors Auto streuen kann, wenn die Braut aussteigt. Wie in Hollywood.

Thomas und Patrick spielen mit ihrer Band. Sie covern Oasis und die Stones. Und ich tanze. Walzer mit Anika. Macarena mit Celine. Und mit dem Gana-Sepp von der Alm einen Zwiefachen.

»So, so«, nuschelt der Sepp in seinen Bart und deutet zu Kilian hinüber. Der am Dessertbuffet versucht, drei völlig überladene Teller zu balancieren.

»So, so« kann alles heißen. Ich mache mir ein bisschen Sorgen, wie der Sepp die Sache mit Beziehungen sieht. Aber was er dann sagt, ist: »Zeit is' word'n mit euch zwei, hat ma' ja nimmer mit anschauen können.«

Aha.

»Geh weiter, a so a Eis tuat uns jetzt aa guat.« Meint der Sepp und führt mich galant von der Tanzfläche.

Celine hat eine Eis-Explosion mit Smarties und Schokosauce für mich kreiert. »Wem's als Erster schlecht ist, hat verloren! Auf die Plätze, fertig, los!«

Mir ist es scheißegal, wie viele Kalorien ich heute runterschlucke. Und ob die Prinzessin mit dem frechen Vanillemund mein eigenes Kind ist oder nicht. Ich lebe. Ich habe Menschen, zu denen ich gehöre. Wir sind ein Rudel.

Ach, du liebe Zeit – Rudel. Ich hab die Hunde vergessen. Die parken seit zwei… drei Stunden in der Tiefgarage im Suzuki.

»Kilian! Ich muss die Hunde rauslassen!«

Er schüttelt den Kopf. »Hab ich schon.«

»Hast du schon!?«

»Ja. Alle brav.«

Alle brav?? Keine zerfetzten Sitze? Kein vollgekotzter Kofferraum? Keine Polizei?

Kilian schüttelt den Kopf. Nein. Keine Polizei.

Ich lehne mich seufzend an ihn. Dankbar. Staunend, wie gut er mein Chaos aushält. Sein Arm umfasst meine Schultern. Ich grinse. Weil…

Das ist es. Genau dieses Gefühl will ich behalten. Ich hab's so lange gesucht.

»Wenn ich noch mal von vorne anfange, dann nur mit dir.« Er sagt es leise. Flüchtig. Und mehr zu sich selber als zu mir. »Ich würd mir wahrscheinlich noch ein Mädchen wünschen.«

Moment.

Was war das gerade? In meinem Kopf schlägt alles Alarm. Mein wohliges Gefühl wird in der Luft zerrissen. Was meint er, von vorne anfangen??

Hoffnung ist ein Biest, das ich systematisch aushungern wollte. Vertreiben. Aber natürlich ist es noch da. Es ist gierig. Reißt alles an sich. Frisst mich mit Haut und Haar. »Ähm …«, sage ich.

»Willst du noch?«, murmelt er.

»Äh… was genau?«

»Eine Familie.«

Ah.

Ah ja.

Also…

»Mhm«, krächze ich. »Ja, schon sehr… unbedingt… ich bin halt schon alt…«

Er grinst. Richtig frech. »Dann haben wir quasi noch was vor, später.«

Okay. Ich werde knallrot. In meinem Alter. Und das findet Kilian natürlich wahnsinnig witzig.

2021, 5. Mai, 07:00 Uhr

Im hohen Gras hockt etwas. Ich kann's nicht sehen, aber Billy stoppt.

Wir sind auf der Wiese. Nur ein paar Schritte. Da, wo die Trollblumen wachsen. Er muss hecheln, von der Anstrengung, aber er wittert's genau.

»Jaa-gaaaaoooo.« Mein Kater hebt seine flauschige graue Tatze. »Jaggl! Nicht kratzen!«, zische ich. »Lass den Billy! Und Billy, du lässt den Jaggl!«

Der Kater bleibt sitzen. Blinzelt. Und stellt seine Tatze wieder hin.

Für einen Moment bilden die zwei eine etwas abstruse Einheit. Als wären sie so was wie... Freunde.

Jahre vergehen so schnell. Unbemerkt. Und während man noch denkt: Wir haben ja noch Zeit. Ich kann noch schnell was einkaufen. Den Boden wischen. Eine E-Mail schreiben. Mich mit irgendwas anderem befassen...

Da schielen einen zwei Bernsteinaugen an.

Es gibt nur noch Jetzt.

Er wird nicht losspringen, auf den Kater. Ich werde nicht noch schnell irgendwas anderes machen. Der große starke Körper hat nicht mehr die Kraft. Nur sein Blick ist, was er immer war. Und das Samtfell an seiner Stirn.

Ich will, dass das nie aufhört. Ich will mit meinem Hund über die Wiese laufen. Ihm einen Ball schmeißen. Lachen, wenn er mich so schief anschielt. So wie immer.

Es gibt nur noch Jetzt.

Mehr haben wir nicht. Es ist, was es ist. Ich flüstere: »Okay, Billy.« Mehr kann ich nicht aushalten. Okay, Billy.

Er stakst wieder los. Langsam. Mühsam. Die Schritte zurück zum Haus. Die Sonne spitzt über den grünen Almbuckel im Osten. Und zeichnet einen warmen Fleck vors Hauseck. Das ist Billys Platz. Da will er jetzt hin.

Ein paar Meter neben uns raschelt der Kater durchs Gras.

2016
Lebenstraum. Nix für Weicheier

Kinder kriegen in meinem Alter ist nicht mehr wirklich eine Freizeitbeschäftigung. Viel zu groß ist die Angst. Viel zu hoch der Druck. Ich ernähre mich von Brokkoli, Spinat und Omega-3-Präparaten. Ohne Erfolg. Ich nehme Hormone und ignoriere das Risiko, in der Folge alles durcheinanderzubringen.
Und das ist nur die technische Seite.
Also. Sex an sich ist schon kein einfaches Thema für mich. Ein Mann. Ihm ausgeliefert sein. Ihm gefallen wollen, aber zu gehemmt, zu dick und zu neurotisch sein. In meinen Augen. Und dann muss er … Oh mein Gott.

Er sieht das völlig anders. Aber glauben Sie ernsthaft, dass ich ihm das abkaufe?
Es ist ein Wunder, dass wir nicht beide schreiend auf und davon laufen. Und ja, Stress in so einer Situation ist kontraproduktiv. Logisch. Aber bitte. Ab wann soll ich Stress haben? Ich krieg Altersflecken, himmelherrschaftzeitennocheinmal. Also wie um alles in der Welt sollen wir das … durchziehen?

Wollen Sie die Wahrheit wissen? Die Wahrheit ist: Wenn ER sagt, dass ich toll aussehe und dass er mich sexy findet, dann … ist das die Wahrheit. Zu hundert Prozent.
Das nehmen wir so mit für heute.
Ohne Witz. Aber allein das ist eine Lebensaufgabe.

Und auf einmal … wenn das überhaupt möglich ist … Wir machen einen Test.
Wow. Kilian grinst sein leises Grinsen. Und ich kreische »Wooohoooo!« und tanze ums Haus, mit Pauken und Trompeten.
Yeah, yeah, yeah, yeah, yeah!!

Bis zum ersten Ultraschall.

Ich seh's schon, bevor die Ärztin auch nur einen Ton sagt. Ein dunkler regungsloser Fleck. »Kein Herzschlag«, flüstere ich.

»Das tut mir sehr leid«, sagt sie. Und fügt keine der Floskeln hinzu, mit denen man sonst diese Befunde garniert. Beim nächsten Mal klappt's bestimmt. Sie haben ja noch Zeit. Das gehört dazu. Sehen Sie's als eine Seele mehr in Ihrem Leben. Erholen Sie sich, denken Sie an was anderes, und Sie werden sehen...

Nichts davon sagt die Ärztin.

Es wird Frühling und bald Sommer. Ich bin neununddreißigeinhalb Jahre alt.

Eines Tages setzt Kilian sich vor mich hin. Seufzt. Und sagt, er hätte sich befasst mit Frauen und Kinderwunsch. Und versteht zum Teil, was für eine Riesensache das ist. Und er wäre einverstanden mit IV. Er glaubt zwar keine Sekunde, dass das was für mich ist – mit dem ganzen Sensibelsein und Hashimoto-Schilddrüse und emotional...

Aber wir versuchen's.

Leider nichts.

Ende August kommt der erste Frost und lässt unsere Knochen klappern.

»Ich geh auf die Alm«, erkläre ich aus dem Nichts. Packe Hundefutter, Schlafsack, Stirnlampe und dampfe ab.

Es ist nie schwierig, einfach abzuhauen. Der Gana-Sepp überlässt mir seine Hütte. Der Sommer ist vorbei und er ist froh, wenn er im Tal bleiben kann. Er spürt seine Gelenke. Ich muss ihm nix zahlen für die Hütte oder so, aber wenn ich seinen Zaun abbauen könnte …

Ich parke also den Bus unterhalb des Gana-Kessels, bevor der Weg unbefahrbar wird. Zwölf-Meter-Seil, Rucksack, Hunde raus und los geht's.

Meine Beine fressen Höhenmeter. Ich fädle Billys Seil auf und ab wie ein Automat. Mein Kopf ist leer. Ich bin leer. Mein ganzes Leben ist leer. Ich kenne das Gefühl, das unsichtbar neben mir schleicht. Das alte Krokodil. Ich kenn's. Ich weiß, dass es lügt. Und es schnappt mich trotzdem.

Wir kommen an den Almzaun. Der Sepp hat den alten Stacheldraht längst mit einem Elektrozaun ersetzt. Eine gute Sache.

»Sitz.« Ich räuspere mich. Wenn ich schon »Sitz« sage, dann mit guter Stimme. »Sitz!«

Nika lässt ihren zottligen Hintern über dem Schotterweg schweben. Billy setzt sich hin. Das sind 80 Prozent. Ausbeute genug für einen Tag wie heute.

Ich klicke Billys Karabiner vom Geschirr. Steige auf einen Felsbrocken und über den Elektrozaun. Auf der anderen Seite sage ich »komm«.

Nika hüpft auf den Stein und über den Zaun wie ich. Billy schlüpft unten durch.

TACK.

Ein Jaulen. Ein Ducken. Und dann ist er weg.

»Billy!!«

Nichts. Keine Spur von ihm, kein Geräusch, kein schwarzer Strich am Horizont.

Einfach geräuschlos, spurlos weg.

»Scheiße!!!« Ich schrei's heraus. Ich brüll's in den Himmel. Ich balle meine Fäuste und donnere meinen Rucksack auf den Boden. »Scheiße!!!!«

Ich fange an zu suchen. Die Gana-Alm liegt in einem Kessel. Wo wir sind, ist es steinig. Unübersichtliche moosbewachsene Brocken bilden den Waldboden, durchsetzt mit Dolinen-Kratern. Man krabbelt am besten auf allen vieren, sonst bricht man sich was. Dann, draußen auf der Almwiese, wird es so steil, dass ich gleich wieder auf allen vieren krabble. Nika wie ein Affe voraus. Ich denke irgendwie, sie würde vielleicht Billy hinterherlaufen. Seiner Spur folgen. Wie's Hunde eben tun. Aber Nika ist ein Hütehund. Sie hüpft um mich herum und kläfft Alarm, wenn ich ausrutsche. »WHÄFF, WHÄFF, WHÄFF!!« Nika passt auf mich auf. Ihr Schaf. Abstrakte Aufgaben, wie Vermissten-Bruder-Aufspüren, machen für sie keinen Sinn. »BILL-LYYY!!«

Weit oben, schon nicht mehr auf Almgebiet, sehe ich etwas Schwarzes im Schatten eines Latschenfelds liegen. »Billy!« Ich pfeife. Das schwarze Tier dreht nur den Kopf. »BILLY!!« Ich sprinte zu den Latschen hinauf. Meine Lunge rasselt. Meine Beine brennen. Aber es ist nicht Billy. Sondern eine knochige alte Dogge. Ihre Spinnenbeine hat sie unter sich zusammengefaltet. Schläfrig schielt sie zu mir hoch.

Das ist Lucy. Sie gehört einem Holzknecht, der hier die Lawinenverbauungen kontrolliert. »Lucy ist zu alt für diesen Schmarrn«, erklärt er mir. Er muss viel zu weite Wege gehen. Das schafft sie einfach nicht mehr.
Ich streichle abwesend den riesigen Doggenkopf. Hingabe, denkt mein Herz. Treue. Warmer Schlonz klebt an meiner Hand. Und dann gähnt Lucy. Wohlig. Und ich atme arglos gleichzeitig ein. Alter Falter. Gestank der Hölle.
Etwas erstickt gebe ich ihrem Herrchen meine Telefonnummer. Für den Fall, dass er Billy irgendwo sieht.

Ich habe keine Stimme mehr vom vielen »Billy!« rufen. Vielleicht denkt er, ich hab ihm den Stromschlag versetzt, und kommt deswegen nicht zurück.

Bei stockfinsterer Nacht schiebe ich die Hüttentür auf und ducke mich hinein. Nika schleicht hinter mir her. Einfach nur müde. Es riecht nach altem Kuhstall. Ich heize den Wamsler-Herd ein und schütte Hundefutter in eine Schüssel. Mein Müsliriegel schmeckt nach Karton. Und als der letzte Brösel runtergeschluckt ist, ist nichts mehr zu tun.

In der Hütte nur Stille. Das Rieseln von Staub. Ich fühle mich seltsam abgeschnitten von der Welt. Ohne Billy.

Kilian und ich sind nicht unbedingt in Harmonie auseinandergegangen. Er hasst es, wenn ich das Glück nicht mehr sehe. Wenn ich zu einem Strudel aus schlechtem Gefühl werde und mich kopfüber hineinstürze. Bis ich weg bin. Da unten im Schwarz. Und dann kann er machen, was er will, ich krieg's nicht mal mehr mit.

Ich schreibe ihm trotzdem: BILLY WEG…

Aber wahrscheinlich hat er kein Netz. Oder ich. Der Gana-Kessel ist tückisch. Meistens kriegt man Netz auf dem Dach…

Da klingelt's schon.

»Hey, Süße, was ist los bei dir?«

Anika. Als könnte sie das wittern, bis nach München rein, wenn meine Welt kippt.

»Ich bin auf der Alm. Billy ist abgehauen.«

»Hatte er die Leine dran?«

»Nein.«

»Okay, alles gut.«

»…«

»Erzähl«, sagt sie. Und wir reden, bis mein Akku anfängt zu piepsen. Über Liebe. Über Frauen. Kinder. Keine Kinder kriegen können und Kinder verlieren.

Ein Lied, das so viele Frauen singen können. Aber irgendwie ist das kein Thema, über das man einfach so spricht. Wir schämen uns. Weil wir versagt haben, vielleicht… und auch dafür, dass es so weh tut. Man sieht ja nichts davon, von außen. Frauen und ihre Verluste. Davon sieht man nichts.

Es war eine Schnapsidee, allein auf die Alm zu flüchten. Ich schlafe kaum, und als ich aufwache, sehe ich aus wie drei Tage in der Waschmaschine vergessen.
Ich taumle nach draußen. Nebelfetzen wabern um die Hütte. Von der Dachrinne fallen einzelne Tropfen. Langsame, dicke Tropfen Zeit.
»Billy!!« Ich pfeife.
Hätte ja sein können. Aber nichts rührt sich am Berg.
Nika tappelt von der Terrasse ins nasse Gras und ich mache mir nicht die Mühe, sie wieder reinzuzitieren. Ich koche Kaffee. Schwarz. Mit Pappkarton-Müsliriegel. Ziehe meine klammen Bergschuhe an. Mütze, aber keine Jacke, denn wir werden viele steile Höhenmeter machen… und schlüpfe unter dem niedrigen Türstock wieder nach draußen.
Da steht Nika. Am Brunnen. Sie kaut etwas. Ich bilde mir ein, kleine lila Brocken zwischen ihren Lefzen zu sehen. Und lila-weißen Schaum.
»Nika!«
Schluck.
»Nika! Aus!«
Wedel, wedel. Schluck.
Mit einem Schritt bin ich neben ihr. Ich sperre ihr Maul auf. Ihre Zunge ist gespickt mit weichen lila Plättchen. Sie riecht… nach Seife.
Auf dem flachen Stein vor dem Brunnen liegt ein Palmolive-Schälchen aus blasslila verschmiertem Plastik. Mit Einbisslö-

chern im Deckel. »Nika!«

Sie schlabbert Wasser aus dem Brunnen. Blubberblasen bilden sich in ihren Barthaaren. »Nika! Aus!«

Okay. Okay. Wie giftig ist Seife? Wen kann ich anrufen? Tierarzt. Gespeichert unter »Tierarzt«. Scheiße. Nebel. Kein Netz. Auch auf dem Dach nicht.

»Nika! Komm!« Ich haste den Hang hinter der Hütte hinauf. Ducke mich unter nassen Fichtenästen durch. Tippe immer wieder auf mein Handy. Einfach kein Netz. Fast kein Akku mehr. Woraus besteht Seife? Was für eine hirnverbrannte Aktion. Gleich beiße ich in den nächsten Baumstamm.

Dann, endlich, Netz. Ich wähle.

»Hallo, mein Hund hat eine Seife gefressen, aber mein Akku ist gleich leer, wie gefährlich ist das und was muss ich machen?«

»Um welchen Hund handelt es sich denn?«

»Nika. Also ein Briard.«

»Und wie viel Seife?«

»Eine. Eine Seife. Palmolive.«

»Also, im Normalfall...« Piiieep.

Weg. Akku leer.

Nein. Nein, nein, nein, nein, nein! »Nika!« Ich seh sie nicht.

»NI-KAAA!«

Ah, da kommt sie. Bis zu den Ellbogen voller Schlamm. Bart voller Schlamm. Mit fluffigem Schaum drauf. Keuchend sperre ich ihr noch mal das Maul auf. Sie rülpst mich an. Wilder Flieder. »Oh, Nika!« Mein Wortschatz hat sich drastisch reduziert. Nach welcher Zeitspanne treten Vergiftungssymptome auf? Halbe Stunde? Länger? Wir müssen ins Tal. »Komm!«

Ich fliege über Stock und Stein, die Almwiese hinunter, durch das dolinenverseuchte Steinbrockenfeld, über den Zaun...

Und stutze. Ein Motor röhrt uns entgegen. Ich spähe über den Gana-Kessel. Früher waren meine Augen besser. Aber das ist... Kilian! Der Suzuki rumpelt über die Steinbrocken, dass ich fürchte, er fällt um. Ich winke. Renne los. Ein Fell-und-

Schlamm-Monster überholt mich. »Nika!« Wahrscheinlich sollte man sich mit Seifenvergiftung nicht verausgaben? Bis zum Suzuki rennt sie.

Kilian stoppt. Macht die Beifahrertür auf.

Und heraus springt – »BILLY!!«

Nika rammt ihn von der Seite. »Whäff! Whäff!« Er dreht nur sacht den Kopf weg.

»Oh mein Gott, Billy.« Blind vor Tränen sinke ich vor ihm auf die Knie. Rubble ihn. Umarme ihn. Küsse seine Stirn.

Er dagegen schleckt nebensächlich über mein Gesicht. Und schnüffelt, als wäre nie etwas gewesen, an wichtigen Botschaften am Wegrand. Lässig-souverän, mein Hund. Im Gegensatz zu mir.

»Vor deinem Bus ist er gesessen«, erklärt Kilian leise.

»Vor meinem Bus?«

Kilian nickt.

Ich schaue ihn an, hinter meinem Tränenschleier. »Danke«, nuschle ich. Und »ich versprech, ich werd anders. Ruhiger oder was weiß ich.«

Da seufzt er. »Nein. Bleib bitte du.«

Ich fliege in seine Arme. Hänge an ihm wie ein Klammeraffe und vergesse völlig, meinen Hund an die Leine zu hängen. Aber der hat Gott sei Dank momentan genug vom Abhauen.

»Willst du wissen, was mein Lebenstraum ist?«, murmelt Kilian später leise in mein Ohr.

»Hm?«

»... die Wüste sehen. Die Sanddünen.«

Wenn ich nah genug neben ihm liege, kann ich seinen Herzschlag hören. Immer gleich. Wie Schritte auf einen Berg.

251

»In Marokko gibt's Dünen«, sage ich. »Da kommt man sogar relativ einfach hin.«

Er zuckt mit den Schultern. »Für so was ist einfach keine Zeit…«

Ich schiele auf die Sterne draußen vorm Fenster. Das stimmt. Kilian steckt immer mitten in irgendeiner dringenden Hirschphase. Hirsche sind wilde Tiere. Wie Gnus in Afrika. Nur, dass ihr Lebensraum bei uns so eingeschränkt ist, dass alles, was Hirschnatur ist, zum Problem wird. Sie fressen den Wald, sagt der Forst. Sie fressen die Ernte, sagen die Bauern. Kilian hat sein Rudel halb gezähmt, um wenigstens ein paar Probleme abzufedern. Und deswegen kann er eigentlich nicht weg. Kein Urlaub. Keine Wüste.

»Würdest du hinfahren mit mir?«, fragt er leise.

»Hm?«

»In die Wüste. Würdest du hinfahren mit mir?«

»Äh… logisch.«

Es gibt zehn Tage im April, wo's theoretisch möglich wäre, das Revier allein zu lassen. Ich buche sofort einen Flug. Zack.

Alles klar.

Kilian und ich werden nach Marokko fliegen und die Sahara sehen.

Wir werden das Land verlassen. In einem Flugzeug.

So. Und jetzt brauche ich einen Babysitter für vier Hühner, drei Schafe und drei Hunde.

Kein Problem…

Doch.

Meine Eltern reißen ihr altes Bad raus und haben das Haus voller Handwerker. Fritzi ist auf einer Kreuzfahrt. Mein Bruder arbeitet in England. Und Anika steckt mitten in den Vorbereitungen für eine Ausstellung.

»Fuck!«, zische ich.

In dem Moment stakst ein schwarzes Knochengestell auf Kilians Haus zu. Alleine.

Ich binde Billy an einen Baum und gehe der alten Dogge entgegen. »Hallo, Lucy. Wo kommst du denn her.« Sie seufzt. Hingabe.

Ich habe die Nummer ihres Besitzers noch gespeichert. Unter L wie Lucy.

»Dein Hund ist bei mir«, erkläre ich freundlich. Und der Holzknecht flucht in sein Telefon. Er hat keine Zeit, tagelang seinen Köter zu suchen, und alle Haxen wird sie sich noch brechen, wenn sie nicht bleibt, wo er sie ablegt, zefix.

Er heißt Roman. Seit vielen Jahren arbeitet er für denselben Betrieb wie Kilian. Lucy ist der Hund seiner Ex. Die nach der Trennung zurück zu ihrer Mutter nach Australien gezogen ist. Sydney. Keine Dogge in der Wohnung. Aber auch Romans Leben ist nicht ausgerichtet auf einen alten Hund. Eigentlich müsste er sie jemand anderem geben.

Lucy klebt an meiner Seite, während ich zuhöre. Ihre Vorderbeine zittern. Ich setze mich auf einen Stein und Lucy legt seufzend ihren riesigen Kopf auf mein Knie. Ich schiele zu Billy. Der uns von seinem Baum aus beobachtet. Und dann macht er Sitz und schnappt unternehmungslustig in die Luft: »Haffff, Hafff.«

»Vielleicht können wir einen Deal machen«, sage ich ins Telefon.

Als Roman seinen Pick-up Kilians Auffahrt heraufrumpeln lässt, stellt Billy vom Nacken bis zum Schwanz die Haare auf. Ganzkörper-Irokese.

Den hatten wir schon lange nicht mehr.

Roman steigt aus und Billy fängt an zu knurren. Leise. Die Augen zu Schlitzen zusammengekniffen. Reglos.

Der meint's ernst.

Ich zerre ihn rückwärts zum Bus und stopfe ihn hinein. Schiebetür zu. »WHARRRRR, WHARRRRR, WHARRRRR!«

Er führt sich auf wie ein Wahnsinniger.

Gori und Nika dagegen lassen sich von Roman durchs Fell wuscheln und schnuppern interessiert an seinen Bergschuhen. Das muss ein Hundeding sein mit Bergschuhen.

Jedenfalls. Der Deal.

Roman könnte in Kilians Gästezimmer wohnen und auf unseren Zoo aufpassen, solang wir in Marokko sind.

Im Gegenzug könnte Lucy ab und zu bei uns bleiben, wenn wir wieder zurück sind und Roman zu weite Strecken gehen muss.

»Vier Hunde«, seufzt Kilian.

Ich hab's noch nie lange genug in einer Beziehung ausgehalten, um diesen Gesichtsausdruck zu erleben. Liebevolle Resignation. Völlig unscheinbar. Aber mit so viel mehr Bedeutung als alles, was davor war. »Win-win. Hätte ich gedacht«, sage ich.

Vielleicht… war ich wirklich ein bisschen vorschnell.

Das merke ich, als Roman davonfährt und ich Billy aus dem Bus hole. Mit Schaum vorm Maul. Er ist zornig.

Meinen schönen Urlaubsdeal wird er in der Luft zerreißen.

»Meine Mama könnte auf den Billy aufpassen …«, meint Kilian.

Kilians Mutter ist 84 Jahre alt und lebt allein in ihrem Haus am Waldrand. In schneereichen Wintern (die's nicht mehr gibt) führt die Skiroute vom Dorf weg direkt an ihrem Gartenzaun vorbei.

»Oh!«, hauche ich.

Ich kenne Kilians Mama noch nicht so gut. Und bis jetzt mache ich sein Leben eher komplizierter als einfacher. Ich weiß nicht, wie seine Mutter das findet und ob ich ihr wirklich als erste Tat meinen »bösen schwarzen Hund« aufbürden sollte. Für zehn

Tage. In denen ich außer Landes bin.

Aber sie sagt, »kennenlernen will ich ihn ja sowieso irgendwann«. Daran führt kein Weg vorbei.

Und so stehen wir, an einem Sonntag, mit schwitzigen Händen, Kuchen vom Bäcker Pritzl und meinem schwarzen Berserker vor ihrer Tür.

Durchs Wohnzimmerfenster sehe ich, wie sie sich aus ihrem Lehnsessel hievt, als wir klingeln. Sie humpelt. Stützt sich beim Gehen an der Wand ab.

Ich stoße Kilian den Ellbogen in die Seite: Das können wir nicht machen! Ich kann diese filigrane alte Frau nicht mit einem unberechenbaren 38-Kilo-Geschoss allein lassen …

»Ah, da seid's ja.« Ihre Stimme ist leise. »Grüß dich, Billy. Na, komm rein.«

Billy wedelt zweimal mit dem Schwanz, drückt sacht seine Schnauze an ihre Hand und steigt nach ihr über die Schwelle. Langsam folgt er ihr bis ins Wohnzimmer. Sie zeigt ihm eine Hundedecke. Die inspiziert er. Und als sie sich wieder in ihren Lehnsessel setzt, legt er sich auf seinen Platz neben sie.

»HFFFFFFF.«

Ich stehe in der Tür wie nicht abgeholt.

»Ich hab euch einen Kaffee gemacht, der steht in der Kanne auf dem Tisch«, sagt sie. Ich nicke. Gieße zwei Tassen voll. Während Kilian draußen das alte Laub aus der Dachrinne kratzt, wenn er schon da ist …

Ich trinke meinen Kaffee. Höre Kilians Mutter zu, wie sie vom alten Maxl erzählt, der nur auf der Ofenbank sein wollte. Antworte auf ihre Fragen über Billy. Was er fressen mag. Ob er nachts mal rausmuss. Was man halt so redet.

Dieses Wohnzimmer ist gefüllt mit einer Präsenz, die ich so nur in einem nordindischen Tempel für wahr halten würde.

Ich glaube, das sind die beiden.

Die alte Frau und der wilde schwarze Hund.

2021, 5. Mai, 08:00 Uhr

Kilian mag keinen Haferbrei. Kaffee auch nicht. Mit einem knappen Nicken geht er raus und streichelt Billy über den Kopf. Nur kurz. Flüchtig. Wie sie's immer getan haben. Keine Knuddler. Alle beide nicht.

»Zähneputzen!« Die kleinen Füße rasen aus der Küche. »Und nicht die Nika rauslassen!«, rufe ich noch. Natürlich zu spät. Die Kinder lassen nach dem Frühstück immer die Nika raus. Heute genauso wie jeden Tag.

Sie fragen: »Ist der Billy schon im Himmel?«

Ich küsse sie auf die Stirn und sage, »nein, noch nicht«.

Ein Kinderherz ist wie ein Hundeherz. Keine Angst vor irgendwann. Alles ist gut. Erde ist gut. Himmel ist gut.

»Zähne putzen«, sage ich mit Nachdruck.

Draußen patscht Nika ihre Tatze auf Billys Rücken. Wie sie's macht, seit sie sieben Wochen alt ist.

Ich will nicht, dass sie ihn stört. Oder umrennt oder so was. Aber was denke ich mir. Sie haben ihr ganzes Leben zusammen verbracht.

Wir sind eine Einheit, sagt er. *Das wird sich nie ändern.*

Gori hüpft auf den Terrassentisch. Wo er sich sonnt. Wie immer, wenn niemand aufpasst.

Und Billy legt seinen Kopf zwischen seine Pfoten. Müde. Aber mittendrin.

Immer noch und für immer.

2017
Böse Katze. Braver Hund

Vor unserem Zimmer in Marrakesch brüten zwölf Storchenpaare auf der Palastmauer. Ich mache ein Foto von ihnen. Als Erinnerung an einen Traum…

Und dann fahren wir los. Über Straßen und Serpentinen aus rotem Staub, das Atlasgebirge, steinige Pisten… und in die Wüste. In einem alten Toyota zu den Dünen von Mhamid. Wir fahren durch einen Sandsturm. Winziger Sandsturm, kein Ding, und trotzdem haben wir Sand überall. In den Ohren. In den Augen. Sogar hinter den Gürtelschnallen von unseren Jeans.

Wir reiten auf einem von einem Nomadenjungen geführten Kamel in eine sternenklare Nacht und schlafen in den Dünen der Sahara. Es regnet und wir haben nicht wirklich ein Zelt. Aber in zehn Minuten ist wieder alles trocken. Wüste halt. Ich wickle ein Tuch um mein Gesicht und bin für zehn Tage eine Nomadin. Ein Gefühl zwischen voll da sein und verschwinden. Ich bin ein Sandkorn in der Wüste. Das erste Element.

Am fünften Tag telefoniere ich mit der Oma daheim. »Billy ist sehr brav«, höre ich sie schmunzeln und im Hintergrund höre ich ein zufriedenes Hundegrunzen. »Musst dir keine Sorgen machen.«
Als ich auflege, ist es, als würde meine Haut knistern. Ich muss mir keine Sorgen machen. Die zwei sind glücklich.
Und ich auch.
Ich kann's auch sein.

Verzweiflung verdorrt in der Wüstenluft. Zerschmurgelt.
Wie alter Schlamm. Sie verliert jede Form, in der glühenden Sonne. Ich muss sie nur abschütteln, wie Dreck von meiner Haut. Alte Verzweiflung.
Bröselt einfach weg und rieselt in den Saharastaub, unkenntlich, alles gleich, Sand in der Wüste.

Kilian winkt mir zu, von seinem Kamel aus. Ein echt seltsames Gefühl breitet sich aus. Flirrt auf dem Sand, überall: Die ganze Welt gehört uns. Wir haben Liebe. Dünen. Eine Oma. Und die

Freiheit, auf dem hässlichsten Kamel der Welt in der Sahara in den Sonnenuntergang zu reiten.

Und, wenn du willst, du und ich ... für immer.

Als wir nach Hause zurückkommen, haben wir ein Leuchten in den Augen. Ich bin anders. Neu. Hell wie der Wüstensand. Auch wenn alles so ist, wie's vorher auch war: Verantwortungsbewusster Kilian, der das Gepäck wegräumt und sofort eine Runde durchs Revier dreht.
Lustige Nika und eifriger Gori, die sich überschlagen vor Freude und Aufregung, und überhaupt: *Wo wart ihr!!?*
Wortkarger Roman, der berichtet, dass nichts vorgefallen ist.
Klapprige Lucy, die zu arg mit dem Schwanz wedelt und umfällt ...
Und auf einmal packt mich etwas am Bein. »Huch!!« Es kratzt mich. Beißt mich. »AAAh!«, schreie ich.
Das Untier verschwindet unsichtbar in den Hortensien.
»Da habt's ein Sauviech. Aber mich beißt der nimmer«, knurrt Roman und steigt in seinen verbeulten Pick-up.
»Äh ... wer??«, frage ich.
»Euer Kater da. Sauviech.«
Ich spähe misstrauisch zwischen die dicken Blätter der Hortensie. Ich sehe keinen Kater. Und eigentlich hätte ich gedacht, ich habe nur *ein* Sauviech.
»Ich muss weiter«, brummt Roman. Und rumpelt davon, Motorsäge und Zeug scheppernd auf dem Pick-up.
Lucy lehnt neben mir. Ein fingerdicker Sabberfaden hängt von ihrer Lefze. Eifrig tritt sie von einer Pfote auf die andere. Ich werde das Gefühl nicht los, dass wir Roman nicht so schnell wiedersehen werden. »Okay. Habt ihr Hunger?«

Und dann hole ich meinen Billy von der Oma ab.

Kaum stelle ich den Motor ab, höre ich: »Wuu-Wuuu-Wuuu!« Er grinst bis zu den Ohren. Macht Sitz, gibt mir seine Tatze und zieht mir die Mütze vom Kopf.

»Hallo, Bongo-Bong«, sage ich leise.

Die Oma hält hinterm Küchenfenster eine Kaffeetasse hoch und ich nicke.

Zwei bernsteinfarbene Augen studieren mich. Erkennen, dass alles gut ist. Ich streiche über das Samtfell auf seiner Stirn. Jetzt ist mein chaotischer Haufen wieder komplett. Wer hätte gedacht, dass wir mal so viele werden. Und ich liebe sie alle. Die mit Fell und die mit Haut…

Zurück vor Kilians Haustür werde ich zum zweiten Mal angefallen, von dem unsichtbaren Biest. »Au!!!« Ich wollte gerade aus dem Auto aussteigen. Und springe mit blutiger Wade zurück auf den Fahrersitz.

»RRRHOARRRRR! RHOARRRR!«, tobt Billy hinter mir.

»So steigen wir nicht aus, das kannst du vergessen«, erkläre ich ihm ruhig. Ich bin hell. Mir geht's gut. Ich weiß, wer ich bin… (zu *mindestens* 60 bis 70 Prozent)… und was ich kann. Ich kann *locker* warten, bis mein Hund aufhört zu kläffen.

Dann erst steigen wir aus.

Seine Pfoten berühren noch nicht ganz den Boden, da fährt er wie ein schwarzer Blitz in die Hortensien. »RRRHOARRRR! RHOARR, RHOARR, RHOARR!«

»Gaaaooooooo!«

»RHOARR, RHOARR, WHIJUUU!«

Und irgendwie war die Haustür nicht zu oder Nika hat sie aufgesprungen oder Lucy war's… jedenfalls kläffen vier Köter die verdammten Hortensien an. Billy blutet am Auge und an der Nase. Ich sage glasklar und ruhig: »Klappe halten.« Zielgerichtet stopfe ich Billy zurück ins Auto und verstaue die drei anderen wieder im Haus. Greife nach dem Besen, der vor Kilians Haustür hängt und mehr Spinnweben als Borsten hat. Und biege damit die Hortensien zurück.

»FFCH-CH-CH-CH!!«

Ein grauer Kater hängt dran. Bohrt seine Krallen in den Stiel und beißt die letzten Borsten vom Besen. »Hupp-o!«, japse ich erschrocken. Der Kater starrt mich an mit gelben Augen. Aber das kann ich auch.

Als Kilian von seiner Kontrollrunde im Revier zurückkommt, findet er mich so: Besen abwehrbereit in der Hand. Blick auf die Hortensien fixiert. »Da ist eine böse Katze drin.«

»Was??«, fragt er. Und zack, hängt der Kater an Kilians Hosenbein. Mit messerscharfen Krallen und samtigem Fell. Kilian packt ihn am Nacken und hebt ihn noch. »Jaaa-gaaaaaooo«, macht das Vieh.

»Das heißt Jakob«, knurre ich. »Jaggl.«

»Zisch ab, Jaggl«, knurrt Kilian und lupft den Kater über den Zaun. Aber zack, springt er wieder rein und rauf auf den Terrassentisch. »Jaaa-gaaaaooooo.«

»Der Billy frisst dich«, warnt Kilian den Kamikazekater.

»Ja-gaaaooo.«

»Ja, dann is' mir wurscht, aber gesagt hab ich's dir.«

Das war der Tag, an dem wir eine halbe Dogge und eine ganze Katze gewonnen haben.

Eine Aufgabe. Wie man sich vorstellen kann.

»WHORR! WHORRR! WHORRR!!«

»JAGAAAA-OOO!«

Ich buche einen Workshop bei Stephanie Lang von Langen. Impulskontrolle.

Weil ich meinen Hund dazu bringen muss, etwas *nicht* zu tun.
Den Jaggl nicht in der Luft zu zerreißen.
»WHOAAAARRRRRRRR!!«

Ich lerne, dass Billy nicht unbedingt Aggression gegen den Jaggl zeigt, sondern ein Jagdverhalten. Und das läuft automatisch ab. Wie ein Reflex.
Ich lerne, dass dieses Jagdverhalten von Hormonen gesteuert wird. Durch Stress oder Gewohnheit immer öfter ausgelöst wird, wie eine Entladung. Und nicht wegzutrainieren ist.
Suuuuper.
Aber – umleiten kann man's. Stephanie schaut in die Teilnehmerrunde.
Ich ducke mich in meinen Stuhl. Ich fühle mich wie ertappt.
Auf einmal ist alles, was Billy macht, so logisch. Er hat sich's antrainiert. Perfektioniert.
Und schon nickt Stephanie mir zu. »Fangt ihr gleich an. Dann hast du's hinter dir.«
Oh, bitte nicht.
»Wir machen zuerst eine Trockenübung«, zwinkert sie. Ohne Hund. Damit ich den Ablauf lernen kann.
Dazu spielt Stephanie meinen »Hund«. Ich soll mit ihr an der Leine einmal im Kreis um den Seminarraum gehen. Nach jedem zweiten Schritt soll ich stoppen und der Hund macht Sitz.

Was soll ich sagen. Ich mach's richtig scheiße.
Mein »Hund« interessiert sich für alles außer mich. Ich muss »ihn« ständig zurückziehen. »Er« bleibt einfach nicht neben mir. »Stephanie, du passt überhaupt nicht auf«, murmle ich.
»Nein. Warum sollte ich?«
»Weil das die Übung ist??«
Sie klatscht in die Hände, als hätte ich etwas sehr Kluges gesagt.
»Dazu musst du aber die Stärkere von uns beiden sein.«
... bin ich nicht?

»Mach mal starke Schritte. Selbstbewusst. So als würde dir der Boden, auf dem du läufst, gehören.«
Oh nein, nicht das schon wieder …
Sie grinst wie ein Tiger. »Sollen wir das kurz üben!?«

Ugh. Alle Teilnehmerinnen. Üben, im Kreis zu gehen. Mit *starken Schritten*. Aufgerichtet. Selbstbewusst. Mit Präsenz. Wenigstens zehn starke Schritte.
Sie wissen ungefähr, wie alt ich bin. Und ich kann, sogar in meinem Alter, keinen einzigen starken Schritt machen!!

»Sehr gut!«, ruft Stephanie irgendwann. Der Seminarraum seufzt erleichtert. »Und jetzt mit Hund!«
Sie lächelt mich an.
»Okay … Und … wenn er Attacke macht?«
»Dann blockst du ihn.«
Blocken.
»Nur, wenn du dich traust.«
Keine Ahnung, ob ich mich traue?
Stephanie zeigt mir, was sie meint: Mit einer Vierteldrehung und einem Schritt vor den Hund treten. Ohne Schnörkel. Ohne Wut. Bloß ein Schritt.

Stephanie reicht mir die Leine. Sie ist noch mal mein »Hund«.
Ich gehe neben ihr. Beobachte sie. Ich bleibe locker in den Knien. Wie bei der Skigymnastik.
Stephanie kriegt einen starren Blick. Wird niedrig. Und springt nach vorn.
Ich mache Vierteldrehung. Direkt in ihren Sprung.
»Uff«, keucht sie. »Sehr gut.«

Und dann wird's ernst.
Ich hole Billy aus dem sicheren Auto. Er hat einen Maulkorb um. Wegen weniger Stress. Sein Rückenfell macht einen

Irokesen.

Da ist Stephanie mit ihrem Hund.

Er starrt – Vierteldrehung. »Sitz.« Frolic. »Super!«

Ich gehe zwei Schritte.

»Sitz.« Frolic. »Super!«

Noch mal zwei Schritte.

»Sitz.« Frolic. »Super!«

Ich bin schweißgebadet.

»Toll gemacht!«, erlöst mich Stephanie. Billy kann ins Auto.

Und die nächste Teilnehmerin ist dran: »Starke Schritte.«

Ich habe Zeit jetzt. Zeit, mich zu fragen: Wie gehe ich eigentlich? – Geduckt.

Wie setze ich die Füße auf? – Zögernd. Ich schlurfe.

Wo ist mein Blick? – Auf dem Boden. Immer auf dem Boden.

Was denke ich, wenn ich gehe? – Hoffentlich sieht mich keiner.

Das muss ich ändern. Das werde ich ändern. Weil, starke Schritte! Das ist es. Ich bin erleuchtet. Und der Kater kann kommen.

Und dann kommt der Tag, an dem Kilian seinen Job und sein Zuhause verliert.

Um 18 Uhr kommt der Anruf vom Chef. Kilian soll in die Verwaltung kommen. Es gibt ein Gespräch: Wochenendpapa sein. Mein schlechter Einfluss. Verwelkte Geranien am Balkon des Jagdhauses. Und während Kilian auf einem Kamel durch die Wüste geritten ist, sind zwölf Hirsche durch den Wildzaun und auf die saftigen Wiesen der Bauern. Kündigung.

»Das ist ein Witz!«, schreie ich auf. Das meint der Chef nicht so. Das kann er nicht machen. Das stimmt doch alles nicht! Das muss er zurücknehmen!

Aber Kilian schüttelt den Kopf. Er kann nicht mehr. Er hat

dem Chef sofort sämtliche Schlüssel auf den Tisch geknallt. Den Arbeitsvertrag aufgelöst. An dem auch die Dienstwohnung hängt. Aus. Ende. Nix mehr. Zum ersten Januar müssen wir raus. Ich schlucke. Ich habe meinen Bungalow gekündigt ... und abgesehen davon hätten wir da sowieso nicht alle reingepasst. Und die Hühner und die Schafe ...

»Vielleicht gibt's ...« noch eine Möglichkeit, wollte ich sagen. Aber Kilian sperrt die Waffentruhe auf, kippt alle Munitionsschachteln in eine Ikeatasche und fährt sie rüber zu seinem Kollegen vom Nachbarrevier. »Und mit dem Erschießen bin ich fertig. Fertig.«

Okay. Dagegen gibt's kein Argument.

Ich habe keine Ahnung, wie wir in der Zeit, bis Kilian seine Dienstwohnung räumen muss, irgendwas finden sollen. Ein Zelt vielleicht. Eine Jurte.

»Wir mieten einen Lagercontainer und gehen auf die Alm«, schlage ich vor. »Oder wir wohnen so lange im Bus.«

»Oder wir gehen mit den Schafen auf Wanderschaft«, lacht er. »Ein Hoch auf die Freiheit!«

»Ein Hoch auf die Freiheit!«, juxe ich. »Wir können tun, was wir wollen!«

»Wir können tun, was wir wollen!«, stimmt er mir zu. Und dann hebt er mich hoch, mit einem diabolischen Grinsen, und kippt mich in den Brunnentrog.

»Haaaaaahhhh!!!« Das Brunnenwasser ist eiskalt.

Eiskalt.

Ich bleib drin sitzen. »Hier in diesem Brunnen hocken nur die Mutigen!«, schreie ich.

Und zerre ihn kopfüber neben mich.

Wir sind unbesiegbar.

Kilian hat die Kinder zur Oma gebracht.

Sie haben »Ciao« gesagt zu Billy, ihm ein Geschenk gebracht, das er nicht essen wollte, aber vielleicht später ... und haben gewunken, bis sie hinter der Biegung verschwunden waren.

Sie wissen, dass er alt ist. Und nicht mehr viel Kraft hat. Und dass man dann, irgendwann, unsichtbar wird und nur seinen Körper zurücklässt.

Ob er uns dann noch sehen kann im Himmel, fragen sie. Ob er trotzdem noch bei uns sein kann.

Dann sage ich Ja. Und wenn wir träumen, können wir auch zu ihm.

Und ob der Himmel und das Weltall dasselbe sind, fragen sie.

Dann sage ich, kann sein, aber ich glaube, der Himmel ist noch viel mehr als das Weltall. Ich glaube, dass der Himmel überall ist. Vor allem jetzt gerade hier, wo wir sind.

Spätestens dann schauen sie mich skeptisch an. Aber ich bleib dabei: ganz bestimmt. Fühlt nur mal, wenn ihr jemanden total gern habt. Wenn ihr voll aufpasst, nur auf dieses Gefühl ... dann seht ihr's. Dass der Himmel mehr ist als die Atmosphäre und das Weltall. Der Himmel ist gleichzeitig genau da, wo ihr seid.

Ich weiß nicht, ob sie's mir glauben. Ich hoffe, schon. Es ist nicht gut für die Welt, wenn wir am Himmel in uns zweifeln.

2018
Billy und die Brotzeit

Hinter mir lehnt eine Ruine windschief in der Gegend. An einem Eck nur noch getragen von viel Glück und vier Baustützen. Gerade schwebt das Dach – besser gesagt, die linke Hälfte des wurmstichigen, 250 Jahre alten Dachstuhls – am Kran baumelnd vor meine Füße. Wie ein Skelett. Ich halte ein Nageleisen und eine Beißzange in der Hand. Leicht schwindlig im Kopf warte ich, bis der Kranfahrer die Ketten löst. Dann fange ich an. Nägel raus. Die staubigen Dachlatten in den Altholzcontainer. Aber die alten Balken behalten wir. Die werden mal unsere Treppe. Unsere Türschwellen. Ich darf keinen Nagel vergessen, denn im Sägewerk schrauben sie mir den Kopf runter, wenn mein »glumpertes Wurmholz« die Sägeblätter schrottet. Also Konzentration. Sauber greifen. Ziehen. Nagel in einen Eimer legen.

Über mir ragt der nackte Giebel in den Himmel und im Haus stehen zwei Bagger. Einer gräbt die alte, undichte Mistgrube weg. Der andere kratzt die unplanmäßig eingestürzte Eckmauer zwischen den Baustützen zusammen und schaufelt sie auf den Unimog. Den gleich irgendwer, der Zeit hat, auskippen muss. Im Zweifelsfall ich. Einen dritten Bagger gibt's auch. Ein Stück neben dem Haus. Der gräbt völlig unabhängig und allein ein großes Loch. Für die Bio-Kläranlage. Rundherum wuchern Brennnesseln, Dornen und hüfthohe Büschel Schilfgras. Es ist ein Batz. Ein Sumpf. Ein Verhau und völlig aussichtslos.

Wir haben ein neues Zuhause gefunden.

Manche Nägel sind so tief ins Holz hineingefressen, dass sie sich keinen Millimeter bewegen. Schweißtropfend zerre ich am Nageleisen. »Goaß-Hax«, sagt der Zimmerer. Ich suche mir einen besseren Winkel. Mit Gefühl. Und dann mit Kraft …

»Hey!« Irgendwo in der Peripherie höre ich einen Pfiff. »Kann jemand mal den schwarzen Hund da wegtun?«

… Nageleisen zum Körper ziehen. Bizeps und Latissimus. Umgreifen. In die Tiefe drücken. Es muss eine Bewegung sein. Pfiff. »Chefin! Dein Hund!«

Was für ein Hund?

Die Hunde sind im Auto im Schatten. Gerade vorhin war ich mit ihnen beim Bach. Ein bisschen abkühlen. Den langen Tag auflockern. Billy ist kein Wasserhund. Er hasst Schwimmen und alles, was spritzt. Aber sich ans flache Ufer legen, das klare Bergwasser an seinen Bauch plätschern lassen und nach Fliegen schnappen – super.

»Oh, Scheiße. Billy!« Kilian balanciert ganz oben auf der Hausmauer. Da, wo gerade noch das Dach war. Er kettet etwas an den Kran. Wenn ich zu ihm hinaufschaue, kriege ich hier unten am Boden Höhenangst.

»Billy!«, schreit Kilian noch mal. Und deutet fieberhaft zum dritten Bagger. Dem bei der Bio-Kläranlage.

Ich lege mein Nageleisen weg. Bewege mich in Richtung Bagger. In dessen Schaufel ein Steinbrocken balanciert, so groß wie mein Küchentisch. Der Baggerfahrer gestikuliert zu dem Sumpfgras vor seinem Loch.

Fedrige schwarze Schwanzhaare. Ein Büschel Halme, das schaukelt.

»Billy!«

Samtige Klappohren. Ein bernsteinfarbener Blick, kurz, zu mir. Und dann hinaus, über das Sumpfgras und das weite, nicht eingezäunte Feld. Bis zum Wald.

»Billy, komm!« Trällere ich. *Bitte nicht abhauen, wir kennen uns hier noch nicht aus!*

Seine Nase wittert im Wind.

Okay. Ich muss irgendwas machen. Wenn ich hinrenne, ist er weg.

»Billy! Hopp!!«

Umdrehen und zum Haus gehen. Als wäre dort ein Kühlschrank, den ich nur aufmachen muss. Köstlichkeiten für Hunde herausholen. Leberwurst. Ich visualisiere Leberwurst. Und vielleicht ein Bier für mich. Zuversichtlich klopfe ich an meinen Oberschenkel: »Schau! Fein!«

Und gehe weiter. Gehe. Weiter. Ich höre Stephanies Stimme neben meinem Ohr: »Starke Schritte.«

»Okay«, sage ich, obwohl überhaupt niemand da ist, der mich hört. »Starke Schritte.« Und gehe v o r w ä r t s.

Klimper, klimper, höre ich die Hundemarke. Federnd trabt er daher. Ja! Wirklich! *Trab, trab,* Hundegrinsen, Sitz.

»Super, Billy!« Oh, Erleichterung. »So is' er brav, Billy.« Was geb ich ihm nur. Hat irgendjemand ... Ah. Zimmerers Brotzeitbox. »Da schau her. Mmmh. Jamm.« Pumpernickel mit Käse. Pumpernickel mit Streichwurst. Und *Happ.* »Sehr gut.« Wirklich sehr gut. Besser geht's nicht.

Starke Schritte. Das ist die Gabe guter Hundemenschen. Selbstbewusst vorwärtsgehen und wissen, wohin. Das gibt Sicherheit. Hunde wollen Sicherheit.

Menschen, die diese Gabe haben, fragen sich jetzt wahrscheinlich: Was ist schon groß dabei? Einfach gehen.

Aber für mich? Für mich ist es DIE GABE.

Und an Tagen, an denen ich sie nicht habe, brauch ich einfach Glück.

So. Billy ins Auto. Zum Gasthof fahren und Mittagessen für alle holen, wenn ich schon die Brotzeit an meinen Hund verfüttere. Dass er beim Zurückkommen mit mir aussteigt, merke ich nicht. Am Nachmittag finde ich ihn, selig schlafend, an einem sonnigen Fleck am Hauseck. An seinen Pfoten klebt blaugrauer Lehm. Seine Schnauze ist paniert mit den Bröseln eines Maulwurfshaufens.

Aber bevor ich entsetzt »BILLY!« japsen kann, hat sich der Baggerfahrer neben ihn auf eine leere Bierkiste gesetzt und bringt ihm mit Leberkäsunterstützung neuen Unsinn bei: »Sag Aff!«

»WHAFF.«

Der sonnige Fleck am Hauseck gehört von dem Tag an Billy. Niemand stellt dort Paletten ab. Kein Bauschutt wird dort ausgekippt. Die leere Bierkiste daneben wird der Brotzeitplatz Nummer eins.

Von dieser Baustelle, von diesem Haus … haut Billy nicht ab.

Angeblich sind ein paar Wanderer, die nicht weit von der Baustelle Pause gemacht haben, einmal von einem großen schwarzen Hund überrascht worden. Aber das ist ein Gerücht und auf Gerüchte soll man nicht so viel geben.

2021, 5. Mai, 10:00 Uhr

Er schläft auf dem Holzboden vor Nikas Hundekissen. Nika und Gori sind mit Kilian auf dem Berg. Ich bewege mich leise. Meine Anwesenheit in meiner eigenen Küche ist ein Abstrakt. Ich weiß nicht, ob ich der Tierärztin vielleicht einen Kaffee anbiete? Oder Tee? Oder ist das unpassend … und man macht einfach …
Ich höre ihr Auto. Lautlos schleiche ich nach draußen, um ihr das Tor aufzumachen. Sie sagt höflich Hallo, schaut sich um und holt ihre Arzttasche aus dem Kofferraum. Dass wir's schön haben hier, sagt sie. Und mir fällt für mein Leben keine passende Floskel drauf ein.
»Ich weiß nicht, ob ich das kann«, stolpert es aus mir heraus.
Sie nickt. Fasst ganz kurz meine Hand. Und verspricht, dass wir in meinem Tempo vorwärtsgehen.
»Wollen Sie einen Kaffee?«, frage ich. Und das ist mein Zeitfenster.
Sie lächelt. Sehr gerne.
Wir gehen ins Haus. Ich starte die Prozedur mit meiner Kaffeekanne. Billy schielt schläfrig von seinem Platz vor Nikas Kissen, rappelt sich hoch, um an der Tierärztin zu schnüffeln, plumpst zurück auf den Boden, und ich erzähle. Wie er war. Wie er ist, und von seinem ersten Tag in diesem Haus …

2019
Diddy, 'auf!

Mit ein paar Planen als provisorischer Haustür und einer Leiter anstatt einer Treppe zum ersten Stock ziehen wir ein.

Drei Schafe, vier Hühner, ein böser Kater, drei Hunde, Kilian, ich … und unsere zwei kleinen Mädchen.

Sie sind Novemberkinder. Geboren an einem Tag, an dem's einen halben Meter Neuschnee gegeben hat. Sie waren ein Zufall. Kein Mensch hat mehr mit ihnen gerechnet.

Sie sind noch winzig, aber jetzt schon grundverschieden. Die »Große« ist ein Sonnenschein. Ihr ist nie langweilig. Sie lebt fröhlich im Tragetuch. Dick eingepackt kann ich mit ihr stundenlang durch den knisternden Raureif stapfen. Die »Kleine« … ist anders. Hasst festgehalten werden. Drischt ihren Schnuller aus dem Kinderwagen. Falls ich sie überhaupt da reinkriege … Ich sag's Ihnen.

Fritzi vermacht mir in weiser Voraussicht den geräumigen Sportbuggy ihrer Kinder. Zusammen mit einem wunderschönen Fellsack und viel Platz für eine Wärmflasche.

Das geht besser.

Jeden Tag stapfen wir mit den Hunden auf die Wiese hinaus. Machen Sitzen-bleiben-Spiele. Nicht-den-Ball-nehmen-Spiele. Such-das-Leckerli-Spiele. Billy meint meistens nach ein paar Minuten, ach, hab ich schon gemacht, und pflanzt sich auf den kleinen Wiesenbuckel, von dem aus er übers weite Land schauen kann. Über die Baumwipfel und zwischen den Bergen durch, hinaus, bis zum Horizont …

Gori dagegen ist der totale Übungs-Junkie. Er hat einen Ball. Einen orangen. Nur den. Für den tut er alles. Bleiben. Suchen. Verweisen. Den Frisbee zusammensammeln, den Nika in ihrer Hütehundkopflosigkeit irgendwo liegen gelassen hat, und im Zorn ausgespuckte Kinderschnuller wiederfinden.

Meine »kleine« Tochter, der Berserker, gibt erst Ruhe, wenn sie zu Billy krabbeln darf. Sie patscht auf ihm herum. Hält sich an seinem Fell fest und übt Aufstehen. Lässt er alles über sich ergehen. Kennt er schon. Macht ihm nichts aus.
Ihr erstes Wort ist »Diddy.«
»Billy.«

Er wird dieses Jahr dreizehn. Das euphorische Getue wegen einem Ball ist ihm irgendwie zu blöd.
Manchmal habe ich das Gefühl, so wie er da sitzt, auf seinem Wiesenbuckel, ist er ziemlich nah an buddhistischer Meisterschaft.

Und dann schneit's. Und wie. Der Zaun ums Haus verschwindet unter weißen Wattebauschen, so viel Schnee ist das. Gori verschwindet unter dem ganzen Schnee. Muss sich durchpflügen wie ein Maulwurf, bis unsere Spielwiese aussieht wie ein Labyrinth, und in Nikas Fell hängen tennisballgroße Schneeklunker.
Über Nacht gefriert's. Überall auf der Schneedecke sind glitzernde Kristalle gewachsen, wie gläserne Federn. Nur die Spitzen vom Zaun schauen noch raus. Wir sind mitten in einer magischen Zauberwelt.
Schläfrig stehe ich vorm Haus und staune über diese überirdische Schönheit. Die Hunde hab ich vor dem Kaffeekochen schon rausgelassen, ihr Hundeding machen.
Wo sind sie denn überhaupt, ich hör sie gar nicht...
Der Zaun, ein schöner, stabiler, aus Holz, hat mich sorglos gemacht.
Lächelnd betrachte ich die Hundetatzen auf dem Schnee. Eine schöne, gerade Spur. *Trab, trab, trab*, im Hundetrott, von der Haustür zum Apfelbaum, mit Pinkelfleck, und weiter, *trab, trab, trab,* über die glitzernden Zaunspitzen, *trab, trab, trab,* zur sacht ansteigenden Almwiese, ein Meer aus fedrigen Kris-

tallen, *trab, trab, trab,* wie eine Schnur…
Moment.
Stopp.
»BILL-LLYYYYY!!!«

Gori höre ich im Wald unten kläffen. Auf irgendeiner Rehfährte. Nika rast wahrscheinlich voller Euphorie neben ihm her und beißt ihn dabei in die Wadl, durchgeknallter Hütehund, der sie ist…
»BILLL-LLLYY!!!«
Ich eiere los. Mit halb gebundenen Schuhen. Mütze schief auf dem Kopf und nur ein Arm in der Jacke. Seine Spuren patrouillieren lässig am Schafzaun entlang. Richtung Wald natürlich.
Aber dann sehe ich eine lustige schwarze Fahne im Schnee schaukeln. Ganz unbedarft weht sie ein Stück nach links, dann eifrig zurück nach rechts.
Er schnüffelt hinterm Schafstall herum. Beim Misthaufen. Und dann sieht er mich. Ein Hundegrinsen zieht sich über sein Gesicht. Freudig, mit wackelndem Kopf, trabt er auf mich zu: *Da bist du ja! Gibt's schon Frühstück?*
Ja.
Gibt's.
Für brave Hunde gibt's Frühstück.

In diesem Winter montiere ich Kufen an den Kinderwagen und kaufe mir federleichte Langlaufski. Morgens um halb sieben, wenn noch niemand auf der Loipe ist, schnalle ich ein Gummiseil an Billys Geschirr und den Kinderanhänger an meinen Hüftgurt. Hinter mir, aus dem Fellsack, kräht eine kleine Stimme: »Diddy, 'auf!«
Und ich muss es gar nicht mehr sagen. Lauf, Billy, lauf!!

2021, 5. Mai, 11:00 Uhr

Sie hat ihren Kaffee ausgetrunken. Billy hat sich näher zum Tisch gelegt. Das lange weiße Tasthaar auf seiner Augenbraue wippt. Wie ein Fühler. Eine feine Antenne. Es bewegt sich immer mit, wenn er jemanden anschielt.

Pa-DAMM, poltert es oben. Der Jaggl. Runter kommt er nicht. Aber er ist da. Das ist kurios. Aber gut.

Billy kriegt eine Beruhigungsspritze. Von der wird er einschlafen. In ein paar Minuten.

Es hat angefangen. Es ist da.

Ich warte auf einen Gedanken. Irgendeinen. Aber in meinem Gehirn ist nichts. Es gibt nichts zu denken. Ich bin da. Ich begleite ihn. Ich bleibe einfach neben ihm.

Schwankend haxelt er sich hoch und tappelt zur Treppe, zu seinem Korb.

Ich gehe neben ihm. Stütze sein Hinterteil. Er steigt allein über den Rand. Dreht sich einmal und plumpst sich in einen Kringel.

»Hhhh-hhffff ...«

Der tiefe Schnaufer, den ich 15 Jahre lang gehört habe, immer wenn er einschläft.

»Ich warte, bis er ganz tief schläft. Dann setze ich ihm die Kanüle.«

Ich lege meine Hand auf sein Herz. Die andere unter seinen Kopf.

Es ist wie immer. Es wird immer so bleiben.

Ich und mein Hund. Die Grenze zwischen meiner Hand und Billy ... löst sich auf. Ich fühle, was er fühlt. Ruhe. Dankbarkeit. Liebe. Es gibt kein Wort dafür.

Etwas steigt in mir auf. Um mich herum. Und dann sehe ich uns fliegen. Ich sehe alles, was war. So deutlich. Und doch rasen wir in Lichtgeschwindigkeit. Die Dachgeschosswohnung bei Frau Hörndl. Die wilde Isar. Den Venediger. Ich höre ein Wolfsgeheul und kugle im Schnee. Ich sehe den Jaggl vorbeirasen. Springe hoch und fange den Tennisball. Und ich spüre, wie er rennt, im

Geschirr, und mich auf den Skiern zieht. Ich sehe den Schnee glitzern und wie er im sonnigen Gras die Pfoten von sich streckt.

»Ich würde dann beginnen.« Sagt die Tierärztin.

Es ist ein vollkommenes Leben.

Es ist perfekt, höre ich ihn. *Du bist mein Ein und Alles.*

Du meins auch, Billy-Bongo. Du meins auch.

Ich werde gehalten, von einer Kraft, die alles hält.

Ich nicke.

Ich schaue nur auf sein Gesicht. Es ändert sich nicht. Er schläft einfach tief. Aber etwas zupft an mir. Flüchtig und unsichtbar. Und meine Hand fühlt sich wieder an wie vorher. Wie eine Hand. Nur eine Hand.

»Vorbei.« Sage ich.

Es ist vorbei.

Er hat aufgehört zu atmen.

Ich streichle seine Stirn. Samtige schwarze Stirn.

»Lauf, Billy«, flüstere ich. »Lauf...«

2021
Lauf, Billy, lauf...

Anika schreibt: RUN FREE!!

Sie schickt ein Foto von einem Regenbogen über den Dächern einer Stadt. Sie ist in Hamburg. Oder Berlin? Ich muss sie anrufen. Es gibt so viel... So viel.

Die Tierärztin hat in der Küche ihre Tasche gepackt. Aber ich höre, wie sie sich noch mal auf die Eckbank setzt.

Oben steigen leise Pfoten in den Wäschekorb. »Frisch gewaschen«, flüstere ich zu Billy. »Den Jaggl schießen wir auf den Mond.«

Ich weiß, wie er geseufzt hätte. Ich weiß, wie er geblinzelt und geschielt hätte. Das werde ich immer wissen. Meine Hand wird sich erinnern, wie sich sein Fell anfühlt. Ich werde immer schmunzeln, wenn jemand eine Leberkässemmel isst, und in Gedanken flüstern: »Billy, sag Aff!«

Ich gehe in die Küche. Vorher aber am Wohnzimmerschrank vorbei. Dem einzigen Möbelstück, das aus der Zeit der Ruine geblieben ist. Sorgfältig restauriert und eingeölt.

Der Schrank enthält Schokolade, Chipstüten und Schnaps.

Ich schnappe mir eine Alte Birn.

»Äh … mögen Sie auch einen?« Frage ich die Tierärztin. »Wegen Auto fahren, meine ich?«

Sie seufzt. »Sehr gerne.«

Wir stoßen an, auf den Billy. Einen großartigen Hund. Ein unsterbliches Herz.

Und dann trinken wir noch einen, ohne Worte.

»Ich wünsch Ihnen alles Gute«, sagt sie, als sie ihre Arzttasche zurück in den Kofferraum stellt.

Ich schaue ihr nach, noch lange nachdem sie hinter der Biegung verschwunden ist.

Und dann setze ich mich leise wieder neben meinen Hund.

Er ist wieder jung. Federleicht. Voller Kraft und pfeilschnell. Er ist Herzenskraft und Glück. Er ist wild und frei und mit denen, die er liebt, für immer … eins. Wir sind eine Einheit. Wir sind ein Rudel. Immer noch und für immer.

Später, nach einer Zeit, die nicht vergangen ist, trage ich ihn raus. Wir haben gestern schon den Bollerwagen vorbereitet, alle zusammen. Heu reingelegt, weil er's geliebt hat, im Heu zu schlafen. Ein paar Kauknochen und seinen alten Tennisball. Den völlig ohne gelbe Haare. Wir warten, bis Kilian vom Berg zurück ist. Er nickt nur, streichelt einmal über Billys Stirn und schickt die beiden anderen Hunde voraus.

»Komm, Billy«, murmle ich und dann gehen wir. Hinaus zu seinem Platz auf dem Wiesenbuckel…

Heute pflanze ich eine Linde dort auf dem Buckel.
Die Oma hat sie in der Dachrinne ihres Schuppens entdeckt und in einem Topf großgezogen. »Ich hätte einen Baum für den Billy.«
Wie sie das sagt, diesen simplen Satz. Und was das bedeutet.

Es ist ein guter Baum. An einem guten Platz. Ich bin im Gleichgewicht, da draußen auf unserer Wiese. Ich weiß, dass ich nie mehr allein bin. Egal, was noch alles kommt. Gute Dinge. Schlechte Dinge. Große Aufgaben und kleine… Alles Pipifax, nur her damit. Ich bin ein Berserker.
Ich klopfe die Erde von meinen Händen und stelle fest, dass Lehm und der Schlonz von Goris Ball eine Substanz bilden, die wahrscheinlich ein Hochhaus zusammenhalten könnte. So ein Hochhaus, wie ich mal sein wollte. Und gut, dass es das nicht mehr gibt.
WHUSCH-SCH macht es und Nika rennt mich über den Haufen, weil sie mal wieder nicht schaut, wo sie hinläuft. *Den Gori fangen! Das ist ein Spaß!* Aber der hat nur Augen für seinen Ball.
Später schrubbe ich meine Hände. Mit Sandseife und Bürste, im Technikraum, wo die Waschmaschinen stehen. Und eine gnadenlose Halogenröhre über einem alten Spiegel hängt. Ich entdecke ein graues Haar. Okay. Nicht eins. Ein Büschel. Ein Nest grauer Haare. Aber das Gefühl, auf festem Boden zu stehen, ohne Zittern, ohne Zweifel, das ist wie 25 sein.

2022
Berserker und Himmelsstürmer

Das mit dem 25 sein war ein Witz. Ich bin 45. Greisenhaft. Vor mir liegen zwei Strumpfhosen, ein Paar Socken mit Eule, ein Paar Socken mit Mickeymouse, ein Paar Socken mit Kirschen. Ich habe alle Kräfte aufgebraucht. Sie ... nicht.
Kann sein, dass ich demnächst einen Workshop buchen muss: *Socken Anziehen Unlimited – Kinder verstehen und erziehen im Alltag.*
Puh.
Aber sie lieben Geschwindigkeit.

Meine Familie schenkt mir einen Hundeschlitten zum Geburtstag, komplett mit Fellsack für zwei Kinder.
Hah!
Genial. Es ist zwar schon mitten im Frühling. Aber wir fahren sofort los, Schnee suchen. Irgendwo find ich schon noch ein Stück Loipe.
»Is' das unser neuer Anhänger?«, fragt meine »große« Tochter.
Und ich grinse: »Helm aufsetzen!«
Ich sage jetzt nicht, wer *keinen* Helm will.
Dank lang trainierter Konsequenz und positiver Verstärkung in Form von Gummibärli setze ich dann ... irgendwann ... ein Kind und einen Berserker mit Helm in den Hundeschlitten. Spanne einen Hütehund und einen Gebirgsschweißhund ins Geschirr.
Und wir rufen: »Nika, Gori: Go, go, go, go, go!!!«

Wir sausen dahin. Die Mädels juchzen und kreischen. Ich schiebe und renne bergauf, und wenn's flach wird, ducke ich mich tief auf die Kufen.
Neben uns, zwischen den Bäumen, auf dem glitzernden Schnee, sehe ich einen Schatten. Ein sehniger Körper streckt sich und

zieht sich zusammen, schnell wie der Wind … rennt er neben uns her, im Tiefflug.

»Woooooo-hoooooooo!!«

Schneestaub fliegt von Nikas Pfoten und um mich herum wie Lichtblitze. Der Fahrtwind kitzelt meine Augen. Ich kenne das Gefühl. Es ist ein Gefühl wie ein Planet. Wie das Weltall. Es ist der Himmel in mir.

2024
Neuer Zirkus

»Schau mal, der schaut aus wie der Billy!« Meine »große« Tochter zeigt mir ein Foto auf meinem Handy. Sie ist irgendwie auf eine Tierheim-Seite gekommen.

»Das ist ein *weißer* Hund«, sage ich. Nur als Hinweis.

»Ja, aber sonst sieht er aus wie der Billy.«

»Sie.« Es ist eine Hündin. Ich schau noch mal. »Viel größere Ohren. Und andere Augen.«

»Ja, aber sonst sieht sie aus wie der Billy.«

Ich mustere meine Tochter. Dieser Hund sieht alles andere als aus wie der Billy.

Sie mustert mich zurück. »Da steht, sie heißt Gria, aber das geht nicht, sonst heißt sie fast so wie ich. Aber wir könnten Gigi sagen.«

Ich werfe einen fragenden Blick zu Kilian. Der schaut grummelnd weg.

Ich warte. Meine Tochter fängt schon an zu grinsen. Und seine Antwort ist: »Also, ich weiß nicht.«

Gigi.
Weiß.
Ein halbes Jahr alt.

Irgendeine Kangal-Mischung.
Alle lieben sie.
Die Kinder lieben sie.
Kilian liebt sie.
Gori liebt sie.
Nika liebt sie … zu circa 80 Prozent.
Sogar der Jaggl liebt sie.
Und ich.

Sie sitzt vom ersten Tag an auf dem Sonnenfleck neben dem Haus und schaut übers Land. Kopf hoch erhoben. Ein Ohr umgeklappt, das andere steht steil nach oben. Wie eine halbe Fledermaus.
Bis auf die Ohren und die Farbe … exakt wie Billy.
Und so brav. Man muss sich überhaupt keine Sorgen machen, dass sie was anstellt.

Eines Nachmittags, als mich Tilo, meine Nachbarin, ganz egal, wo ich wohne, auf einen längst überfälligen Espresso besucht, wird es seltsam still im Haus. Ich bestaune gerade Tilos tolle Halsketten. Aus lauter Energiesteinen. Sie überlegt, eine Ausbildung zur systemischen Beraterin zu machen. Und ich juble, weil ich glaube, das ist … ihre Natur.
Und dann fällt mir die Stille auf. Ich horche. Wo wohl die Gigi ist? Ich geh sie besser suchen …
Etwas Fluffiges, Weißes schwebt mir entgegen. Eine winzige hauchzarte Feder. Auf der Treppe liegen auch welche. Es werden immer mehr.
Im Kinderzimmer hockt ein weißer Hund, in einem Meer aus weißen Federn. Und sie sieht sehr, sehr glücklich aus.

Als ich mit ihr zum Impfen fahre, geht mir der Sprit aus und ich muss meinen VW-Bus die letzten Meter bis zur Tankstelle rollen lassen.

Ugh. Ich hasse Déja-vus.

Mein Bus rollt gerade noch so neben die Dieselsäule. In eine etwas surreale Szene:

An der Zapfsäule gegenüber lehnt ein vielleicht 80-jähriger Zirkusclown. Er tankt seinen abgewrackten Mercedes 123 T-Modell. Hintendran hängt ein klappriger Pferdehänger. Es stinkt aus dem Pferdeanhänger. Ziemlich speziell nach Pferd.

Eine Zeit lang tanken wir schweigend nebeneinander. Ich weiß wirklich nicht, warum ich ihn frage, aber aus meinem Mund kommen folgende Wörter: »Was ist denn da in dem Anhänger drin?«

»AAAAAAH-HIIIII-AAAAAAAAAAHHHH!!«

»Huuch!«

Ein Zirkusesel. Der zu alt und zu stur geworden ist, um in der Manege zu arbeiten. Die Leute wollen heute Pferde sehen. Nicht so ein hässliches Vieh. Auch wenn das hässliche Vieh zehnmal klüger ist als ein Pferd.

Der Clown spuckt einen dunkelbraunen Satz Kautabak neben den Betonsockel der Zapfsäule. Wo er in der Sonne schmurgelt. Die Leute lassen einfach kein Geld mehr da, nicht mehr so wie früher. Es geht sich nicht mehr aus im Zirkus, mit so vielen Tieren. Deswegen muss der Esel zum Metzger.

Der Clown schiebt eine neue Ladung Kautabak unter seine Lippen und blinzelt. An diesem trüb verhangenen Tag.

Es bricht ihm das Herz.

»Ist der brav? Der Esel?«, frage ich. Was für eine sinnlose Frage. Fast grausam.

Der Clown flüstert: »Ja.« Und nickt, zum Himmel hinauf. Damit die Tränen nicht fallen.

Wir tanken fertig. Keiner sagt mehr was. Ich zahle, drinnen im Shop. Ich sollte weiterfahren. Mein Tierarzttermin. Ich muss los.

»Ich würd sie ja laufen lassen. Aber wenn ich ohne das Geld zurückkomme, dann fliege ich. Mein Chef ist ...« Er schüttelt seine Hand, wie »Oh, oh, oh«.

»Ist der Esel eine Sie?«, frage ich.

»Babette«, flüstert er.

»AAAHHHHH – IIIIIHHHHH – AAAAAHHHHH!!!«

»Ah! Sie weiß, wie sie heißt«, stelle ich fest.

Er nickt nur noch. Er kann nicht mehr sprechen. Seine zerfurchten Wangen sind tränennass.

»Wie viel zahlt denn der Metzger?«

Ich bilde mir ein, seine Augen schweifen kurz zu meinem Geldbeutel. Lichtblitzkurz. Ein Schweifen, das eigentlich gar nicht da ist. Wahrscheinlich hab ich's mir eingebildet. »Zwohundertachtzig.« Der Clown vergräbt sein Gesicht in den Händen. Seine Verzweiflung greift auch nach mir.

Ich muss ihn an der Schulter tippen, damit er mich wieder bemerkt. Ich halte ihm 300 Euro in Fünfzigern hin, weil ich keine kleineren Scheine habe. Das Geld hätte ich für den Tierarzt gebraucht. Gigi impfen. Wurmkur. Hüfte röntgen.

Der Gegenwert eines Esels.

Der Clown schnäuzt sich. Lässt das Geld in seiner Latzhose verschwinden. Umfasst meine Hände und küsst sie. Wirre Worte murmelnd. Vielleicht ein Gebet.

Und dann geht alles rasend schnell. Klappe vom Viehhänger auf. Stinkender Esel trampelt raus. Riesige Ohren. Man vergisst, was für riesige Ohren die haben. Und wie ich noch drüber nachdenke, über die riesigen Ohren, ächzt der Clown: »Mach auf! Schnell!«

Der Esel soll über die Seitenschiebetür in den Bus steigen. Platz hätte sie. Wenn sie mit dem Kopf über die Rückbank drüberschaut. Aber sie will nicht. Würde ich als Esel auch nicht wollen, ehrlich gesagt. Denn auf der Rückbank hockt ein weißer Wolf und knurrt.

»Moment!«, hasple ich und verfrachte meinen neuen Hund auf den Beifahrersitz.

»Siehst du, Babette, die nette Dame hat dir das Leben gerettet!« Erklärt ihr der Clown. Aber für Babettes Einwilligung in die

Veränderung ihrer Lebensumstände bringt das rein gar nichts.
Am Ende hieven wir den Esel am Hintern umfasst hinein.
Der Clown nickt zum Gruß und steigt in seinen Benz. In seinen Augen der zufriedene Glanz von jemandem, der ein gutes Geschäft gemacht hat.

Beim Impfen waren wir nicht. Morgen ist ja auch noch ein Tag.
»AAAAAAHH-IIIIIIHHHHH!!!!«
Ich nehme die Kurven zu unserem Haus hinauf wie auf rohen Eiern. Ein Esel sollte nicht quer durch einen VW-Bus segeln. Andererseits – ich kann mir sicher sein, dass sie an einem Fleck stehen bleibt, hat der Clown gesagt. So ist sie, wenn sie beleidigt ist.
Ich sehe ihre Ohren im Rückspiegel. Riesige, sehr, sehr eigenwillige Ohren.
Babette ist 29 Jahre alt. Esel können 45 werden.

Eine Stunde später rennen ein junger weißer Hund und ein Esel im gestreckten Galopp über die Wiese. Auf drei nichts ahnende friedlich grasende Schafe zu. »Mööööh.«
»GIGIIIIII!!!«
»Whäffff! Whäfff!!!«
»AAAAH-IIIIHH-AAAHHH!«

ENDE

Das ist der Tag des großen Regenbogens. Auf seine Art hat er mich heimgebracht, mein großer, starker schwarzer Hund. Durch Erdbeben, Sturm und Unterholz. Der alte Berserker. Danke, Billy. Mein Hundeherz. Dein Leben lang.

Danke

Ich danke allen Leserinnen und Lesern, die's bis hierhin durchgehalten haben. Ich habe fast das Gefühl, Sie kennen uns jetzt, Billy und mich. So was wie Freunde. Und vielleicht... haben Sie ein bisschen was von uns in Ihnen selber wiedererkannt? Ein Gefühl, eine Situation oder etwas viel Flüchtigeres? Das würde mich wirklich sehr, sehr freuen.

Weil, wissen Sie, ich hab so lange Zeit gedacht, meine Hundeprobleme wären etwas, was nur ich habe. Aus reiner Unfähigkeit. Aus einem ständigen Zuviel an Emotion. Und weil der Billy so ein schwieriges, übersensibles, explosives Exemplar seiner Art war. Alle anderen Hunde sind einfach viel »normaler«. Hab ich gedacht.

Bis ich festgestellt habe, dass das alles vorher auch schon so war. Die Probleme. Das Schwierigsein und übersensibel. Explosiv. Halt nur... ohne Hund.

Keine Frage, dass es mit Hund tausendmal besser war. Und immer noch ist!

Heute gibt es in meinem Leben zwei Hunde. Zwei Katzen, zehn Schafe, fünf Hühner, einen Esel, ein Pferd (auch ein schwarzer Berserker übrigens und schon 19, aber noch ist ihm das nicht anzumerken...), zwei wunderbare Kinder und einen wunderbaren Mann. Den ich aus reinem Freigeist nie geheiratet habe, und doch bin ich für immer an seiner Seite, freiwillig und mit allem, was ich habe. Das ist meine Familie und ich bin für jede Sekunde dankbar, die ich mit ihnen sein kann. Mein Rudel.

Mein Vater hat das mal gesagt. »Der Billy ist der beste Hund, da gibt's gar nix.« Danke, Papa, dass du den wilden Kerl in dein Herz geschlossen hast. Und so wie ich die Welt verstehe, habt ihr euch jetzt wiedergetroffen, auf der anderen Seite des Regenbogens. Auch meiner Mutter, meinem Bruder und meiner Nicht-Schwiegermama danke ich von Herzen, dass sie Heimat und sicherer Hafen waren für den Billy. Vielen Dank an mein Patchwork-Glück: Maxi fürs Dabeisein, Spielen, Bälleschmeißen und Billysuchen im Schnee, Beni, den großen Bruder, und Barbara.

Vielen Dank an Christine Winkelmair, die nie aufgegeben hat, mir zu helfen, ob mit Hund oder mit mir selber. Steffi Kammermeier, die weiß, was ein Hundeherz ist und dass man nichts falsch machen kann, wenn's von Herzen kommt. Bianka Pabst, die meine verrückte Meute akzeptiert wie ihre eigene und uns alle zu ihren größten Schätzen macht, egal, wie viel Zeit vergeht. Kristina Kühnl, weil du da bist durch dick und dünn, mit Hund und Katz, und nix ist zu viel. Caro Kipka, Meike Waldmann und Tina Schulz, die sich viele Nächte mit mir um die Ohren geschlagen haben, um Lösungen zu finden für ein Hundeverhalten, das vielleicht immer schon eher mein Verhalten war … und für die Hot-Stone-Therapie gegen Liebeskummer. Andrea Schüngel, die immer das Herz sieht und nie die Wut. Sophie Leitner und Annie Reisberger, meine Hexen am Sonnwendfeuer. Lenz und Christine Maier, die immer meine Nachbarn bleiben werden, egal, wo ich wohne. Tobi Hupfauer für die Lebensphilosophie. Anna Haibel für ihre Spaghetti mit Gemüse und ihren Küchentisch. Ulrike Molsen fürs Begleiten und Fotografieren großer Momente, auf Bergen und in Tälern. Ulrike Hofbauer fürs Aufatmen, Zuhören und die wunderschönen Fotos. Und Karin Schwarzer, die mit Tieren redet und mir gezeigt hat, dass es kein Schmarrn ist, was ich fühle.

Meinen Almbauernfamilien danke ich für ihre Hunde-Toleranz, meinem Almnachbarn Hans, dass er Billy wiedergefunden und sicher nach Hause gebracht hat, und Claus für das eine oder andere Pflaster.

Meinen Nachbarn für das gute Leben Zaun an Zaun.

Und Dr. Britta Uhrig für den großen Regenbogen.

Ein donnerndes »Danke!« auch meinen tollen, mutigen Hundetrainerinnen und -trainern. Kristin Oberhauser, die uns beigebracht hat, dass Spielen gut ist. Rolf Frasch, der Hund-am-Berg, der ein Team aus uns gemacht hat. Hans Hermann, besser bekannt als Hans und Hund, der uns über Jahre begleitet und aufgefangen hat. Und immer schon die Idee von einem Hundebuch aus der Nicht-Trainer-Perspektive gut gefunden hat. Petra Krauß, für die treffenden Analysen und Spiegel, die sie für mich bereithält. Andi Öckler, fürs Loben und Am-Platz-Bleiben. Benedikt Scheppan, für die Stunden, die wir an der Haustür verharrt haben, und, als es mal notwendig war, fürs Sich-Dazwischenschmeißen. Und der wunderbaren Stephanie Lang von Langen. Es ist für mich eine große Freude, dass sie in Billys und meinem Leben aufgetaucht ist. Und sogar ein Vorwort für dieses Buch geschrieben hat. Vielen Dank.

Großer Dank geht an Oliver Brauer, meinen unermüdlichen Agenten, der immer meine Herzensgeschichten aus mir herauslockt und unter die Leute bringt. An Philip Laubach und die wunderbare Susanne Kronester, ohne die Billys Geschichte nie bei GU gelandet wäre. Und Eva Stadler für ihr gefühlvolles, ehrliches Lektorat und eventuell das eine oder andere extra Satzzeichen.

Das war's. Ich hoffe, Sie drehen mit frohem Herzen eine Runde mit Ihrem Hund. Egal, ob auf dieser oder auf der anderen Seite des Regenbogens. Es ist, was es ist. Und wird's immer bleiben.

Karin Michalke

geboren 1976 in Altomünster, lebt und arbeitet als Buch- und Drehbuchautorin mit ihrer Familie auf einem Hof in der Nähe von Bayrischzell. Nach einer Verlagslehre studierte sie an der Hochschule für Fernsehen und Film in München und schrieb u. a. die Drehbücher für Marcus H. Rosenmüllers Kultfilme »Beste Zeit«, »Beste Gegend«, »Beste Chance« und »Räuber Kneißl«. »Rosa macht blau« (2009) war ihr erster Roman. Einem breiteren Publikum wurde sie durch den Titel »Auch unter Kühen gibt es Zicken« (2012) bekannt, in dem sie mit hinreißender Selbstironie von ihrem Job als Teilzeit-Sennerin auf einer Alm erzählt. Mit ihrem neuesten Buch, »Schon wieder abgehauen«, der geradezu unglaublichen Geschichte über ihr Leben mit dem Straßenhund-Mischling Billy-Joe, berührt sie auf unnachahmliche Weise das Herz der Leser – seien es Hundehalter oder Tierliebhaber, aber auch alle, die Inspiration dafür suchen, was wirklich zählt im Leben.
www.karinmichalke.de

Stephanie Lang von Langen

wuchs mit einem Labrador und einem Schäferhund in der Familie an der Südküste Kenias und in Nairobi auf. Heute lebt sie am Alpenrand in Oberbayern. Seit über 20 Jahren arbeitet sie als Verhaltenstrainerin und Ausbilderin für Hundetrainer und -führer sowie Suchhunde. Ihre Schwerpunkte sind tierpsychologische Sprechstunden für verhaltensauffällige Hunde. 2009 gründete sie das Ausbildungszentrum »Wunjo-Projekt« für tiergestützte Therapie und bildet dort Hundehalter und ihre Hunde in Theorie und Praxis für die therapiebegleitende Arbeit in Schulen, Seniorenheimen, Psychiatrien und anderen Einrichtungen aus. Seit 2017 bildet Stephanie Lang von Langen mit einem Team renommierter Referenten Hundetrainer in Deutschland und in der Schweiz aus und bietet Fortbildungen für Hundehalter und Hundeprofis an. Zudem ist sie Autorin von verschiedenen Fachartikeln und Buchbeiträgen. Im Buchhandel erhältlich sind ihre Sachbücher »Ich weiß, was du mir sagen willst – Die Sprache der Hunde richtig verstehen« (Lübbe 2014) und »Entspannt mit Hund – Mit den fünf Grundbedürfnissen des Hundes zur Dog-Life-Balance« (Piper 2017) sowie »Therapie auf vier Pfoten – Wie Hunde uns gesund und glücklich machen« (Piper 2019).
www.das-wunjo-projekt.de

Impressum

© 2024 GRÄFE UND UNZER
VERLAG GmbH, Postfach 860366,
81630 München

GU ist eine eingetragene Marke der
GRÄFE UND UNZER VERLAG
GmbH, www.gu.de

ISBN 978-3-8338-9490-9
1. Auflage 2024

Autorin: Karin Michalke
Projektleitung: Susanne Kronester-Ritter
Lektorat: Eva Stadler, München
Satz: Michaela Fischer, München
**Bildredaktion/Gestaltung der
Bildseiten:** Denise Sterr, Dornbirn
Umschlaggestaltung: ki36 Editorial
Design, Bettina Stickel
Schlusskorrektur: Andrea Lazarovici
Herstellung: Renate Hutt
Repro: medienprinzen, München
Druck und Bindung: Livonia Print,
Lettland

**Ansprechpartner für
den Anzeigenverkauf:**
KV Kommunalverlag GmbH & Co. KG
MediaCenter München,
Tel. 089/928 09 60

Bei Interesse an maßgeschneiderten
B2B-Produkten:
b2b-kontakt@graefe-und-unzer.de

Leserservice:
GRÄFE UND UNZER Verlag
Grillparzerstraße 12, 81675 München
www.graefe-und-unzer.de

Bildnachweis
Cover- und Innenteilfotos: Alamy Stock
Photo Ian Jones (Cover), Carolin Kipka
(146.1, 146.5, 149.2, 149.3, 152.3, 153.1),
Getty Images/Westend61 Lisa und
Wilfried Bahnmüller (Cover), privat
(147.1, 147.2, 148.2, 149.1, 152.1, 153.2,
153.3), Ulrike Hofbauer (146.2, 146.3,
146.4, 148.1, Umschlagrückseite 2),
Ulrike Molsen (148.3, 150.1, 150.2, 150.3,
151.1, 151.2, 151.3, 152.2), Lisa Ploschka
(Foto Autorin, Cover und Klappe hinten)
Illustration: Michaela Fischer

Alle Personennamen, Unternehmen und
die Bezeichnungen kleiner Orte wurden
in diesem Buch geändert, außer: Karin,
Billy und Stephanie Lang von Langen.

GRÄFE
UND
UNZER

Ein Unternehmen der
GANSKE VERLAGSGRUPPE

Rainer Oberthür

Neles Buch der großen Fragen

Eine Entdeckungsreise
zu den Geheimnissen
des Lebens

Kösel

ISBN 3-466-36590-2
© 2002 by Kösel-Verlag GmbH & Co., München
Printed in Germany. Alle Rechte vorbehalten
Druck und Bindung: Pustet, Regensburg
Umschlag: Kaselow Design, München
Umschlagillustration: Mascha Greune, München

Gedruckt auf umweltfreundlich hergestelltem Werkdruckpapier
(säurefrei und chlorfrei gebleicht)

Inhalt

Erster Vorhang auf!

**Am Anfang war der Urknall
und heute bist du auf der Welt.**

Du kannst mit deinen Gedanken und Gefühlen,
mit Herz und Hirn zurückgehen an deinen Anfang,
an den Anfang der Menschheit,
an den Anfang der Erde,
an den Anfang des Universums.
Du kannst darüber staunen, dass es dich gibt,
dass es die Menschen, die Erde und das Weltall gibt.
Du kannst fragen, woher das alles kommt,
warum es nicht nichts gibt,
und wirst dabei auch die Frage nach Gott stellen.
Bei all dem will dir dieses Buch helfen.
Du findest Geschichten, Bilder und Gedichte
zu deinen Fragen und Gedanken.
Vor allem findest du hier die Gedanken eines Kindes,
das diese Fragen immer wieder stellt,
das mehr herauskriegen will, denn es ahnt:
Je mehr wir über uns,
über die Welt und über Gott wissen und erfahren,
umso besser können wir nach uns und Gott fragen
umso besser können wir entdecken und verstehen,
wer wir sind und was auf dieser Welt wir suchen.
Wenn du die Geschichten, Gedichte und Gedanken liest,
fangen sie an, miteinander und mit dir zu reden.
Wenn du das Buch mit deiner Mutter oder deinem Vater liest,
werdet ihr gemeinsam ins Nachdenken
und vielleicht ins Gespräch darüber kommen.
Deshalb frage, denke und staune:

**Am Anfang war der Urknall
und heute bist du auf der Welt ...**

Raumfahrer

Im Weltraum schwebt ein blauer Ball,
der Ball ist unsere Welt.
Die Erde ist ein Ball im All,
der nicht zur Erde fällt.

Im schwarzen Weltraum schwebten wir
verlassen und allein,
schwebte nicht der Himmel mit,
der schöne blaue Schein.

Reiner Kunze

Zweiter Vorhang auf!

Darf ich **mich vorstellen:**
  Ich bin Nele.

Ein Kind in den besten Jahren, wie Papa immer sagt. Ich bin das
Kind, das sich kreuz und quer durch dieses Buch denkt. Meine
Gedanken kreisen um das, was ich **mir vorstelle** in meinem Leben auf dieser Erde, und darum, dass **ich** überhaupt **bin.** Das ist
nämlich etwas, was ich ziemlich sicher weiß. Es gibt mich. Aber
woher, warum, wozu und wer bin ich? Da wird es schon schwierig.
   Du merkst, ich denke gern über solche Fragen nach, lese viel
und rede mit Mama und Papa und Freunden darüber. Und
manchmal schreibe ich auf, was mich beschäftigt (wie es dazu
kam, erzähle ich dir gleich). In solchen Momenten kommt mir
die ganze Welt wie eine einzige große Frage vor.
   Ich kann die Menschen nicht verstehen, die so tun, als wäre
alles klar auf dieser Welt, als gäbe es keine Geheimnisse, als
wäre die Erde und das Leben auf ihr flach wie eine Scheibe. Ich
denke lieber auch in die Höhe, in die Tiefe und im Kreis. Weißt
du, warum der Kopf des Menschen rund ist? – Damit das Denken
auch mal die Richtung wechseln kann.
   Also denke mit mir!

Stell dir vor: du bist –
  nur einmal und einmalig auf der Erde!

Vor einigen Monaten hat mir Papa von einer Reise nach München ein Buch mitgebracht. Auf dem Einband sind die Erde und der Mond im Weltall zu sehen. Vor einem Meer von Sternen rollt riesig eine wunderschöne Weltkugel ins Bild. Erde und Mond strahlen im Licht der Sonne und haben auch eine dunkle Seite. Über Afrika ist Europa zu erkennen. Also bin auch ich auf diesem Bild.

Als ich es aufgeschlagen habe, muss ich ziemlich ratlos geguckt haben: Alle Seiten waren leer. Dieses Buch wartete noch darauf, geschrieben zu werden. Papa meinte: Es wartet auf dich! Du kannst es erlösen, es füllen mit Buchstaben, Worten und Sätzen, denn dafür ist es doch gemacht. Ich habe nur gelacht. Ich und ein Buch schreiben – ich bin doch keine Schriftstellerin!

Seitdem steht das Buch bei mir im Regal. So wie heute, am ersten Tag des neuen Jahres, hole ich es manchmal heraus, lege mich auf mein Bett und starre auf die schneeweißen Seiten. Was sollte ich auf dieses Papier schreiben?

Ich bin dann wohl mit meinem ungeschriebenen Buch auf dem Bauch eingeschlafen und hatte einen seltsamen Traum: Es war Nacht. Ich lag auf einer Wiese. Über mir stand der Vollmond, weit und breit um mich herum war kein Mensch. Ich schlief unter meinem Buch. Das Buch aber war gewachsen. Es war genauso groß wie ich und bedeckte und wärmte mich wie eine Bettdecke. Es sah aus, als wäre ich das lebendige Lesezeichen meines Buches. Das Merkwürdige war: Obwohl ich in meinem Traum ja schlief, konnte ich mich selbst unter dem Buch sehen. War ich im Traum jemand anders, der mich unter einem Buch sah, während ich träumte? Oder träumte ich im Traum, dass ich mich selbst anschaute, während ich schlief? Ich fühlte mich auf eine schwer beschreibbare Weise mit dem Buch über mir und mit der Erde unter mir verbunden. Als wäre im Buch schon all das enthalten, was ich denke und frage und bin – als horchte ich auf den Herzschlag der Welt wie auf mein eigenes Herz.

Als ich wieder wach wurde, nahm ich dieses Bild aus dem Traum von mir zwischen Buch und Erde mit in mein Leben. Jetzt ist mir ganz klar, worauf die leeren Seiten warten: auf meine Gedanken, auf das, was ich erfahre und erlebe, was mich beschäftigt und bewegt. Weil ich immer noch nicht weiß, ob ich das alles so gut aufschreiben kann, nehme ich Gedichte und Geschichten von anderen hinzu, die mir gefallen und mir beim Denken helfen. Ich weiß aber schon, wie mein Buch heißt: *Neles Buch der großen Fragen*. Und nun fange ich an zu schreiben:

Vor einigen Monaten hat mir Papa von einer Reise nach München ein Buch mitgebracht. Als ich es aufgeschlagen habe, muss ich ziemlich ratlos geguckt haben: Alle Seiten waren leer. Jetzt schreibe ich Seite für Seite. Das kannst du jetzt lesen ...

Ich denke

Ich denke
bevor ich aufstehe:
Ich bin ein Mensch
und bin im Bett
und das Bett ist im Zimmer
und das Zimmer im Haus
und das Haus ist am Weg
und der Weg in der Stadt
und die Stadt ist im Land
und das Land auf der Erde.

Und auf der Erde ist ein anderes Land
und im anderen Land eine andere Stadt
und in der Stadt ein anderer Weg
und am Weg ein anderes Haus
und im Haus ein anderes Zimmer
und im Zimmer ein anderes Bett
und im anderen Bett
ist auch ein Mensch.

Bevor ich aufstehe
denke ich.

Hans Manz

Das Denken ist eine prima Sache. Ein bisschen wie Reisen, in andere Zeiten, an ferne Orte. Mit dem Denken fängt eigentlich alles an: Ich sitze auf einem Stuhl. Ich denke, ich will aufstehen, schon erhebt sich mein Körper. Bevor ich zu meiner Freundin gehe, kommt mir in den Sinn, dass ich gern mit ihr spielen möchte. Bevor Menschen sich wieder vertragen, denkt zumindest einer, dass es so nicht weitergehen kann. Bevor ich diesen Satz hier aufschreibe, habe ich ihn mir überlegt. Ich glaube, es kann nichts geben, ohne dass es vorher gedacht worden ist. Ich glaube, es hätte nie etwas geben können, ohne dass es sich jemand zuerst vorgestellt hat.

Das ganze Universum – eine geniale Idee?
Die Welt – eine Gedankenflut?
Jeder Mensch – ein einzigartiger Gedanke?

Wer hat unser Universum, unsere Erde und uns zuerst gedacht, noch bevor es uns und irgendetwas gab?

Als die Welt noch nicht vorhanden war

Früher, als die Welt noch nicht vorhanden war, da hatte man noch Platz genug. Es gab keine Zäune, keine Mauern. Man konnte gehen, wohin man wollte. Ein Gehen war es eigentlich nicht, da ja der Boden fehlte. Aber man konnte sich bewegen, das schon, fliegen, flattern. Man stolperte nicht ständig über Dinge, die andere herumliegen ließen, Schuhe, Schultaschen, weil es keine Dinge und keine anderen gab. Und vor allem hatte man seine Ruhe, als die Welt noch nicht vorhanden war. Niemand wollte etwas, niemand fiel einem ins Wort. Wie wenn auf einem Sender nichts läuft, wenn es bloß rauscht und schneit, so war es. Nur viel ruhiger noch, ohne das Rauschen, das Schneien.

Als die Welt noch nicht vorhanden war, brauchte man noch keine Sonnenbrille zu tragen. Es war dunkel, Tag und Nacht oder eben Nacht und Nacht. So dunkel, dass man die eigene Hand nicht vor den Augen sah. Es gab ja auch keine eigene Hand, keine Augen, niemanden, der schaut. Es gab nichts anderes als die Leere, die alles ausfüllte bis zum äußersten Rand und darüber hinaus. Und der Rand, der fehlte ja auch, damals, als die Welt noch nicht vorhanden war.

Jürg Schubiger

Vor dem Anfang war nichts,
eine einzige Leere,
nicht einmal ein Staubkorn,
nicht einmal Luft.

Ich versuche mir das NICHTS vorzustellen, es zu denken und zu verstehen. Mir will es nicht gelingen, aber ich fühle eine große Leere und einen kleinen Schwindel in mir. Kann es ein NICHTS geben, wenn keiner es bemerkt, weil niemand da ist? Oder ist ein NICHTS nicht doch schon etwas? Braucht das NICHTS einen Ort? Woher kam das erste ETWAS? Kann das ETWAS ohne einen Ort sein? Wo war es vorher, als das NICHTS noch da war? Wo blieb dann das NICHTS? Ist es einfach verschwunden oder ist es jetzt dort, wo vorher das ETWAS war? Können sich das NICHTS und das ETWAS begegnen und kennen lernen oder müssen sie einander fremd bleiben?

Fragen über Fragen, die mich nicht loslassen, seitdem ich sie entdeckt habe, seitdem sie mich gepackt haben. Ich habe das Gefühl, sie werden mich noch lange beschäftigen.

Ich werde nach Antworten suchen,
damit Licht in die Dunkelheit kommt,
damit aus dem NICHTS ein ETWAS wird,
damit ich begreife,
wie ich und alle anderen
ein ICH werden konnten und noch werden,
vom Anfang des Lebens bis heute.

Wer denkt die Welt?

Finsternis ohne Gedächtnis.
Finsternis.
Ein Funke, doch noch kein Licht.
Ein Tropfen, noch kein Stein.
Ein Klumpen, noch keine Erde.
Ein Laut, noch kein Wort.
Wie fängt etwas an, das noch nicht ist?
Wie ist etwas, das noch nichts weiß?
Woher kommt der erste Gedanke?
Was denkt er?
Die Welt?

Wer denkt?
Wer weiß, dass dieser Gedanke
der erste ist?
Wer hat ihn, der den Anfang denkt,
gedacht?
Wer hat ihn, der den Anfang dachte,
zuerst beim Namen gerufen?
Gott.
Göttin.
Mein Vater.
Meine Mutter.

Ein Tropfen, noch keine Seele.
Ein Klumpen, noch kein Leib.
Ein Laut, noch kein Wort.
Du kommst zur Welt.
Du.
Vorerst nur ein Du.
Du weißt dein Ich noch nicht.
Du bist es.
Eine Seele. Ein Leib. Noch kein Wort.
Du bist da.
Aus der Wärme bist du gestoßen worden.
In die Fremde, die dein Leben auffängt.
Luft und Licht erschrecken dich.
Dein Anfang schmerzt.
Du lernst ein Du kennen,
Hände, Lippen, die dich liebkosen.
Atem, der dich wärmt.

Du weißt, dass es ist.
Aber du weißt noch nicht, was es ist.
Das, was es ist, erfüllt dich mit Gefühl
und wartet auf das Wort.
Wie fängt etwas an, das ist?
Eine Seele, ein Leib.
Ein erstes Wort.
Du.
Ich.
Das Licht nach der Finsternis.
Zwischen Anfang und Ich
beginnt die Zeit.
Wer denkt die Welt?

Peter Härtling

Woher komme ich? Woher kommt der Mensch? Von meinen Eltern weiß ich, dass ich wie jeder Mensch aus Samen und Eizelle entstanden bin, im Bauch von Mama gewachsen und nach neun Monaten zur Welt gekommen bin. Aber ist das schon die ganze Erklärung? Muss ich nicht viel früher anfangen, weiter zurückgehen in der Zeit?

Ich habe mit Mama und Papa darüber gesprochen. Papa schleppte dann einen Berg Bücher an, dicke und dünne, für Kinder und für Erwachsene, über die Entstehung der Welt und des Menschen. Ich hatte die Idee, alles, was ich verstehe, aufzuschreiben und daraus eine Geschichte zu machen. Sie wird wohl nie fertig sein, so wie das Universum sich auch immer weiter entwickelt. Ich fange trotzdem an:

MEINE KLEINE GESCHICHTE VOM ANFANG DER WELT

Am Anfang war der Urknall. Was vorher war, wissen wir nicht. Denn der Urknall war der Anfang von Zeit und Raum für uns. Alles, was es heute gibt, war wie in einer winzigen, unendlich schweren Kugel ganz dicht zusammengedrängt. In einer gewaltigen Lichtexplosion vor ungefähr 15 Milliarden Jahren flog alles in alle Richtungen auseinander. Das ist so, wie sich gezeichnete Punkte auf einem Luftballon voneinander entfernen, wenn man ihn aufbläst.

Das Universum dehnt sich seitdem aus und kühlt sich ab. Bis heute tut es das. Zunächst ist es wie ein Brei aus verschiedenen kleinsten Teilchen mit komischen Namen wie Elektronen, Photonen oder Quarks (Erdbeersoße gab es damals noch nicht). Sie liegen chaotisch durcheinander wie die Buchstabennudeln in der Suppe. Schon in der ersten Sekunde nach dem Urknall, als es etwas kälter wurde – also weniger als tausend Milliarden

Grad heiß –, tun sich die Quarks zusammen und werden zu Protonen und Neutronen. Nach einer Minute werden daraus Atome, aus denen später Moleküle werden. Es ist, als wenn die Buchstaben in der Suppe sich ordnen zu Silben, Wörtern, Sätzen, Geschichten, Büchern, Bibliotheken und anfangen, die Geschichte des Lebens zu erzählen.

Nach mehr als hundert Millionen Jahren entstehen erst Klumpen, dann immer größere Brocken und schließlich unzählige Sterne. Als diese ersten Sterne wieder sterben, entstehen aus ihren Überresten Planeten, die um neue Sterne kreisen. So wird nach über 10 Milliarden Jahren, also vor ungefähr 4,5 Milliarden Jahren unsere Sonne mit ihren Planeten geboren. Auch unsere Erde kommt jetzt zur Welt. Und auf diesem sonderbaren Planeten beginnt ungefähr eine Milliarde Jahre später das Leben. Nun wird die Erde zu einer richtigen Welt. Sie ist nicht zu nah und nicht zu weit entfernt von der Sonne, sodass es nicht zu heiß und nicht zu kalt ist. In der Luftschicht über der Erde entstehen Moleküle, die über 500 Millionen Jahre lang in den Urozean regnen. In dieser Ursuppe entstehen zunächst fast schon lebendige Tropfen, dann erste Zellen und allmählich immer kompliziertere Lebewesen, erst im Wasser, dann auf dem Land. Aus Einfachem wird immer Schwierigeres, durch Geborenwerden und Sterben. Das, was ist, tut sich zusammen und schafft etwas Neues, was besser überleben kann als alles andere.

Nach dem plötzlichen Urknall und den unendlich langsamen Anfängen des Lebens geht nun alles rasend schnell: Nach den Algen, Quallen und Schwämmen entstehen Pilze, Farne, Moose und erste Blütenpflanzen. Dazu kommen Würmer, Weichtiere, Krustentiere, Spinnen und Insekten. Schließlich entwickeln sich Fische, Reptilien, Vögel, Lurche und die Säugetiere bis hin zum Menschen.

Am Anfang war der Urknall und heute bin ich auf der Welt. Ich bin zusammengesetzt aus Atomen des Universums, die lange nach dem Urknall aus einem längst erloschenen Stern entstanden sind. Meine Zellen enthalten etwas aus dem Urozean der Erde. Wir Menschen sind aus dem Staub der Sterne und aus dem Urwasser der Erde. Es musste eine Menge passieren, bis ich zu dem wurde, was ich bin. Der Urknall – die Gas- und Staubwolken – die Sterne – die Planeten – das Leben auf der Erde und die Liebe meiner Eltern. Im Bauch von Mama habe ich die ganze Entwicklung vom einfachen Lebewesen bis zum Menschen im schnellen Zeitraffer wiederholt. Damit ich leben konnte, reichten neun Monate nicht aus. Die Erschaffung des Menschen dauerte viele Milliarden Jahre. Die wunderbare Geschichte unserer Welt ist in mir.

Aus der Sehnsucht

Aus der Sehnsucht der Raupe,
als Schmetterling
ihre Flügel ausbreiten zu dürfen,
aus der Sehnsucht
des Vogels im Käfig,
im Urwald von Ast zu Ast
zu hüpfen,
aus der Sehnsucht der Eisdecke,
als Welle tanzen zu dürfen,
aus der Sehnsucht der erloschenen Sterne,
noch einmal leuchten zu dürfen,
aus der Sehnsucht des Blinden,
sehen zu können,
aus der Sehnsucht
der Verfolgten,
Frieden zu finden,
aus Sehnsucht,
nur aus Sehnsucht,
ist das Weltall aufgebaut.

Martin Gutl

Im Sommer des letzten Jahres waren wir in Frankreich, in der Provence. Unser Haus lag in einem einsamen Tal, weit weg von den nächsten Städten, ein kleines Paradies voll mit Aprikosenbäumen.

In der ersten Nacht konnte ich nicht einschlafen und ging noch einmal runter zu den Großen, die draußen auf der Terrasse saßen. Und so sah ich in dieser sternenklaren Nacht zum ersten Mal die Milchstraße. Unzählige Lichtfunken am Himmel bildeten ein breites milchiges Band. Dieses Bild habe ich vor Augen, als wäre es gestern. So etwas hatte ich in unserer Stadt, in der es nachts viel zu hell ist, noch nie gesehen.

Mit Papa ging ich vom Haus weg in die Dunkelheit. Er meinte: Eigentlich ist das Universum unglaublich leer. Sterne, Planeten, große und kleine Gesteinsbrocken trifft man dort nur selten. Nehmen wir mal an, alle Sterne und Planeten wären in winzige Atome zerlegt und die Atome gleichmäßig im All verteilt. In einem Stück Weltraum, das ein Meter lang, ein Meter breit und ein Meter hoch ist, fände man nur ein einziges Atom, wenn man es denn finden könnte.

Aber auch so ein Atom, dieser kleine Baustein, aus dem die ganze Welt zusammengesetzt wird, ist eigentlich leer. Jedes Atom besteht aus einem winzigen Kern und einer Anzahl noch kleinerer Elektronen, die um den Kern kreisen wie die Planeten um die Sonne. Machen wir in unserer Vorstellung ein kleines Atom so groß wie einen Fußballplatz: Trotzdem ist der Atomkern nun nicht größer als eine Erbse. Er liegt auf dem Anstoßpunkt im Mittelkreis und die Elektronen kreisen kleiner als Stecknadelköpfe von Tor zu Tor um die Erbse herum. Der Rest des Fußballplatzes ist leer!

Papa erklärte mir die Leere der Atome an einem weiteren Gedan-
kenspiel: Wenn man die ganze Erde so zusammenpressen könnte, dass alle Atomkerne direkt aneinander stoßen, wäre die Erde
immer noch genauso schwer wie jetzt, aber nicht größer als ein
Fußball.

In diesem leeren Universum mit lauter leeren Atomen ist ausgerechnet auf unserer Erde Leben entstanden. Warum und wo-
durch hat es angefangen? Immer wurde etwas Kleines von etwas Größerem eingeschachtelt: Atome von Molekülen, Moleküle von Zellen. Aus den Zellen entstanden kleine Lebewesen bis
hin zu einem Wesen, das über sich selbst und das Leben nachdenken kann. Wir sind Menschen aus leeren Atomen, aber voller
Gedanken.

Die kleine Schachtel

Der kleinen Schachtel wachsen die ersten Zähne
Es wächst ihr ihre kleine Länge
Ihre kleine Breite ihre kleine Leere
Und überhaupt alles was sie hat

Die kleine Schachtel wächst weiter
Jetzt steckt in ihr der Schrank
In dem sie war

Sie wächst weiter und weiter
Jetzt steckt in ihr das Zimmer
Das Haus die Stadt die Erde
Und die Welt in der sie war

Die kleine Schachtel erinnert sich an ihre Kindheit
Und wird von allzu großer Sehnsucht
Wieder zur kleinen Schachtel

Jetzt ist in der kleinen Schachtel
Die ganze Welt klein klitzeklein
Man kann sie leicht in die Tasche stecken
Leicht stehlen leicht verlieren

Hütet die kleine Schachtel

Vasko Popa

Als ich ein kleines Kind war, habe ich gedacht, wir Menschen leben nicht auf der Erde, sondern in der Erde. Die Welt ist eine riesige Kugel, innen hohl, und wir leben in ihr auf der Innenseite. Der Himmel über uns ist das Innere. Auf der gegenüberliegenden Seite des Himmels liegt Australien. Die Sonne ist in der Kugel. Wenn sie auf unserer Seite ist, dann ist für uns Tag. Sie wandert quer durch die Kugel zu der anderen Seite. Für die Menschen dort beginnt dann der Tag und für uns die Nacht. Die Welt ist in einem Universum, aus dem wir nicht hinausgucken können. So dachte ich als kleines Kind.

Wie haben sich die Menschen früher die Welt vorgestellt und erklärt? Über diese Frage sprechen wir zurzeit in der Schule. Was ich begriffen habe, möchte ich nun aufschreiben.

WIE SICH DIE MENSCHEN DIE WELT ERKLÄRTEN

Die ersten Menschen in der Urzeit waren ganz und gar verbunden mit ihrer Welt. So wie ein Baby vor und auch noch lange nach der Geburt ganz eins mit der Mama ist, kannten die Menschen damals kaum einen Unterschied zwischen sich und der Welt. Sie lebten in der Natur mit den Tieren, von denen sie sich ernährten und die sie verehrten. Sie waren ein Teil des Ganzen. Die Sterne, Planeten und Monde, allen voran die Erde und die Sonne, waren für sie Götter.

Später fanden die Menschen heraus, dass man die Bewegungen der Himmelskörper beobachten, berechnen und voraussagen kann. Ihr Blick auf die Welt veränderte sich. Nun stellten sich die Menschen lange Zeit das ganze Universum als eine riesige Kugel vor. Und der Mond, die Planeten, die Sonne und alle Sterne kreisen um die Erde. Wie ein kleines Kind sah die Menschheit die Welt nur von sich aus: Ich stehe im Mittelpunkt, um den sich alles dreht. Gott hat das alles für mich geschaffen. Und die Erde war für die Menschen eine Scheibe. Denn sie fielen ja nicht von ihr herunter und sahen über sich alle Himmelskörper kreisen.

Später entstand dann eine neue Idee: Die Erde ist nur der Mittelpunkt unseres Sonnensystems, aber nicht des Universums. Die Sonne, der Mond und die Planeten kreisen um die Erde, die anderen Sterne aber um unser Sonnensystem. Die Menschheit wuchs heran und wurde langsam erwachsen, doch sie überschätzte die eigene Bedeutung im Weltall immer noch maßlos.

Nur mühsam und widerwillig begriffen die Menschen, dass die Erde nicht wie ein flacher Pfannkuchen sein konnte, denn niemand fand das Ende der Welt mit einem Abgrund ins All. Sie merkten, dass deswegen auf dem Meer von einem Schiff am Horizont zuerst der obere Mast zu sehen ist, weil die Erde rund ist. Erst vor 400 bis 500 Jahren erkannten verschiedene Wissenschaftler die Sonne als den Mittelpunkt, um den sich die kugelförmigen Planeten in leicht gebogenen Bahnen bewegen. Nun entdeckte man auch, dass jeder Himmelskörper eine Anziehungskraft besitzt, die dafür sorgt, dass nichts von den Planeten herunterfällt und dass die Planeten um die Sonne kreisen. Dieses neue Bild der Welt war für viele Menschen ein Schock, weil sie sich selbst für so wichtig hielten und sich nun von der Mitte weggedrängt fühlten. Leider meinten besonders Menschen, die an Gott glaubten, sich gegen diese Veränderung wehren zu müssen. Sie verstanden erst viel später durch das neue Wissen, dass die Schöpfung Gottes tatsächlich viel großartiger war, als sie sich vorgestellt hatten.

Bis heute verändert sich unsere Sicht von der Welt, von dem, was es gibt, was Raum und was Zeit ist. Über Jahrtausende meinten die Menschen, der Raum hat immer drei Richtungen: Er ist hoch, lang und breit. Und die Zeit vergeht immer und überall gleich schnell. Dass Raum und Zeit zusammengehören und die Zeit sozusagen die vierte Richtung des Raumes ist, haben die Menschen erst in unserem Jahrhundert herausgefunden. Raum und Zeit und alles, was in ihnen ist, haben mit der Geschwindigkeit zu tun, in der man sich bewegt. Merken würden wir das aber erst bei unglaublich großer Schnelligkeit. Könnte ein Astronaut fast so schnell wie das Licht durch den Weltraum fliegen, würde er bei seiner Rückkehr nach einem Jahr seiner Zeitrechnung feststellen, dass auf der Erde inzwischen sieben Jahre vergangen sind. Und auch der Raum schrumpft im schnellen Raumschiff: Was auf der Erde ein Meter lang ist, ist dort im Vergleich nur 14 Zentimeter kurz.

Vieles ist nicht so, wie es den Anschein hat. Oft täuscht uns der Augenschein. Heute wissen wir, dass die Erde nur ein winziger Planet in einem Sonnensystem am Rande der Milchstraße neben unzähligen Planeten, Sternen und Galaxien ist, ein kleiner, aber wunderschöner Planet voller Leben. Die Menschheit ist erwachsen und kennt ihren bescheidenen Platz im Universum.

Über meine Kleinkind-Kugel-Welt lache ich heute, aber eigentlich war es doch eine schöne und gemütliche Welt, ein überschaubares Universum. In Wirklichkeit leben wir also auf einer riesigen und doch kleinen blauen Kugel ohne runterzufallen und werden Tag für Tag vom Dunklen ins Helle und wieder ins Dunkle gedreht. Eigentlich ist das doch mindestens so merkwürdig wie meine schöne Kugelwelt!

Die Welt in der Schachtel

Zum Geburtstag bekam Irina von ihrer Tante Luisa ein ganz besonderes Geschenk. Es war eine Schachtel aus Karton, gerade so groß, dass Irinas Kopf hineinpasste. Wenn man den Deckel von der Schachtel hob, sah man zunächst nur ein bisschen Dunst oder Nebel, aber wenn man vorsichtig hineinblies, schoben sich die Dunstwölkchen zur Seite und man sah in der Schachtel eine richtige kleine Welt schweben.

Sie hatte alles, was eine Welt so braucht, Meere mit kleinen Inseln und Kontinente mit Bergen und Flüssen und Seen. Und wenn man ganz genau hinsah, konnte man sehen, dass auf den Kontinenten allerhand Tiere herumliefen und fraßen und jagten und Junge bekamen, und sogar Menschen waren da, die Kartoffeln anpflanzten und Städte bauten und mit Schiffen über die Meere fuhren. Die Tiere sahen etwas anders aus als die, die Irina in ihrer großen Welt kannte. Es gab da Rhinofanten und Giraffodile, in den Wäldern jodelte die Brilleneule, und im Meer schwamm der Kühlschrankfisch.

Das beste aber war, dass Irina in die kleine Welt hineingehen konnte. Sie brauchte nur ihren Finger oder ihre Nase in die Schachtel zu stecken, und es machte »ffft« und Irina konnte auf der kleinen Welt spazieren gehen. Bei jemand anderem funktionierte es nicht, nur bei Irina. Irina konnte herumgehen und den Menschen in ihre Kochtöpfe schauen, sie konnte sich auf einer Insel eine Palmenhütte bauen, sie konnte Meeresforscherin sein und mit ihrem Unterseepaddelboot das Leben der Tintenfische beobachten und mit den Gewohnheiten der Kugelschreiberfische vergleichen. Sie konnte Zirkusse, Theatervorstellungen und Rockkonzerte besuchen, einen Freund kennen lernen, heiraten, Kinder kriegen und eine alte Frau werden und trotzdem rechtzeitig zum Abendessen wieder zurück sein.

Jeden Nachmittag war Irina etwas anderes.

Einmal war sie eine Ärztin, die tausend kranke Kinder heilte, und einmal eine Bärenbändigerin im Zirkus.

Einmal war sie eine Tischlerin und baute wunderbar bequeme Möbel, die nie kaputtgingen, und einmal war sie Kapitänin eines Forschungsschiffes, das die Eismeere durchkreuzte.

Sie war Rollschuhläuferin und Malerin und Fernsehreporterin und Schuldirektorin und Eiskunstläuferin, sie war Bäuerin und Bergsteigerin und Segelfliegerin, und einmal flog sie ein halbes Jahr in einem Ballon.

Es war ein wunderbares Geschenk. Aber wie jedes Spielzeug, wurde auch dieses einmal langweilig und landete irgendwann einmal auf dem Dachboden. Zu ihrem nächsten Geburtstag bekam Irina ein Kinderfahrrad.

Martin Auer

Gerade habe ich in einem Buch über die Rätsel des Universums gelesen. Jetzt ist mir schwindelig vor lauter Zahlen und unvorstellbaren Zeiten und Räumen.

Ich habe nicht gewusst, dass unsere Sonne nur ein Stern von einigen 100 Milliarden Sternen in der Milchstraße, unserer Galaxie, ist. Und im ganzen Universum gibt es schätzungsweise weitere 100 Milliarden Galaxien mit jeweils über 100 Milliarden Sternen und unzähligen Planeten.

Und alles ist in Bewegung: Die Monde kreisen um sich selbst und um ihre Planeten. Auch die Planeten wie zum Beispiel unsere Erde kreisen um sich selbst und um ihren Stern. Die Sonne kreist mit ihren Planeten so wie jeder Stern um die Mitte der Milchstraße.

In 24 Stunden dreht sich unsere Erde um sich selbst – wir erleben Tag und Nacht. In einem Jahr umrundet unsere Erde die Sonne – wir erleben Frühling, Sommer, Herbst und Winter. Die Umdrehung der Sonne mit allen Planeten um die Mitte der Milchstraße dauert 240 Millionen Jahre – davon merken wir nichts.

Sogar die großen Landmassen auf unserer Erde, die Kontinente sind in Bewegung. Sie verändern ihre Lage in einem Jahr um ein bis 50 Zentimeter, während eines Menschenlebens im Durchschnitt um drei Meter. Wenn die Landmassen im Laufe von Jahrmillionen aufeinander prallen und sich gegenseitig in die Höhe schieben, entstehen die Gebirge auf unserer Erde.

Ein Mensch steht in Afrika am Äquator vollkommen still. Weil aber die Erde sich um sich selbst dreht, wird er in einer Stunde 1 670 Kilometer weit bewegt, also schneller als ein Flugzeug. Außerdem fliegt er in derselben Zeit 106 920 Kilometer mit der ganzen Erde auf ihrer Bahn um die Sonne durch das Weltall. Dazu kommt noch die ständige Reise um den Mittelpunkt der Milchstraße mit einer Geschwindigkeit von 792 000 Stundenkilometern. Der Mensch jedoch bleibt ohne Zittern an seinem Platz auf der Welt – ohne Angst, ins Weltall hinausgeschleudert zu werden: Gott sei Dank!

Von den Bewegungen selbst erfahren wir nichts. Der Planet bewegt sich mit seiner Lufthülle und mit uns im immer gleichen Tempo (also ohne Bremsen und Beschleunigen wie im Auto). Die Anziehungskraft der Erde hält uns am Boden. Für die langsamen Veränderungen leben wir zu kurz. Die Bewegungen geschehen in aller Stille. Doch die Auswirkungen spüren wir: Tag und Nacht, die Jahreszeiten, das Gesicht der Erde mit Berg und Tal. Wir brauchen Bewegung in aller Stille um uns und in uns, damit sich die Welt und wir uns entwickeln können. Völliger Stillstand wäre der Tod.

Die verdrehte Welt

Als ALEXANDRA das Zauberbuch fand, las sie darin den Spruch für die verdrehte Welt. ALEXANDRA sagte den Spruch, da war die Welt verdreht. Die Menschen gingen auf den Händen, die Hunde wedelten mit den Schnauzen, auf den Apfelbäumen wuchsen Birnen, die Fische flogen durch die Luft, die Vögel schwammen im Wasser, und die Hühner legten eckige Eier.

Als ALEXANDRA genug gelacht hatte, suchte sie den Spruch, um die Welt zurückzudrehen. Aber der fehlte.

Wahrscheinlich braucht man keinen anderen Spruch, dachte ALEXANDRA. Man verdreht die Welt einfach noch einmal. Wenn man die verdrehte Welt verdreht, dann muss sie doch wieder normal werden.

Also sagte ALEXANDRA den Spruch noch einmal. Da gingen die Hände auf den Menschen, die Schnauzen wedelten mit den Hunden, auf den Birnen wuchsen Apfelbäume, die Lüfte flogen durch den Fisch, die Wasser schwammen im Vogel, und die Eier legten eckige Hühner.

Ich muss noch einmal drehen, dachte ALEXANDRA und sagte den Spruch noch einmal. Da händen die Menschen auf den Gingen, die Wedel schnauzten mit den Hunden, auf den Wuchsen birnten die Apfelbäume, die Flöge lüfteten den Fisch, die Schwämme wässerten den Vogel, und die Lege eierten hühnige Ecken.

»*Ich geb' aber nicht auf!*«, sagte ALEXANDRA und sagte den Spruch noch einmal. Ha dänden mie Denschen gauf en Dingen, wie Dedel mauzten schnit hen Munden, wauf en duchsen irnten ie Bapfeldäume, flie Öge düfteten fen Isch, schwie Dämme vässerten ven Dogel und lie Ege deierten ühnige Hecken.

»*Ich geb' nicht auf und ich geb' nicht auf!*«, sagte ALEXANDRA und sagte den Spruch noch einmal. Den minschen gauf en Dingen, wie Dedel erten vHa fen Isch, schdänmauzten schnden, wan duchten ie Bapfeldüfteten wie en Dämme äume, flie Öge vässen Dogel une Ded lie Egenit hen Mu deierten ühuf enigesen irn Heck.

»*Ic genich bauft bund ic ghenich bauft!*«, agste Spruch den einmal noch sund agte

DRALENAXA.

Martin Auer

In unserem Computer gibt es ein Programm mit einem Weltatlas. Auf dem Bildschirm ist im schwarzen All die gesamte Weltkugel zu sehen. Wenn man mit der Computer-Maus auf bestimmte Länder oder Städte klickt, kann man etwas über diesen Ort der Welt lesen oder Fotos davon angucken. Man kann auch aus dem Weltall in großen Schritten immer näher an eine Stadt heranfahren und sich wieder von ihr entfernen.

Das Beste aber ist: Aus dem Mauszeiger, einem Pfeil auf dem Bildschirm, kann auch eine Hand werden, die die Erdkugel in alle Richtungen verschieben kann: nach links, nach rechts, nach oben und unten, hin und her, vor und zurück. Ich kann die ganze Erde wild im Kreis herumdrehen oder sie tanzen lassen! Dabei komme ich mir ein bisschen vor wie Gott, von dem wir in der Kirche manchmal singen: Er hält die ganze Welt in seiner Hand. Doch schon bald vergeht mir die Lust, die Erde kreisen zu lassen, und ich denke: Wie gut, dass wir Menschen uns darum nicht zu kümmern brauchen!

Seit Milliarden von Jahren dreht sich unser Planet zuverlässig mit gleicher Geschwindigkeit um sich selbst und um die Sonne durch das All. Doch auf dieser Erde geht alles immer schneller. Zum Beispiel, wenn einer dem anderen etwas sagen will: Anfangs, als für die Menschen die Welt noch eine Scheibe war, brachten sie sich die Nachrichten über Boten, die zu Fuß gingen, mit dem Pferd ritten oder später mit einer Kutsche fuhren. Schneller kamen die Briefe an, als es Züge, Autos und Flugzeuge gab. Als das Telefon erfunden war, konnten die Menschen direkt miteinander reden. Schließlich wurde es möglich, den Brief als Fax zu senden oder als E-Mail über den Computer zu verschicken. Im nächsten Augenblick ist die Nachricht schon beim anderen. Im Internet können Menschen aus aller Welt direkt miteinander sprechen. Das ist toll, mir aber auch unheimlich. Ich glaube, mit der Schnelligkeit kam auch die Gedankenlosigkeit. Alles muss sofort passieren – wer nimmt sich da noch Zeit zu überlegen, was er eigentlich sagen will. Jeder kann mit jedem sprechen, aber haben wir uns überhaupt etwas zu sagen?

Meine Oma mag dieses »moderne Zeug« – wie sie sagt – nicht. Sie meint, zu einem Brief gehört die Zeit, ihn mit der Hand zu schreiben, ihn zum Briefkasten zu bringen und mit Freude und Spannung auf eine Antwort zu warten.

Manchmal denke ich, durch den Computer können Menschen zusammenkommen, die Welt kann aber auch wieder zur Scheibe werden: Die ganze Welt auf einer CD-ROM, flach und oberflächlich, ohne Höhen und Tiefen.

Ich sitze vor dem Bildschirm, bewege die Welt immer weiter – langsam und gleichmäßig –, klicke ab und zu auf verschiedene Erdteile, Länder und Städte. Überall dort wohnen auf der wirklichen Erde Menschen, in ihrer eigenen Welt und doch alle auf derselben Welt, machen sich wie ich Gedanken über ihr Leben, haben ihre Wünsche und Sorgen, Ängste und Hoffnungen. Wie schön wäre es, tatsächlich mit allen verbunden zu sein!

Die Erdkugel

Ich sehe ein großes rundes Wunder durch den Raum ziehen.
Ich sehe darauf winzige Gehöfte und Dörfer, Trümmer
und Friedhöfe, Gefängnisse und Werkstätten, Hütten und
Paläste ...

Ich sehe eine dunkle Seite, wo die Menschen schlafen,
und die andere Seite im Sonnenlicht.

Ich sehe den ständigen Wechsel von Licht und Schatten.
Ich sehe ferne Länder, ihren Bewohnern nicht weniger nahe
und vertraut als mein Land mir.

Walt Whitman
(vor 150 Jahren)

Meistens nehme ich die Welt so, wie sie ist, und achte gar nicht auf sie. Manchmal aber bin ich ganz voll vor lauter Staunen, dass die Welt so ist, wie sie ist. Dann bin ich ganz da, wo ich gerade bin, nirgendwo anders, mit wachen Augen und Ohren, und könnte die ganze Welt umarmen.

Jetzt ist so ein Augenblick. Jetzt bin ich gerade sehr glücklich, auf dieser Welt zu sein. Nicht nur, weil die Osterferien begonnen haben, weil wir Urlaub machen in den Bergen. Ich sitze auf einer Bank auf einem kleinen Berg in der Schweiz, schaue weit ins Tal, sehe Wälder, Wiesen, verschlungene Wege, Häuser, eine Kirche und einen Fabrikschornstein, höre hinter mir das Zirpen der Grashüpfer, das Bimmeln von Kuhglocken, die Stimmen von Mama, Papa und meinem Bruder, die mit dem Ball spielen, und in der Ferne Autogeräusche.

Wie sähen dieses Tal und die Berge ringsum, wie sähe die Welt heute aus ohne die Menschen? Sicherlich wäre vieles auf der Welt schöner und natürlicher geblieben. Aber kein Lebewesen hätte die Schönheit, die ich gerade um mich herum und in mir erlebe, überhaupt fühlen können.

Sozusagen grundlos vergnügt

Ich freu mich, dass am Himmel Wolken ziehen
Und dass es regnet, hagelt, friert und schneit.
Ich freu mich auch zur grünen Jahreszeit,
Wenn Heckenrosen und Holunder blühen.
Dass Amseln flöten und dass Immen summen,
Dass Mücken stechen und dass Brummer brummen.
Dass rote Luftballons ins Blaue steigen.
Dass Spatzen schwatzen. Und dass Fische schweigen.

Ich freu mich, dass der Mond am Himmel steht
Und dass die Sonne täglich neu aufgeht.
Dass Herbst dem Sommer folgt und Lenz dem Winter,
Gefällt mir wohl. Da steckt ein Sinn dahinter,
Wenn auch die Neunmalklugen ihn nicht sehn.
Man kann nicht alles mit dem Kopf verstehn!
Ich freue mich. Das ist des Lebens Sinn.
Ich freue mich vor allem, dass ich bin.

In mir ist alles aufgeräumt und heiter:
Die Diele blitzt. Das Feuer ist geschürt.
An solchem Tag erklettert man die Leiter,
Die von der Erde in den Himmel führt.
Da kann der Mensch, wie es ihm vorgeschrieben,
– Weil er sich selber liebt – den Nächsten lieben.
Ich freue mich, dass ich mich an das Schöne
Und an das Wunder niemals ganz gewöhne.
Dass alles so erstaunlich bleibt, und neu!
Ich freu mich, dass ich ... dass ich mich freu.

Mascha Kaléko

Gestern bin von einer Zecke gebissen worden. Ich fand das nicht weiter tragisch, bis ich von Mama hörte, dass man davon eine Hirnhautentzündung bekommen kann. Vorsichtshalber sind wir zum Arzt gefahren. Mein Gehirn ist mir sehr wichtig. Darin sorgen über 100 Milliarden Gehirnzellen – fast so viele wie Sterne in der Milchstraße – dafür, dass ich denken, sprechen und mich erinnern kann. Sie sind miteinander verbunden, senden Botschaften hin und her, steuern meinen Herzschlag und meine Bewegungen, helfen mir beim Sehen, Hören, Tasten, Riechen, Schmecken und Fühlen. Ein Mensch ohne Hirn wäre doch ziemlich kopflos, sein Leben ohne Sinne und ohne Sinn.

Später hat Mama mir erzählt, dass eine Zecke die Welt nicht sehen kann wie wir. Sie kann nur dunkel und hell unterscheiden und klettert im Busch oder Baum immer höher zum Licht. Oben wartet sie regungslos manchmal jahrelang, bis sie Buttersäure riecht – ein Zeichen, dass unter ihr ein Säugetier, vielleicht ein Mensch ist. Dann lässt sie sich fallen und, wenn sie Glück hat, kann sie sich in die Haut bohren und sich voll saugen mit Blut. Dann können die befruchteten Eier reifen. Die Zecke sorgt für Nachkommen und so für das Überleben ihrer Art.

Die Welt einer Zecke ist sehr einfach: hell oder dunkel – voll Buttersäuregeruch oder nicht. Aber ihre Welt ist wahr. Auch unsere Welt ist wahr für uns. Aber ist sie wirklich so, wie wir meinen? Als kleines Kind habe ich mich gefragt, wie die große Welt in mein kleines Auge hineinpasst. Heute weiß ich, dass ich mir nach dem, was ich sehe, eine Welt vorstelle. Aber wie richtig sehen meine Augen die Welt wirklich? Tiere sehen die Welt anders. Ein Frosch sieht zum Beispiel nur das, was sich bewegt. Für alles andere ist er blind. Er sieht den flatternden Schmetterling, aber nicht die Blumen, auf die sich der Schmetterling setzt.

Vielleicht lässt sich die Welt noch richtiger, komplizierter, genauer erkennen als wir das mit unseren Augen und Ohren und Händen können. Und vielleicht ist da jemand, der mit einem freundlichen Lächeln auf unsere bescheidenen Möglichkeiten schaut, so wie wir auf die Zecke.

Staune

dass du bist
erlebe die welt
als wunder
jedes blatt hat sein
geheimnis
jeder grashalm bleibt
ein rätsel

verlerne das staunen nicht
wenn man dir eintrichtert
wie normal und
einfach alles ist

Günter Ullmann

Ich beobachte gerne Ameisen. Ich sehe ihnen zu, wie sie auf ihrer Straße hin und her laufen, Nahrung und Baumaterial tragen und in die Gänge unter der Erde bringen. Jede Ameise scheint genau zu wissen, was sie zu tun hat, als hätten alle einen gemeinsamen Plan. Daran arbeiten sie unbeirrt. Es sieht aus, als wären alle zusammen sehr schlau, als wären sie zusammen ein Ich.

Auf der ganzen Welt gibt es ungefähr zehntausend Billionen Ameisen, habe ich gelesen. Diese Zahl sieht so aus:

10 000 000 000 000 000. Die Zahl der insgesamt 6 Milliarden Menschen auf der Welt ist dagegen fast klein:

6 000 000 000. Alle Ameisen der Erde wiegen etwa genauso viel wie alle Menschen. Es gibt heute nur eine Gattung Mensch – ihre Entwicklung begann vor über zwei Millionen Jahren. Bereits seit 100 Millionen Jahren gibt es Ameisen – wir kennen heute 9500 verschiedene Arten. Viele Wissenschaftler meinen, die Ameisen werden länger auf der Erde leben als die Menschen.

Wir Menschen sind sicher etwas Besonderes. Ich fühle mich den Ameisen gegenüber haushoch überlegen. Doch jedes kleine Kind kann aus Versehen oder aus Dummheit eine Ameise zertreten; und alle Professoren der Welt können diese Ameise nicht nachmachen. Aber wenn ich sie anschaue und über ihr langes Leben auf unserem Planeten nachdenke, bewundere ich sie und werde ganz klein und bescheiden. Ich habe Mama von diesem Gefühl erzählt. Sie nennt es Ehrfurcht, eine Ehrfurcht vor dem Leben.

Über die Erde

Über die Erde
sollst du barfuß gehen.
Zieh die Schuhe aus,
Schuhe machen dich blind.
Du kannst doch den Weg
mit deinen Zehen sehen.
Auch das Wasser
und den Wind.

Sollst mit deinen Sohlen
die Steine berühren,
mit ganz nackter Haut.
Dann wirst du bald spüren,
dass dir die Erde vertraut.

Spür das nasse Gras
unter deinen Füßen
und den trockenen Staub.
Lass dir vom Moos
die Sohlen streicheln und küssen
und fühl
das Knistern im Laub.

Steig hinein,
steig hinein in den Bach
und lauf aufwärts
dem Wasser entgegen.
Halt dein Gesicht
unter den Wasserfall.
Und dann sollst du dich
in die Sonne legen.

Leg deine Wange an die Erde,
riech ihren Duft und spür,
wie aufsteigt aus ihr
eine ganz große Ruh´.
Und dann ist die Erde
ganz nah bei dir,
und du weißt:
Du bist ein Teil von Allem
und gehörst dazu.

Martin Auer

Vor zwei Wochen war ich mit Mama, Papa und meinem Bruder im Zoo. Im Affengehege fiel mir ein Schimpanse auf, der ruhig in einer Ecke hinter den Gitterstäben saß. Für einen kurzen Moment, der mir wie eine kleine Ewigkeit erschien, hat er mir in die Augen geschaut. Er kam mir gleichzeitig sehr fremd und vertraut vor, sehr dumm und klug. Er wirkte traurig und nachdenklich, als dächte er über unsere gemeinsame Vergangenheit nach oder als wisse er mehr, als wir Menschen von einem Affen erwarten.

Ich habe meinem Bruder erklärt, dass wir Menschen vom Affen abstammen. Das wollte er nicht glauben und meinte nur: »Du vielleicht, ich aber nicht.« Papa sagte, dass es wirklich etwas komplizierter ist. Eigentlich ist der Mensch selbst ein Affe oder genauer: Wir Menschen und die Schimpansen und Gorillas haben gemeinsame Affen-Vorfahren, sozusagen Verwandte aus ferner Zeit, aus denen alle sich entwickelt haben.

Nach dem Zoobesuch habe ich wieder Bücher gewälzt. Jetzt habe ich noch eine Geschichte geschrieben, die niemals fertig sein wird:

MEINE KLEINE GESCHICHTE VOM ANFANG DES MENSCHEN

Als vor 70 Millionen Jahren die Dinosaurier aussterben, tauchen erste kleine Äffchen auf, die die Beeren der ersten Blütenpflanzen der Erde fressen. Im Laufe von Jahrmillionen entwickeln sie sich weiter. 35 Millionen Jahre vor unserer Zeit gibt es bereits erste größere Affen, die auf dem afrikanischen Erdteil wie auf einer Insel leben. Der gemeinsame Vorfahre der heutigen Menschen und Affen beginnt sich dann vor rund sieben Millionen Jahren in Ostafrika zu entwickeln. Hier war durch Erdverschiebungen der ganze Boden eingestürzt und eine 6000 Kilometer lange und bis zu 4000 Meter tiefe Schlucht – der ostafrikanische Graben – war entstanden. Millionen von Jahren später können sogar die Astronauten diesen Graben vom Mond aus wie eine tiefe Narbe auf der Erde sehen.

Im Westen dieses Grabens fällt nun weiter viel Regen, im Osten aber immer weniger. Hier geht der Wald zurück, es bildet sich eine trockene Landschaft. Im Westen bleiben die Affen auf den Bäumen: Dort entstehen die heutigen Gorillas und Schimpansen. Im Osten steigen die Affen von den Bäumen herunter, richten sich auf und entdecken die Vorteile des aufrechten Ganges. Sie haben die Hände zur Verfügung und lernen sie immer besser zu benutzen. Sie können Gefahren bereits von weitem sehen. Ihr Gehirn kann wachsen, weil es mit weniger Druck im Schädel liegt als bei den gebeugten Vierbeinern. Es wird immer größer, also muss die Zeit der Schwangerschaft kürzer werden, damit die Mutter ihr Kind noch gebären kann, bevor der Kopf zu groß ist. Das Kind bleibt nach der Geburt länger auf die Hilfe der Eltern angewiesen. So wächst eine immer stärkere Verbindung zwischen ihnen. Langsam wird das Gefühl geboren, jemanden gern zu haben.

Aus diesem Vormenschen, auch Australopithecus genannt, bildet sich vor 2,5 Millionen Jahren der Urmensch heraus, in lateinischer Sprache Homo genannt. Er bevölkert die ganze Erde und entwickelt sich in verschiedenen Arten weiter. Zunächst gibt es den Homo habilis, den geschickten Menschen, der beginnt Werkzeuge zu erfinden und zu gebrauchen. Vor etwa 1,5 Millionen Jahren taucht der Homo erectus auf, der aufrechte Mensch, der lernt das Feuer zu nutzen, Früchte zu sammeln und große Tiere zu jagen. Am Ende überlebt die Art, die am klügsten ist und sich am besten der Umwelt anpassen kann: Der Homo sapiens, der weise Mensch, kommt zur Welt. Ihn – also uns – gibt es seit etwa 200 000 Jahren. Alle anderen Arten verschwinden wieder.

Seit mindestens 120 000 Jahren verändert sich der Mensch so sehr, dass ihn heutige Forscher von nun an den modernen Menschen oder auch Homo sapiens sapiens nennen. Und in den letzten 40 000 Jahren geht die Entwicklung der Menschheit noch schneller. Der Mensch entdeckt die Sprache, die Religion, die Kultur und die Kunst, die Fantasie und die Liebe und leider auch den Krieg. Er entwickelt immer bessere Werkzeuge, malt Bilder auf Höhlenwände und spielt Musikinstrumente, schnitzt Skulpturen und fertigt Schmuck an. Er findet Gefallen an dem, was er selbst herstellen kann, was nützlich oder einfach nur schön ist. Er lässt sich an festen Orten nieder, baut Pflanzen auf dem Acker an und züchtet Tiere. Er merkt, dass er einmalig ist und sterben muss. Er begräbt die Toten feierlich und beginnt, sich ein Jenseits, eine Welt nach dem Tode vorzustellen. Er wird einer, der nach oben in den Himmel schaut. Er fragt nach sich und seinem Platz im Universum. Bis heute hat der Mensch damit nicht aufgehört.

Ahnte mein Schimpanse im Zoo etwas von den vielen Möglichkeiten, die er verpasst, weil seine Vorfahren auf der anderen Seite des Grabens nicht in der Trockenheit überleben mussten?

Zufall

Wenn statt mir jemand anderer
auf die Welt gekommen wär'.
Vielleicht meine Schwester
oder mein Bruder
oder irgendein fremdes blödes Luder –
wie wär' die Welt dann,
ohne mich?
Und wo wäre denn dann ich?
Und würd' mich irgendwer vermissen?
Es tät ja keiner von mir wissen.
Statt mir wäre hier ein ganz anderes Kind,
würde bei meinen Eltern leben
und hätte mein ganzes Spielzeug im Spind.
Ja, sie hätten ihm sogar
meinen Namen gegeben!

Martin Auer

Wie entstand Leben auf unserer Erde? Wie kam das Leben zur Welt? Ist es aus Zufall entstanden? Papa meint, das kann kein Zufall sein. Er hat versucht mir zu erklären, wie unwahrscheinlich die Entstehung des Lebens war: Stell dir vor, auf einem Schrottplatz erfasst ein gewaltiger Wirbelsturm alle herumliegenden Teile und wirft sie wahllos in die Höhe. Als der Sturm sich gelegt hat, steht auf dem Platz ein komplettes Auto, wie von Zauberhand zusammengesetzt aus den einzelnen Schrottsachen. So unmöglich und unvorstellbar, so unfassbar und unglaublich wie ein solches Ereignis war die Entstehung des Lebens auf der Erde. Unzählige Zufälle über Milliarden von Jahren?

Oder hat Gott das alles so geplant? Hat Gott es wie im Spiel erfunden? Aus Langeweile oder Einsamkeit? Wollte Gott eine Welt mit Wesen, die ihm gleichwertig gegenüberstehen? Wollte Gott, dass jemand ihn beachtet und liebt, dass jemand an ihn glaubt? Wenn ja, dann hat Gott sich seine Schöpfung sehr genau ausgedacht, mit viel Zeit. Dann hat Gott über Jahrtausende und Jahrmillionen alles sich entwickeln lassen, bis es immer neu und sehr gut geworden war. Dann hat Gott wohl so manches Mal selbst gestaunt über seine Entdeckungen und Erfindungen. Dann ist Gott bis heute nicht fertig mit der Schöpfung, denn das Leben verändert sich immer weiter. Die Zeit, die ein Mensch auf der Erde ist, reicht nicht aus, um diese Veränderungen zu erleben. Papa meint: Für Gott dauert ein Menschenleben nur einen Wimpernschlag.

Niemand kann beweisen, dass es Gott gibt, und keiner kann beweisen, dass es Gott nicht gibt. Doch es sieht so aus, als ob hinter der Entstehung des Universums und des Lebens bis hin zum Menschen von Anfang an ein kluger Plan steht. Die Welt ist so schön, wie sollte sie ohne einen Schöpfer entstanden sein. Dass Gott da ist, zeigt sich darin, dass Menschen da sind, die

die Frage nach Gott stellen können. Seit Jahrtausenden tun sie das und erzählen sich in Geschichten und Gedichten, was sie von Gott erfahren und glauben. Als die Menschen vom Urknall noch nichts wussten, erinnerten sie an einen Anfang, der von Gott kommt, der schon vor der Zeit da war. Sie erzählen sich, was niemals so passiert ist und trotzdem wahr ist. In solchen Geschichten wird aus Millionen von Jahren für Gott ein Tag: Die Geburt des Universums und der Erde, der Tiere und der Menschen wird im Gedicht als Wochenarbeit Gottes erzählt.

Im Anfang

Im Anfang schuf Gott den Himmel und die Erde.
Und die Erde war Wüste und Leere, Irrsal und Wirrsal.
Finsternis lag über der Urflut,
aber über dem tiefen Wasser schwebte hin und her
der Lebensatem, der Geist Gottes.

Und Gott sprach: Es werde Licht.
Und es wurde Licht.
Gott sah, dass das Licht gut war.
Und es trennte Gott das Licht von der Finsternis.
Gott nannte das Licht Tag und die Finsternis Nacht.
Es wurde Abend und es wurde Morgen:
ein erster Tag.

Und Gott sprach: Es werde eine feste Grenze
zwischen dem Wasser oben und dem Wasser unten.
Und es wurde eine Grenze,
die Wasser von Wasser trennte.
Es geschah so
und die feste Grenze nannte Gott Himmel.
Es wurde Abend und es wurde Morgen:
ein zweiter Tag.

Und Gott sprach: Das Wasser soll sich sammeln
unter dem Himmel an einem Ort,
es soll sichtbar werden das Trockene.
Es geschah so
und Gott nannte das Trockene Erde
und das gesammelte Wasser Meer.
Gott sah, dass es gut war.
Und Gott sprach: Es werde grün die Erde,
das Land bringe Pflanzen hervor, die Samen tragen,
und Bäume, die Früchte tragen.
Es geschah so
Das Land brachte junges Grün hervor,
alle Arten von Pflanzen und fruchtbaren Bäumen
mit Samen nach ihrer Art.
Gott sah, dass es gut war.
Es wurde Abend und es wurde Morgen:
ein dritter Tag.

Und Gott sprach: Es sollen Lichter werden am Himmel,
um Tag und Nacht zu unterscheiden.
Sie sollen Zeichen sein für Zeiten, Tage und Jahre.
Es geschah so
und Gott schuf die beiden großen Lichter:
das größere, das über den Tag herrscht,
das kleinere, das über die Nacht herrscht,
dazu noch die Sterne.
Gott gab ihnen ihren Platz am Himmel,
damit sie die Erde erleuchten,
den Tag und die Nacht bestimmen
und das Licht von der Finsternis trennen.
Es wurde Abend und es wurde Morgen:
ein vierter Tag.

Und Gott sprach: Im Wasser wimmle es von lebendigen Wesen,
Vögel sollen fliegen über der Erde unter dem Himmel.
Und Gott schuf die riesigen Seetiere,
alle Arten von Wassertieren und gefiederten Vögeln.
Gott sah, dass es gut war.
Und Gott sprach seinen Segen über sie:
Seid fruchtbar und werdet zahlreich,
erfüllt die Wasser des Meeres
und die Vögel sollen viele werden über der Erde.
Es wurde Abend und es wurde Morgen:
ein fünfter Tag.

Und Gott sprach: Die Erde soll hervorbringen
alle Arten von lebendigen Wesen:
Vieh, Kriechtiere und Tiere des Feldes.
Es geschah so
und Gott schuf die Tiere des Feldes,
das Vieh und die Kriechtiere,
ein jedes nach seiner Art.
Gott sah, dass es gut war.
Und Gott sprach: Es sollen Menschen werden
nach unserem Bild, nach dem Gleichnis Gottes.
Sie sollen herrschen über die Fische des Meeres,
über die Vögel des Himmels und das Vieh
und über alle Kriechtiere auf dem Erdboden.
Und es schuf Gott den Menschen nach seinem Bild.
Als Abbild Gottes schuf er ihn.
Als Mann und Frau schuf er sie.
und Gott segnete sie und sprach zu ihnen:
Seid fruchtbar und werdet zahlreich,
bevölkert die Erde und macht sie zu eurem Zuhause,
herrscht gerecht über die Fische im Meer,
über die Vögel am Himmel und die Tiere auf dem Land.
Und Gott sprach: Seht, ich gebe euch
alle Pflanzen, die Samen tragen,
und alle Bäume mit Früchten und ihren Samen.
Sie sollen euch Nahrung sein.

Allen Tieren der Erde und allen Vögeln des Himmels
gebe ich die grünen Pflanzen zur Nahrung.
Es geschah so
und Gott sah alles, was er hatte werden lassen:
Es war sehr gut.
Es wurde Abend und es wurde Morgen:
ein sechster Tag.

So wurden vollendet Himmel und Erde
in ihrer ganzen Fülle und Pracht.
Am siebten Tag vollendete Gott sein Werk
und ruhte von seiner Arbeit aus.
Und Gott segnete den siebten Tag und nannte ihn heilig.
Denn Gott ruhte nach der Vollendung der ganzen Schöpfung.

Das ist die Geschichte der Geburt und Entstehung
von Himmel und Erde aus der Hand Gottes.

Ein Schöpfungsgedicht der Bibel

Das ist eines meiner Lieblingsbilder.
Betrachte es einmal eine lange Zeit!
Tritt ein in das Bild!
Schau hinein in die Dunkelheit!
Geh den Weg, der aussieht wie eine Spirale!
Lass dich hineinziehen in den Tunnel!
Freu dich über das Licht am Ende des Weges!
Da fängt etwas an.
Der Urknall: eine Lichtexplosion.
         Erklären die Wissenschaftler.
Gott sprach: Es werde Licht!
         Erzählt die Bibel.
Warum gibt es eine Welt?
         Fragen die Menschen.

Aus dem Licht entsteht das Leben.
Siehst du den Fingerabdruck?
Es ist sicher der Finger des Künstlers,
der das Bild gemacht hat.
Ist es auch der Hinweis auf eine Spur von Gott,
der Welt und Leben möglich macht?
Der Fingerabdruck ist wie alles Leben – einzigartig!
Die Linien auf deinen Fingern gibt es nur einmal.
Schau dir dieses kleine große Wunder an!
Auch dein Fingerabdruck ist gemeint auf dem Bild.
Auch du bist entstanden aus dem Licht am Anfang.
Bis heute kommt nach der dunklen Nacht
das Licht des Tages.
Die Welt und die Menschen stehen auf
und sind einfach da.

Anfänge sind oft langsam. Doch dann geht alles rasend schnell. Als das Leben auf unserem Planeten erst einmal entstanden war, hat es sich geradezu explosionsartig ausgebreitet. Schnell war klar: Die Erde ist für das Leben ein Paradies. Heute gibt es auf der Welt 1 750 000 verschiedene uns bekannte Arten von Lebewesen, vermutlich jedoch noch viel mehr unentdeckte Arten. Die meisten davon sind Insekten und andere kleine Lebewesen.

Die Zahl aller lebendigen Wesen auf unserem Planeten kann kein Mensch verstehen: 1 000 000 000 000 000 000 000 sind es schätzungsweise – diese Zahl heißt eine Trillion. Allein Vögel gibt es auf der Welt mehr als Sterne in unserer Milchstraße. Menschen leben zwar in großer Zahl, aber im Vergleich zum Leben insgesamt nur wenige auf der Welt. Auf jeden Menschen kommen 167 000 000 andere Lebewesen.

Stell dir vor, alle Lebewesen der Erde außer den Menschen müssten sich hintereinander aufstellen. Auf jedem Meter dieser Riesenschlange stehen im Durchschnitt, sagen wir mal, zehn Lebewesen. Das wird für die Elefanten sehr eng, aber da rücken die Ameisen etwas zusammen. Jetzt verteilen wir die Menschen gleichmäßig und reihen sie mit immer gleichem Abstand in die Lebewesen-Schlange ein. Die Entfernung von Mensch zu Mensch ist riesig: Auf einer Strecke von der Erde bis zum Mond stehen nur fünf Menschen. Die gesamte Schlange reicht übrigens mehr als 330 000 mal von der Erde zur Sonne und wieder zurück.

Aber noch einmal zurück zu den Anfängen: Von den Naturwissenschaftlern lernen wir, wie alles war und geworden ist. In der Bibel wird erzählt von der Wahrheit hinter dem, was war und geworden ist. Wir können uns auch selbst immer neue Geschichten vom Anfang gegenseitig erzählen. Darin können wir dann verstecken, was war und was Wahrheit ist. Die Idee dazu stammt von einer Geschichte, die ich sehr mag ...

Als die Welt noch jung war

Früher, als die Welt noch jung war, gab es noch keine Menschen. Die Kühe mussten noch nicht gemolken, die Hühner noch nicht gefüttert werden. Irgendwie kamen die Tiere auch so ganz gut zurecht. Das dauerte lange. Die Welt war weit und wild. Eines Tages erschien dann doch der erste Mensch, eine Frau. Sie blickte sich um. Nicht schlecht, sagte sie, das alles. Sie betrachtete die Dinge genauer. Gute Idee, diese Bäume, sagte sie unter einer hellgrünen Buche. Auch die Kühe und die Hühner leuchteten ihr ein. Gute Idee, diese Tiere, geben Milch, geben Eier und sind selber essbar. Sie nahm einen Melkstuhl, setzte sich unter eine Kuh und molk sie.

Woher kam der Melkstuhl?

Den hatte sie mitgebracht.

Sie hatte also Gepäck bei sich?

Nur einen Melkstuhl und eine Hand voll Hühnerfutter.

Gab es das dort, wo sie herkam, Melkstühle, Hühnerfutter?

Wie hätte die Frau das sonst mitbringen können!

Wo kam sie denn her?

Aus dem Ausland.

Und wie kam sie ins Ausland?

Da war sie schon immer. Hör mal, wie soll ich das wissen. Erzähl die Geschichte doch selber!

Gut. Früher, als die Welt noch jung war, da war alles noch
jung. Junge Sterne, junge Steine, junge Flüsse, junge Men-
schen, junge Vögel, junge Bäume ...
Junge Häuser?
Auch.
Und Kühe? Und Hühner?
Kälbchen und Kükchen. Eine ganze kleine Welt, nicht viel
größer als ein Tisch. Diese Welt lebte nur eine Woche. Die
Menschen, die Tiere und Pflanzen verdursteten, die Flüsse
vertrockneten, die Sterne verlöschten, die Steine, klein wie
Sandkörner, zerstoben ins Leere. Eine schöne, aber kurze
Welt. Dann war Ruhe, für mehr als tausend Jahre. Und nach
mehr als tausend Jahren noch mal mehr als tausend Jahre.
Dann entstand nach und nach eine neue Welt, diesmal nur
Wolken und darüber der Himmel, darunter das Meer. Eine
Wolken-und-Wellen-Welt.
Und dann?
Wolken und Wellen.
Und alles Übrige? Das muss ja eines Tages dazugekommen
sein: das Gras, die Kühe, die Menschen, die Dörfer.
Nein.
Wie?
Nichts ist dazugekommen.
So ist die Geschichte hier fertig?
Nein, sie geht weiter, nur dass eben nichts Neues geschieht,
sondern immer das Gleiche: Wolken und Wellen, Wolken
und Wellen, Wolken und Wellen.
Und Wind?
Ja, Wind. Wolken, Wellen und Wind.

Und das Bett, auf dem du sitzt, das Fenster, der Garten, du selber und ich?
Gibt es nicht. Nicht in dieser Geschichte.
Wo denn?
Nirgends. Kein Land in Sicht.
Doch, das Paradies.
Ach!

Paradies hieß die Welt, als sie noch jung war. Menschen, Tiere, Pflanzen, Berge und Täler waren eben erst angekommen. Sie begrüßten einander. Ich heiße Eva. Und Sie? Adam. Ich heiße Adam. Und Sie? Löwe. Ich heiße Löwe. Und Sie? Dattelpalme. Ich heiße Dattelpalme. Und Sie? Quelle. Ich heiße Quelle. Und Sie? Forelle. Ich heiße Forelle. Und Sie? Libelle.
Adam fragte Eva: Entschuldigung, wissen Sie, wo wir sind?
Im Paradies, antwortete Eva.
Paradies?, brummte Adam. Nie gehört.
Sie machten einen langen Spaziergang durch den großen Garten, gingen durch feuchtes Moos, über lockeren Sand und grüßten nach allen Seiten. Es war ein schöner früher Morgen. Alles neu, alles blitzblank. Die Elefanten winkten mit den Ohren, die Rosen dufteten wie verrückt.
Wir sind, sehe ich, die einzigen Menschen, sagte Eva. Wir werden einander wohl heiraten müssen.
Heiraten? Nie gehört, sagte Adam fast freundlich.
Heiraten heißt, wir bleiben zusammen. Zuerst aber müssen wir uns lieben. Damit fängt es an. Haben Sie etwas dagegen, wenn wir uns lieben?

Lieben? Nie gehört, sagte Adam.

Eva umarmte ihn und küsste ihn lange auf den Mund. Zwischendurch verschnaufte sie und sagte: Das ist Lieben. Adam hielt seinen Mund hin, und Eva küsste ihn weiter. Später, es war bereits Mittag, sagte er: Da habe ich nichts dagegen, es entspricht mir sogar irgendwie, dieses Lieben. Als sie das nächste Mal verschnauften, war es Abend. Ich möchte, dass wir uns du sagen, schlug Eva vor.

Adam sagte: Gern, liebe Eva.

So hat die Welt angefangen.

Fertig?

Ja. Besser, wir hören hier auf, solange sie sich noch küssen. Die Märchen sind am *Ende* glücklich, die Paradiesgeschichten dagegen am *Anfang*.

Dann fang ich noch einmal an.

Als die Welt noch jung war, musste das Leben erst gelernt werden. Die Sterne versammelten sich zu Sternbildern. Einige probierten zuerst eine Giraffe, dann eine Palme, dann eine Rose, bevor sie den Großen Bären erfanden. Andere bildeten ein kleines Mädchen, aus dem am Ende die Jungfrau entstand. Weitere Sterne hatten sich unterdessen zum Steinbock, zum Drachen, Stier oder Schwan zusammengestellt.

Einfacher hatten es da die Steine. Sie wurden unverzüglich hart und nahmen Gewicht an. Sie waren die ersten fertigen Dinge.

Die Sonne begann zu scheinen, sie lernte den Auf- und den Untergang. Was sie sonst noch versuchte, wollte ihr nicht gelingen. Sie sang beispielsweise. Doch ihre raue Stimme erschreckte die ganze Welt, die noch neu und empfindlich war. Der Mond wusste lange nicht, was er zu lernen hatte. Sollte er tatsächlich leuchten? Bei Tag verneinte er die Frage eher, bei Nacht bejahte er sie. Da er sich nicht entschließen konnte, machte er fortan beides: Er nahm zu und ab, wurde voll und wurde leer. Was er lernte, war die stetige Verwandlung.

Das Wasser lernte das Fließen. Es gelang ihm, als es merkte, dass es dafür nur einen Weg gab: immer abwärts, abwärts, abwärts.

Der Wind blieb lange still. So war er am Anfang eigentlich niemand und nichts. Irgendwie fand er dann aber heraus, dass er wehen konnte.

Es war einfach zu leben. Jeder musste nur erst entdecken, was genau dieses Einfache war. Für das Feuer jedenfalls etwas anderes als für das Holz, für den Fisch etwas anderes als für den Vogel, für die Wurzel etwas anderes als für den Zweig.

Die Welt nahm sich Zeit, um sich einzurichten. Dann lief alles fast wie von selbst. Der Regen musste bloß aus den Wolken fallen, um die Erde zu finden, die Menschen mussten nur die Augen öffnen, um zu sehen, wie gut alles war. Wenn jeder machte, was ihm am leichtesten fiel, war die Welt schon ziemlich in Ordnung.

War die Welt *noch* ziemlich in Ordnung ...

Psst! Nicht weiter. Besser noch einmal von vorn. Diese Geschichte hat kein Ende, aber Anfänge hat sie, viele Anfänge. Früher, als die Welt noch jung war ...

Jürg Schubiger

Gestern war ich auf einer Welt-Ausstellung: Die Länder dieser Erde zeigen in riesigen Hallen und extra dafür gebauten Häusern, wo und wie sie leben. Die Menschen stellen sich und ihr Land vor. Dafür haben sie sich viel Zeit genommen und viel Mühe gegeben. Viel Geld hat das gekostet. Überall gibt es etwas zu staunen. Eine eigene Welt entsteht auf der Welt. Am meisten jedoch habe ich mich über etwas anderes gewundert. Noch nie habe ich an einem Tag eine solche Menschenmenge gesehen. Heute stand in der Zeitung, es waren an diesem Tag auf der Ausstellung fast 300 000 Frauen und Männer, Mädchen und Jungen. Und jeder dieser Menschen ist anders und führt ein eigenes Leben. Den Reichtum des Lebens aller sechs Milliarden Menschen auf der Erde kann ich nur erahnen.

Papa hat mir erzählt, seit es uns – also den modernen Menschen – auf der Welt gibt, haben ungefähr 106 Milliarden verschiedene Menschen gelebt: 106 000 000 000. – Wieder muss ich versuchen, diese Zahl anders zu verstehen. Ich schließe die Augen und stelle mir das Menschengewimmel auf der Ausstellung vor und zähle eine Minute lang, so schnell ich kann, diese Menschen – ich komme bis zweihundert. In einer Sekunde habe ich an mehr als drei Menschen gedacht. Wie lange müsste ich wohl so weitermachen, bis ich an die ganze Menschheit gedacht hätte, an jeden Menschen, der schon einmal gelebt hat? Mithilfe von Papa und meinem Taschenrechner habe ich es ausgerechnet. Nach einem Jahr wäre ich bei über 105 Millionen Menschen angelangt und hätte nicht eine Minute geschlafen. Erst nach siebenundfünfzig Jahren hätte ich an alle heute Lebenden gedacht. Um mich an jeden Menschen, der bis heute gelebt hat, einen kurzen Moment zu erinnern, müsste ich (und dann viele, die nach mir leben) insgesamt über tausend Jahre ohne Unterbrechung so weitermachen.

Du kennst mich

Mein Gott, du kennst mich.
Ob ich sitze oder stehe, du weißt von mir:
Wer ich bin und was ich denke.
Ob ich ruhe oder gehe, es ist dir bekannt;
Du weißt, wohin ich meine Wege gehe.
Noch liegt mir das Wort nicht auf der Zunge
– du Gott weißt, was ich sagen will.
Du umgibst mich von allen Seiten
und hältst deine Hand auf und über mir.
Zu wunderbar bist du für mich,
zu hoch, ich kann dich nicht begreifen.
Wohin könnte ich fliehen vor dir,
wohin mich vor deinem Angesicht verstecken?
Steige ich hinauf in den Himmel, so bist du dort;
bette ich mich irgendwo ganz unten, auch da bist du.
Würde ich sagen: Finsternis soll mich bedecken,
statt Licht soll Nacht um mich sein,
auch die Nacht wäre für dich nicht finster,
die Nacht leuchtete wie der Tag,
die Finsternis würde Licht.
Denn ich bin im Innersten von dir geschaffen,
du hast mich werden lassen im Bauch meiner Mutter.

Ich danke dir, dass ich so wunderbar gestaltet bin.
Zum Staunen sind deine Werke.
Das erkennt meine Seele.
Als ich geformt wurde im Dunkeln,
kunstvoll entstand in den Tiefen der Erde,
war nichts an mir dir verborgen.
Deine Augen sahen, wie ich wuchs.
In deinem Buch war schon alles verzeichnet.
Meine Tage standen bereits fest,
als noch keiner von ihnen da war.
Wie undenkbar sind für mich deine Gedanken;
mein Gott, wie unendlich ihre Zahl.
Wollte ich sie zählen,
es wären mehr als alle Sandkörner auf der Erde,
mehr als Atome im Universum.
Und käme ich dabei zum Ende,
wäre ich noch immer bei dir.

Psalm 139 – aus der Bibel

Auf meinem Weg zur Schule gibt es zwei Kreuzungen mit Ampeln. Wenn ich mich mit meinem Fahrrad nach der ersten Ampel sehr beeile, schaffe ich es so gerade, die zweite Ampel bei grün zu überqueren. Wenn nicht, muss ich ein paar Minuten warten. Dann verläuft der Tag doch ganz anders. Wenn ich an der Schule ankomme, sehe ich andere Freunde, führe andere Gespräche, habe andere Gedanken.

In jedem Augenblick entscheiden Menschen sich für oder gegen etwas und verändern damit die Welt. Wenn ich jetzt dieses hier nicht schreiben würde, dann wäre die Welt anders.

Wie anders wäre mein Leben, wenn die Dinosaurier nicht ausgestorben wären. Wahrscheinlich gäbe es dann keine Menschen und mich schon gar nicht.

Wie anders wäre mein Leben, wenn ich in einer anderen Zeit geboren wäre, zum Beispiel im Mittelalter, als Kinder wie kleine Erwachsene behandelt wurden, die schon alles mitmachen mussten, was die Großen taten.

Wie anders wäre mein Leben, wenn ich an einem anderen Ort geboren wäre, zum Beispiel auf einer kleinen Insel ohne Fernsehen, Radio, Computer. Ich wäre dann ein ganz anderer Mensch geworden.

Nein falsch! Ich wäre ja gar nicht ich gewesen. Ich konnte nur zu meiner Zeit, an meinem Platz auf die Welt kommen,
geboren werden
als Kind von Mama und Papa,
als Nachfahre meiner beiden Omas und Opas,
meiner vier Ur-Omas und vier Ur-Opas,
meiner acht Urur-Omas und acht Urur-Opas,
meiner 16 Ururur-Omas und 16 Ururur-Opas,
meiner 32 Urururur-Omas und 32 Urururur-Opas,
meiner 64 Ururururur-Omas und 64 Ururururur-Opas
und so weiter und so weiter.

Nur weil vorher alles geschah, wie es geschah, konnte es mich geben. Dass ich nur ich werden konnte, ist kein Zufall, das ist ein Wunder!

Ich bin ein Wunder

Ich bin ein Wunder:
kann gehen
sehen
mich drehen
ganz wie ich will
kann lachen
Dummheiten
gar nichts machen
kann denken
schenken
ein Auto lenken
kann träumen
klettern in Bäumen
kann trinken
winken
mich wehren
mit Freunden
verkehren

Ich
du
er – sie – es
wir alle
sind Wunder

Klaus Kordon

Wenn ich mir vor dem Spiegel nur lange genug tief in die Augen schaue, meine ich, da steht eine andere. Und tatsächlich: Das Bild von mir spiegelt mir etwas vor. Die anderen sehen mich ja richtig, ich sehe nur mein spiegelverkehrtes Bild. Was an mir rechts ist, sehe ich im Spiegel, als ob es bei mir links wäre, und umgekehrt. Als ich das vor Jahren zum ersten Mal verstanden habe, war ich richtig erschrocken. Ich hatte immer eine falsche Vorstellung von mir. Die anderen hören mich ja auch anders als ich selbst meine Stimme höre. Als ich einmal eine Kasset-ten-Aufnahme von mir gehört habe, konnte ich gar nicht glauben, dass ich das sein sollte, die da spricht. Nur die Worte und Gedanken erkannte ich wieder.

Nicht nur beim Hören und Sehen erscheint mir das so: Keiner ist mir so nahe wie ich selbst. Aber es bleibt ein Unterschied zwischen dem, was ich von mir erlebe, und dem, was ich wirklich bin, zwischen meinem Ich und meiner Seele. Dieser spannende Unterschied, schaurig und schön zugleich, hat mit Gott zu tun – auf irgendeine Weise, die ich noch nicht herausgefunden habe. Finde ich Gott in dem, was mir fremd ist an mir? Oder bin ich Gott dann nah, wenn ich mich besonders gut kenne und verstehe?

In der Bibel heißt es, Gott hat den Menschen nach seinem Bild erschaffen. Wenn der Mensch ein Abbild von Gott ist, dann sind Gott und Mensch einander sehr ähnlich. Da steht aber auch, die Menschen sollen sich kein Bild von Gott zum Anbeten machen. Denn Gott ist ganz anders als der Mensch. Gott und Mensch sind gleich und verschieden. So wird es sein, denn Gott ist für mich gleichzeitig fremd und vertraut, ganz in mir drin und ganz draußen, in der Ferne und in der Nähe. Gott ist weit und mir nah.

Ich

Ich: Träumerisch, träge,
schlafmützig, faul.

Und **ich**: Ruhelos, neugierig,
hellwach, betriebsam.

Und **ich**: Kleingläubig, feige,
zweiflerisch, hasenherzig.

Und **ich**: Unverblümt, frech,
tapfer, gar mutig.

Und **ich**: Mitfühlend, zärtlich,
hilfsbereit, beschützend.

Und **ich**: Launisch, gleichgültig,
einsilbig, eigenbrötlerisch. –

Erst wir alle zusammen sind **ich**.

Hans Manz

Als ich klein war, dachte ich: Jedes Mal, wenn ein Mensch stirbt, wird dafür irgendwo anders ein Mensch geboren, damit das Leben weitergeht auf unserer Erde.

Heute habe ich gelesen: In jeder Minute ist auf der ganzen Erde 260 Mal der Schrei eines neugeborenen Babys zu hören – ein Weltkonzert ohne sichtbaren Dirigenten!

Und in derselben Zeit schließen 101 Menschen ihre Augen für immer auf dieser Erde – sie sterben friedlich, gewaltsam, nach langer Krankheit oder einfach, weil ihre Zeit hier vorbei ist. Die meisten Babys werden mit Freude und Spannung erwartet. Die Toten lassen meistens traurige Menschen auf der Erde zurück.

Lange Zeit hätte ich gern ewig gelebt. Aber je mehr ich darüber nachdenke, umso mehr zweifle ich daran, ob ich dann glücklich sein könnte. Eigentlich hatte ich als kleines Kind Recht. Das Leben bringt immer neues Leben hervor, das irgendwann an ein Ende kommt. Ohne ein Ende bräuchte es kein neues Leben zu geben und dann wäre das Leben gar kein Leben. Den Tod gibt es nur, weil es das Leben gibt – das Leben gibt es nur, weil es den Tod gibt. Wie kann ich verstehen, was Leben heißt, wenn ich gar nichts davon weiß, dass alles Leben einmal stirbt? Wie könnte ich glücklich sein, wenn ich niemals traurig wäre? Wer ewig leben könnte, der würde überhaupt nicht leben. Ein Leben ohne Tod wäre kein Leben. Nur wer sich verändert, wer wächst und alt wird, der lebt.

doppelt so weit

ich bin neu auf der welt
und ich geh von mir weg
und ich geh zu mir hin
ich bin sechs monate
und ich geh von mir weg
und ich geh zu mir hin
ich bin ein jahr alt
und ich geh von mir weg
und ich geh zu mir hin
wie ich zwei jahre bin
und ich geh von mir weg
und ich geh zu mir hin
das ist mein vierter geburtstag
und ich geh von mir weg
und ich geh zu mir hin
als ein schulkind von acht jahren

und ich geh von mir weg
und ich geh zu mir hin
und erkenne mich mit sechzehn
kaum wieder
und ich geh von mir weg
und ich geh zu mir hin
der zweiunddreißigste ist ein schöner
geburtstag
und ich geh von mir weg
und ich geh zu mir hin
ich mit vierundsechzig
geh nicht mehr doppelt so weit

Ernst Jandl

In genau 17 Tagen habe ich Geburtstag. Ich fange immer früh an, die Tage zu zählen. Dann ist das Warten leichter und die Vorfreude größer.

An meinen letzten Geburtstag denke ich gern zurück. Als säße ich im Kino, habe ich Bilder vor Augen, wie wir bei strahlendem Sonnenschein im Garten spielten. Im Jahr davor regnete es und ich war krank. Die Feier musste verschoben werden. Gehe ich weiter in der Zeit zurück, verblassen die Bilder mehr und mehr. Selbst die Fotos von den Festen werden mir immer fremder: Das war ich vor sechs Jahren?

Wo bleibt etwas, was vergangen ist? Es ist weit weg und doch da, in der hintersten Ecke von mir versteckt. Manchmal reicht eine Geschichte von früher, die Mama erzählt, oder ein Geruch, eine Musik, ein Bild oder ein bestimmter Ort –, und alles ist wieder da, als wäre es gerade passiert.

An jedem Tag beginnt die Welt für mich aufs Neue. In jedem Augenblick werde ich ein neuer Mensch. Und doch sind die vergangenen Tage und Momente in mir und wirken weiter. Sie bleiben mir in Erinnerung und bestimmen mit, was ich denke und mache.

Nach sieben Jahren sind alle Zellen in meinem Körper erneuert. Und doch bleibe ich dieselbe. Ich verändere mich ständig und bleibe doch ich.

Nach hundert Jahren sind fast alle Menschen gestorben, die heute leben. Nur wenige können noch ihren Geburtstag feiern. Die gesamte Menschheit wird sozusagen in einem Jahrhundert ausgetauscht. Und doch entwickelt sich die Menschheit, gibt ihr Wissen und ihre Erfahrungen weiter.

Mit den Erinnerungen in uns können wir Menschen heute leben und die kommenden Tage mit Hoffnung erwarten, von einem Geburtstag bis zum nächsten.

Nicht vorüber

Was vorüber ist
ist nicht vorüber
Es wächst weiter
in deinen Zellen
ein Baum aus Tränen
oder
vergangenem Glück

Rose Ausländer

Gerade habe ich gesehen, wie ich als kleines Kind laufen gelernt habe. Papa hat damals meine ersten Schritte mit der Video-Kamera gefilmt, natürlich auch meine ersten Stürze auf den Boden. Unermüdlich bin ich zu dem Hocker im Wohnzimmer zurückgekrabbelt, habe mich hochgezogen, um immer wieder auf wackeligen Beinen ein paar Schritte zu laufen. Jede Teppichkante brachte mich zum Fallen, doch ich hatte einen Riesenspaß dabei, so wie Mama und Papa, die mich anfeuerten.

Ich habe wohl damals schon gespürt, dass das etwas ganz Wichtiges ist: zu gehen wie die Großen. Ohne Ende habe ich es geübt: Hocker – Gehen – Teppichkante – Fallen – Krabbeln – Hocker – Gehen ...

Jedes Kind lernt für sich, was die Menschen über Jahrtausende in kleinen Schritten entdeckt haben. Dass unsere Vorfahren in Ostafrika sich auf ihre beiden Füße gestellt und ihren Kopf hoch in den Himmel gehoben haben, war ein Riesenschritt für die Menschheit. Sie hatten die Hände frei, konnten die Welt besser überblicken, Gefahren sehen, Entdeckungen machen, einander in die Augen schauen.

So wie ich als kleines Kind nicht mehr still stehen konnte und endlos durch die Wohnung lief, wollte der Mensch immer weg von dem Ort, wo er lebte, und neue Wege finden. Stolz übte er das aufrechte Gehen. Neugierig hat er den Planeten erkundet und sich auf der ganzen Erde ausgebreitet. So was Ähnliches tun wir heute im Urlaub. Aber so sehr ich vor den Ferien weg will und Neues kennen lernen möchte, so gern komme ich am Ende der Reise wieder nach Hause zurück, wo ich mich auskenne und wo meine Freunde sind.

Als die Menschen meinten, ihre Erde genug zu kennen, wollten sie erst in die Luft und dann ins Weltall. Alle Mühen haben sie auf sich genommen, damit dieser Traum vom Fliegen – immer höher und immer weiter weg von ihrer Erde – wahr wird.

Als die Menschen es endlich schafften, sich in den Himmel zu erheben, mit einer Rakete ins All aufzusteigen, schwerelos im Weltraum zu schweben und sogar auf dem Mond zu landen, da erlebten sie eine Überraschung. Worüber sie am meisten staunten, war gar nicht das Weltall, nicht die Schwerelosigkeit, nicht der Mond, war nicht das Weg-Kommen. Es war das Zurück-Schauen, der Blick zurück zur Erde: auf die Schönheit dieser bunten Kugel im schwarzen All, auf der wir alle leben. Für diesen Anblick haben sich alle Mühen gelohnt!

Weg-Gehen und Wieder-Kommen gehören zusammen. Wer sich auf den Weg macht, seine Welt verlässt und sie von außen sieht, merkt, wie schön die Welt und das Leben auf ihr ist – trotz Teppichkanten und anderer Hindernisse – und kommt gern zurück.

Der Astronaut

Als er durch des Himmels Bläue aufgefahren,
schien es, er bewege sich nicht länger fort,
und er hänge fest in dieser schwarzen Weite,
und die Erde drehe sich vor seinem Fenster dort.

Eine unfassbare Kugel nannte er nun Heimat,
und wie nie vorher kam sie ihm plötzlich nah,
da er, fern von ihr in den Unendlichkeiten,
stumm und reglos auf sie niedersah.

Und er liebte sie, die sich ihm zeigte,
weil sie doch der Menschen Mutter war,
immer noch die Söhne nährend und behausend,
aber auch durch sie in tödlicher Gefahr.

Während seiner Rückkehr zum Planeten
ward ihm klar: Die Erde ist nur eins.
Die da unten müssen miteinander leben,
oder es von ihr wird heißen: Leben keins.

Günter Kunert

Endlich Sommerferien, endlich sehe ich wieder das Meer. Gestern bin ich zum ersten Mal in meinem Leben mit einem Flugzeug geflogen, habe für mehr als zwei Stunden die Erde verlassen und von oben gesehen. Jetzt bin ich so weit weg von zu Hause wie noch nie, in Portugal an der Algarve.

Hinter einer sicheren Mauer schaue ich schon eine ganze Weile von der steilen Felsküste herunter auf das Wasser. Vorhin spiegelten sich noch die Sommer-Sonnen-Strahlen im Meer. Ich konnte mich gar nicht daran satt sehen. Tausende glitzernde Funken führten einen fantastischen Lichtertanz auf. Selbst die Linie am Horizont, wo Wasser und Himmel sich berühren, glänzte vom Sonnenlicht. Sie erschien mir ein wenig gebogen. Die Erde ist rund, dachte ich.

Nun geht in wenigen Augenblicken die Sonne unter. Nein, eigentlich dreht sich die Erde von ihr weg. Papa, der sich leise hinter mich gestellt hat, meint: Mit diesem Planeten bin ich jetzt schon vierzigmal um diese Sonne gekreist – eine lautlose Fahrt mit dem Erd-Karussell. Auch Papa hatte letzte Woche Geburtstag, vierzehn Tage nach mir. Ich habe gerade einmal elf Runden gedreht, murmle ich vor mich hin. Wie viel Fahrten es wohl werden und wo wir am Ende wohl ankommen, fragen wir uns beide.

Gut, dass wir es nicht wissen!

Die Schritte

Klein ist, mein Kind, dein erster Schritt,
Klein wird dein letzter sein.
Den ersten gehn Vater und Mutter mit,
Den letzten gehst du allein.

Seis um ein Jahr, dann gehst du, Kind,
Viel Schritte unbewacht,
Wer weiß, was das dann für Schritte sind
Im Licht und in der Nacht?

Geh kühnen Schritt, tu tapfren Tritt,
Groß ist die Welt und dein.
Wir werden, mein Kind, nach dem letzten Schritt
Wieder beisammen sein.

Albrecht Goes

Was kommt nach dem Tod? Was wird mit mir passieren, wenn ich sterbe? Was wird mit meinem Ich, mit mir selbst, mit meiner Seele? Werde ich alle Menschen wieder sehen, die ich auf der Erde kannte? Werde ich im Himmel sein, bei Gott sein und wenn ja, was heißt das eigentlich genau?

Das sind Fragen, die ich meistens beiseite schiebe, die mich aber manchmal sehr bedrängen und die mir immer zu groß für eine einfache Antwort erscheinen. Wenn ich diese Fragen stelle, sind mir die Antworten der Erwachsenen eigentlich jedes Mal zu lang. Ich will darauf keinen Redeschwall aus beruhigenden Worten. Nein, nur die Fragen zu stellen, und erfahren, dass die Großen auch noch diese Fragen stellen und an diesen Fragen genauso zu knabbern haben: Das reicht mir eigentlich!

Ich glaube, ohne Fragen kann ein Mensch nicht richtig leben. Wie viele Fragen hat wohl eine Katze? Beim Abendbrot habe ich den anderen diese Frage gestellt. Mama meinte, Katzen haben keine Fragen. Mein Bruder stimmte zu, weil ihn noch nie eine Katze etwas gefragt hat. Papa meinte, sie hat sicher sehr viele Fragen, aber eben Katzen-Fragen, die uns Menschen verborgen bleiben. Ich denke, keiner von uns kann es wissen. Katzen haben einen fragenden Blick und bewegen sich geschmeidig wie ein Fragezeichen. Vielleicht haben sie aber auch nur Antworten, denn sie sind eigenwillig und wissen genau, was sie wollen.

Eins jedoch glaube ich zu wissen: Auch wenn Katzen tatsächlich Fragen haben sollten –, sie wissen es nicht, dass sie Fragen haben. Wer Fragen hat und weiß, dass er fragt, der ist ein Mensch.

Kleine Frage

Glaubst du
du bist noch
zu klein
um große
Fragen zu stellen?

Dann kriegen
die Großen
dich klein
noch bevor du
groß genug bist

Erich Fried

Mama und Papa schauen abends meistens die Nachrichten im Fernsehen: sehen, was auf der Welt passiert ist. Heute war wieder sehr viel los. Bei einem Bombenanschlag in Israel hat ein Mann sich selbst und viele junge Menschen in einer Disco ermordet. In Deutschland wurde ein Afrikaner von Jugendlichen durch die Straßen gejagt und mit einem Messer schwer verletzt. Ein Familienvater in Amerika wurde zum Tode verurteilt, weil er seine Frau und seine beiden Kinder umgebracht hat.

Mich interessiert auch, was auf der Erde alles geschieht. Aber jedes Mal, wenn ich so etwas höre und sehe, wünsche ich mir, es wäre nur ein Film, erfunden und nicht wirklich wahr. Wenn ich mir so richtig vorstelle, was den Menschen Schlimmes passiert, könnte ich vor lauter Mitleid verzweifeln.

Warum tun Menschen so etwas Schreckliches? Warum bekämpfen sich Menschen gegenseitig? Warum bringt sich jemand mit einer Bombe am Körper um, damit völlig unschuldige Menschen in den Tod gerissen werden? Warum werden in unserem Land Ausländer beschimpft, verfolgt und verletzt? Warum ermordet ein Vater seine ganze Familie? Und warum darf ein Gericht dann entscheiden, diesen Menschen zur Strafe töten zu lassen? So kommt das Töten unter den Menschen doch nie zu einem Ende!

Ich glaube, viel Schlimmes geschieht aus Angst vor allem, was anders und fremd ist. Dabei ist das doch das Wunderbare, dass jeder Mensch verschieden ist und dennoch gleich wertvoll. Auch wenn unsere Hautfarbe, Augen, Haare, Hände, Kleidung und Lebensart ganz unterschiedlich sind, wir stammen alle von denselben Vorfahren ab. Es gibt nur eine Gattung Mensch! Wir alle sind eine einzige Familie auf dem Planeten Erde, im Sonnensystem am Rande der Milchstraße, im unbegreifbaren Universum.

Gedanken
beim Anblick des Globus

Wenn man den Globus betrachtet,
könnte man denken:
Er ist eine Kugel,
es sollte doch alles schön rundlaufen darauf.

Wenn man den Globus betrachtet,
könnte man ebenso logisch denken:
Seine Achse steht schief,
ist deshalb so vieles schief gelaufen?

Was kann *er* denn dafür?
Für alles Verbogne und Krumme
müssen seine Bewohner,
seine Besiedler geradestehn.

Hans Manz

Warum gibt es Krieg?

Wie oft habe ich diese Frage gestellt, mir selbst, Mama und Papa, den Erwachsenen überhaupt? Immer wieder entstehen Kriege, obwohl fast keiner sie will. Einzelne Herrscher im Land, die gierig sind nach Macht und Geld, nehmen den Krieg in Kauf. Viele machen mit oder tun nichts dagegen. Opfer sind meistens die Armen und Schwachen, die Kinder, die Frauen und die alten Leute.

Warum lässt Gott dieses ganze Leid zu? Warum greift Gott nicht ein? Warum hat Gott überhaupt böse Menschen geschaffen?

Mama meint, Gott hat die Menschen so werden lassen, dass sie sich zwischen Gutem und Bösem entscheiden können. Jeder Mensch muss das Gefühl und die Entscheidung lernen für das, was Leben möglich macht, oder für das, was Leben zerstört. Jeden Tag müssen wir versuchen, uns für das Leben einzusetzen, auch wenn das oft schwierig und unbequem ist und Nachteile bringt.

Das verstehe ich: Wie könnte ein Mensch gut sein, wenn er nicht auch das Schlechte wählen könnte, wenn er gar nicht wüsste, was das Böse ist? Ohne diese Freiheit wären wir wie die Marionetten von einem Puppenspieler. Wir kommen aus Gottes Hand, aber Gott hat uns nicht in der Hand.

Mama hat mir dann noch von Jesus erzählt, der sich vor 2000 Jahren für die Armen und Kleinen, für die Kranken und Benachteiligten stark machte, sodass sie wirklich gesund wurden, wieder Mut zum Leben bekamen und sich etwas zutrauten. Jesus hat sich ohne Ende für das Leben und gegen Gewalt entschieden. Er forderte von allen, sogar die Feinde so sehr zu lieben wie sich selbst. Weil er selber so lebte, hat er sich nicht gewehrt, als ihn die Römer, die damals das Volk der Juden beherrschten, töteten. Sogar am Kreuz hat Jesus trotz der Schmerzen und der Verzweiflung Gott gebeten, seinen Mördern zu vergeben.

Gewalt auszuhalten und gegen Gewalt anzugehen, ohne selbst brutal zu werden, erfordert viel Kraft und Mut. Ich weiß nicht, ob ich sie hätte. Angst kann Menschen nicht nur dazu führen, anderen wehzutun, sie kann auch verhindern, gegen Gewalt anzugehen.

Dabei bräuchte doch der eine dem anderen nur rechtzeitig aufmerksam in die Augen zu schauen und zu spüren, dass dieser jemand ist wie er selbst!

Die zwei Kämpfer

Zwei kämpften einen schweren Kampf miteinander. Der eine war groß, der andere war dick, der eine war schwer, der andere zäh, der eine war stark, der andere war wild.

Der Starke haute dem Wilden die Nase ein. Da spürte er: Der hat ja eine Nase wie ich.

Der Wilde zerbrach dem Starken die Rippen. Da spürte er: Diese Rippen knacken ja wie die meinen.

Der Starke bohrte dem Wilden ein Auge aus. Da spürte er: Das Auge ist ja weich und empfindlich wie meines.

Der Wilde trat den Starken in den Bauch. Da spürte er: Dieser Bauch gibt ja nach wie der meine.

Der Starke drückte dem Wilden den Hals zu. Da spürte er: Der braucht Luft zum Atmen wie ich.

Der Wilde presste dem Starken die Faust in die Herzgrube. Da merkte er: Dem schlägt ja ein Herz wie das meine. Als die beiden hinfielen und nicht mehr hochkommen konnten, da dachten sie beide: Der ist ja wie ich, der da. Aber das nützte ihnen nicht mehr viel.

Martin Auer

Papa hat mir gestern Abend eine Rätselfrage gestellt, über die ich mir den Kopf zerbreche: Kann Gott einen Stein erschaffen, der so schwer ist, dass ihn Gott selbst nicht tragen kann?

Wir hatten vorher darüber gesprochen, ob Gott eigentlich wirklich alles kann, ob Gott allmächtig ist. Ich hatte mich nämlich auch bei ihm darüber beklagt, warum Gott eigentlich nichts gegen das Unglück auf der Welt tut. Ein wirklich guter und allmächtiger Gott müsste doch dringend etwas an seiner Welt ändern, auf der es drunter und drüber geht. Oder?

Papa meinte, er kennt keine schwierigere Frage im Leben (und ich glaube, er kennt eine ganze Menge). Auf diese Frage weiß er nur Antworten, bei denen er weiterfragen muss. Er sagte, wir wissen zwar nicht, wie viel mehr Leid auf der Welt es ohne Gott gäbe, aber das ist ein schwacher Trost für die, die im Unglück versinken.

Mir gefällt Papas Gedanke, dass Gott immer ganz besonders bei denen ist, denen es schlecht geht. Die Trauer muss gewaltig sein, wenn man wie Gott die ganze Welt überblickt. Und wenn dann noch das meiste Leid ausgerechnet von den Lebewesen kommt und die Lebewesen trifft, die Gott am liebsten hat: So viel Mitleid schafft sonst niemand!

Dass Gott alle Macht hat, fällt mir immer schwerer zu glauben. Papa kann das verstehen. Er meinte aber, vielleicht ist die Macht von Gott eine ganz andere, als wir sie uns vorstellen können. Auf jeden Fall nicht wie die Macht eines Königs, der nach hundert Jahren wieder vergessen ist, nicht wie die Stärke eines Boxweltmeisters, der vielleicht im Denken schwach und im Leben ein Angsthase ist. Ja, und dann hat Papa mir die Frage mit dem Stein gestellt. Wenn er gleich nach Hause kommt, wird er mich nach meiner Antwort fragen.

Es ist wie verhext. Entweder versagt Gott beim Schaffen oder beim Tragen des Steines. Wir Menschen können Allmacht nur sehr winzig denken. Geht die Allmacht von Gott nicht weit über unsere Vorstellung hinaus?

Ich werde Papa gleich sagen, dass die Macht von Gott ganz anders ist. Gott macht sich nicht groß, eher ganz klein, so ohnmächtig wie Jesus am Kreuz war. So zeigt Gott uns, wie groß, wie stark, wie mächtig seine Liebe zu uns ist. Und was den Stein betrifft, kommt es gar nicht darauf an, wie groß und wie schwer er ist, wohl aber auf das Geheimnis seiner Entstehung und seiner Schönheit, auf ein Geheimnis, das er in sich trägt.

Der Stein

Beim Sonntagsspaziergang im Wald hatte Stefan den Stein gefunden. Er war schwärzlichgrau. Die Oberfläche hatte nicht den kleinsten Riss, nicht einmal winzige Löcher, wie das bei Steinen oft vorkommt. Er sah aus wie poliert. Stefan trennte sich nicht mehr von seinem Stein, seit er ihn gefunden hatte. Er trug ihn in seiner linken Faust. Die Fingerspitzen berührten über dem Stein gerade eben den Handballen. Der Stein passte in seine Hand, als wäre er darin gewachsen. Sie fragten ständig, wenn sie seine Faust sahen: »Was schleppst du denn da mit dir herum?« Als er ihnen wieder und wieder stolz denselben Stein zeigte, schüttelten sie den Kopf und sagten: »Du betust dich mit deinem blöden Stein, als wär´s ein Edelstein.«

Für Stefan war sein Stein ein Edelstein. Es störte ihn nicht, dass sie bald gar nichts mehr sagten, sondern nur stumm den Kopf schüttelten, wenn sie ihn mit seinem Stein in der Hand kommen sahen.

Stefan malte sich oft aus, wie wertvoll sein Stein war. Irgendwann würde jemand kommen und ihn »mit Gold aufwiegen«. So hatte er das einmal sagen hören. Und er stellte sich das sehr schön vor: Auf der einen Waagschale lag sein Stein, in die andere rieselte, rieselte schimmernder Goldstaub, bis beide Waagschalen gleich standen.

Wenn Stefan allein war, ließ er den Stein von einer Hand in die andere fallen, sang dabei alle Edelsteinnamen, die er jemals gehört hatte: »Dia-mant, To-pas, A-me-thyst, Tür-kis, A-qua-ma-rin, Ru-bin, Sa-phir, Sma-ragd.« Einer der Namen passte zu seinem Stein. Stefan war sich ganz sicher.

Bevor er abends einschlief, hielt er den Stein in seinen beiden Händen. Wenn der Stein ganz warm davon war, legte er die Wange darauf und schlief so ein. Morgens erschrak er manchmal, wenn er verschlafen mit der Hand oder dem Gesicht gegen den kalten Stein stieß.

Als Stefan eines Tages von einem Museumsbesuch mit seiner Schulklasse nach Hause kam, schloss er sich nach dem Essen in sein Zimmer ein. Er setzte sich auf sein Bett und betrachtete lange, lange seinen Stein. Strich über die glatte Oberfläche. Dachte dabei an das, was er gesehen hatte: Versteinerungen. Dinge, die in Steine gepresst, zwischen Steinen, in Steinen Millionen Jahre alt waren: große Schneckenhäuser, Farnblätter, Muscheln, der Zahn eines Mammuts, Tierknochen, eine ganze Eidechse.

Stefan drehte und wendete seinen Stein. Bestimmt, ganz bestimmt war innen, ganz innen in diesem Stein so etwas unvorstellbar Altes. Natürlich kein Mammutzahn, kein Riesenschneckenhaus oder so was. Dazu war der Stein viel zu klein. Höchstens eine Muschelschale, ein winziges Farnblatt, vielleicht eine Blüte oder vielleicht ... Stefan hielt den Stein an sein Ohr. Aber das war ja dumm. Eine Biene summt nicht mehr, wenn sie versteinert ist.

Tagelang ließ Stefan der Gedanke nicht los. Irgendetwas Geheimnisvolles war mit seinem Stein. Das hatte er immer gewusst. Wieder und wieder machte er verstohlen seine Faust auf und betrachtete die glatte, undurchsichtige Oberfläche des Steins. Stumm, undurchdringlich und geheimnisvoll lag der Stein auf seiner Hand.

Bis der Tag kam, wo es Stefan einfach nicht mehr aushielt. Er musste wissen, was seinen Stein so geheimnisvoll machte.

Er nahm einen Hammer. Legte den schimmernden Stein auf die Mauer vorm Haus. Strich noch einmal mit der Hand sacht über die glatte Oberfläche. Dann hieb er mit dem Hammer zu. Ein Stück sprang aus der Mitte des Steins. Risse wie ein Spinnennetz breiteten sich über ihn aus. Stefan pustete den Steinstaub weg. Nichts. Noch war nichts zu sehen.

Stefan hieb fester zu. Noch zwei Stücke. Stefan pustete. Nichts. Immer noch nichts. Wütend holte er aus und hieb ein drittes Mal zu.

Unter diesem letzten Hammerschlag zersprang der Stein in viele kleine, spitzige Stückchen. Mit zitternden Fingern wühlte Stefan in den Steinsplittern herum. Plötzlich fiel ihm dabei ein, dass er das Geheimnis des Steins, die Muschelschale oder die Blüte, mit seinen Hammerschlägen auch zerstört hätte. Fieberhaft drehte und wendete er jeden winzigen Splitter. Kein Blatt. Kein Muschelstückchen. Nichts. Nur Steinsplitter ... Stefan fegte sie mit der Hand von der Mauer.

Susanne Kilian

Schon seit längerer Zeit sammle ich Edelsteine. Es fing damit an, dass ich an einem Teich einen Bergkristall fand, so groß wie ein Ei, teilweise geschliffen und abgerundet, teilweise gebrochen und gezackt. An einem anderen Tag hätte ich ihn vielleicht übersehen, aber nun hatten wir zueinander gefunden. Ein Mann in einem Edelsteinladen hat mir gesagt, dass der Stein fast fünfzig Mark wert ist. Dafür würde ich aber meinen Schatz niemals hergeben!

Mittlerweile habe ich viele kleine Edelsteine geschenkt bekommen. Die verschiedenen Farben, Schattierungen und Muster bewundere ich immer wieder. Schon die Namen und die Herkunft der Steine sind geheimnisvoll: ein Rosenquarz aus Brasilien – ein Carneol aus Indien – ein Amazonit aus USA – ein Lapislazuli aus Afghanistan – ein Tigerauge aus Südafrika – ein Malachit aus Zaire. Besonders mag ich meine Achat-Scheibe, die vors Licht gehalten wunderschön leuchtet: Kreise in verschiedensten Brauntönen, die an die Jahresringe eines Baumes erinnern.

Wie alt diese Steine wohl sind? Was sie alles erlebt haben? Ach, könnten sie es mir doch erzählen!

Der Stein meines Vaters

Am Anfang war ich aus Glut ein Brei.
Und Gott stand lachend und jung dabei,
rief Meereswogen und Regenbogen,
und etwas Sternenstaub herbei,
die mir als Paten zur Seite traten,
damit ich wachse und gedeih.

Mag lange her sein. Ich glaub, ich schlief
im Leib der Mutter der Erde tief.
Hab unterdessen manches vergessen,
bis Gott mich aus dem Dunkel rief.
Oh welche Wonne, das Licht der Sonne!
Oh, wie mein Leben anders lief!

Ich kenn die Wege von manchem Stern.
Den Wuchs der Bäume mag ich so gern.
Den Rauch von Kriegen sah ich verfliegen,
die Vogelzüge auch von fern.
Sah so viel Leben sich frisch erheben
und wieder gehn zu Gott, dem Herrn.

Und schließlich kam er, der alte Mann.
Er hob mich auf und er sah mich an.
Im Blick Verständnis, Liebe und Kenntnis.
Sein Hammer klopfte beharrlich an.
Es war wie Werben, Geburt und Sterben.
In seiner Hand zersprang ich dann.

Er hat sich staunend zu mir geneigt.
Ich hab mein Innerstes ihm gezeigt:
Die Meereswogen, den Regenbogen,
den Sternenstaub, der fällt und steigt.
Er zeigt an allen Wundern Gefallen.
Er sieht mich glücklich an und schweigt.

Gerhard Schöne

Seit einem Jahr ist in meiner Klasse ein Mädchen aus China. Sie heißt Yun und spricht jetzt schon sehr gut deutsch. Am Anfang verstand sie kein Wort. Als ich sie einmal mit ihrer Mutter chinesisch reden hörte, habe auch ich nichts verstanden. Ich konnte nicht einmal glauben, dass das, was ich hörte, irgendwas bedeutete. So ging es wohl Yun in der ersten Zeit mit allen Menschen in diesem fremden Land. Aber auch wenn ich das weiß, es ist für mich trotzdem schwer vorstellbar, dass unsere deutschen Wörter für andere gar nichts bedeuten.

Sprache ist schon etwas Merkwürdiges. Wenn man sie kennt, ist sie das Normalste der Welt. Ist sie fremd, erscheint sie wie von einem anderen Stern. Und manchmal werden sogar die eigenen, bekannten Wörter fremd. Da passt das Wort STIFT auf einmal nicht mehr zu dem Ding, mit dem ich gerade schreibe. Es wird immer sinnloser, je länger ich es mir vorsage und verstehen will, bis auf einmal dieses lange, dünne Gerät zum Schreiben in meiner Hand wieder STIFT heißt und nichts anderes.

Die Menschen der Welt sprechen über 6500 verschiedene Sprachen. Keine Sprache wird von so vielen Menschen gesprochen wie Chinesisch. Fast jeder sechste Mensch spricht chinesisch, nur jeder sechzigste Mensch deutsch.

Wir brauchen eine gemeinsame Sprache, um uns zu verstehen und miteinander zu leben. Wer eine eigene Sprache nur für sich erfinden würde und nur darin sprechen und denken würde, wäre bald sehr einsam. Papa meint: Sprache bringt die Welt zu uns und uns zur Welt. Aber die Welt ist zu kompliziert, um sie mit Wörtern genau zu erfassen. Beschreibe einmal, was die Birkenblätter im Wind tun. Sie wackeln, zucken, flimmern, flirren … Doch das alles ist es nicht. Mir fehlt dafür die Sprache. Und umgekehrt ist Sprache zu kompliziert, als dass sie die Welt genau so zeigen kann, wie sie ist. Beim selben Wort fallen verschiedenen Menschen ganz verschiedene Bedeutungen und Bilder ein.

Wörter und Bilder

Das Wort Stein
dem und jenem,
jener und dieser in den Mund gelegt:
Einem Maurer
einer Gärtnerin
einem Friedhofbesucher
einer Ärztin
einem Zahnarzt
einer Kirschenesserin
einem Mühlespieler
einer Juwelenhändlerin
einem Hartherzigen
einer Bildhauerin
und zugesehen,
wie sich die Bilder
zum immer gleichen Wort verändern.

Hans Manz

(Backstein, Kieselstein, Grabstein, Gallen- oder Nierenstein, Zahnstein, Kirsch-
stein, Spielstein, Edelstein, Herz aus Stein, Granit- oder Marmorplastik)

Ich liebe Bahnhöfe. Da gibt es immer was zu sehen. Hunderte von Menschen rennen wie in einem Ameisenhaufen durcheinander. Jeder scheint zu wissen, wo er hin will. Bleibt aber einer unschlüssig stehen, staut sich kurz der Menschenstrom und kofferbepackte Menschen schlängeln sich durch die Engpässe hindurch.

Ich sehe eilige Menschen und solche, die alle Zeit der Welt haben. Ich sehe erschöpfte, gelangweilte, genervte, abgehetzte, gleichgültige, einsame, frohe und jubelnde Menschen. Hier nimmt eine junge Frau traurig Abschied von ihrem Freund, dort feiern zwei ein freudiges Wiedersehen. Eltern geben Acht, dass sie ihre kleinen Kinder in dem Chaos nicht verlieren. Manche schreien sich ungeduldig an, andere helfen einander. Warten und Eilen, Suchen und Finden, Weggehen und Wiederkommen, Angst, Wut und Trauer, Hoffnung, Mut und Freude: Das ganze Leben ist auf dem Bahnhof zu entdecken.

Manchmal würde ich gern hineinsehen in die Leute, etwas wissen von ihren Gefühlen, von ihrem Leben, von ihren Reisen. Die eine bricht vielleicht auf in ein fernes Land, wo ein neuer Teil ihres Lebens beginnt. Der andere flieht vielleicht von seinem Zuhause, weil ihm dort alles zu viel wird. Ein Dritter ist vielleicht zufrieden, weil er nach langer Zeit endlich wieder einen Arbeitsplatz hat, zu dem er hinfahren kann. Noch eine andere sitzt vielleicht jeden Tag im selben Zug und träumt davon, ganz woanders hinzufahren.

Wovon träumst du?

Im Zug

Oft habe ich Angst,
im falschen Zug zu sitzen.

Ich frage den Schaffner,
ob ich nicht umsteigen muss.
Er verneint es.

Ich bin unzufrieden.

Wolfgang Bächler

Wohin wird meine Lebensreise gehen? Werde ich zufrieden sein und glücklich? Welche Lebenswege werde ich gehen und welchen gehe ich aus dem Weg? Wie oft werde ich die Richtung wechseln und ganz etwas Neues anfangen? Was für einen Beruf werde ich haben? Werde ich einen Mann kennen lernen? Werde ich Kinder bekommen? Wo werde ich leben?

Mama meint, vieles im Leben erscheint einem zunächst als Zufall. Später merkt man, dass es eigentlich gar nicht anders kommen konnte. Sie hat es mir an einem Beispiel erklärt: Hätte mein Opa nicht durch seinen Beruf in eine andere Stadt umziehen müssen, wären Mama und Papa nicht in dieselbe Schule gegangen. So aber lernten sie sich kennen, wurden erst gute Freunde und Jahre später dann ein Ehepaar. Trotzdem, meinen Mama und Papa heute, war ihr Zusammentreffen viel mehr als ein Zufall. Sie wissen zwar, es hätte auch anders kommen können, doch sie glauben, es sollte so sein, damit sie zueinander finden. Mama nennt ein solches Ereignis Schicksal.

Was sie dann noch gesagt hat, habe ich nur zum Teil verstanden: Das Schicksal ist der eigene Weg im Leben. Manchmal wirst du auf diesen Weg geschickt, dann wieder kommst du von allein auf ihn. Du musst deinen Weg aber auch selbst herausfinden, um immer mehr dich selbst zu finden. Am Ende kannst nur du herausbekommen, wer du bist und wo dein Platz und deine Aufgabe auf dieser Welt ist. Sehr oft wirst du dich dabei zwischen mehreren Wegen entscheiden und einen Weg für dich finden, der dein Leben verändert. Und meistens spürst du es in dir, in deinem Herzen, welcher der Richtige für dich ist. Und den gehst du dann!

Rund um die Welt

Du hast die Hand ausgestreckt
Und mit dem Finger in die Ferne gedeutet
Geh, hast du gesagt
Ich bin gegangen
Immer deiner Hand nach
Immer weiter weg von dir
Bis die halbe Welt zwischen uns war
Und dann immer näher hin zu dir
Ich habe die ganze Welt umrundet
Und irgendwann stand ich wieder vor deinem Haus

Leonie Achtnich
12 Jahre

Meine Eltern, meine beste Freundin Lena, mein Bruder und ich waren in den Herbstferien drei Tage in Paris. Am besten gefallen hat mir die Metro, die U-Bahn, die die ganze Stadt von unten wie bei einem Käse durchlöchert. Wir fuhren von Station zu Station, stiegen in die nächste Bahn, liefen durch ein Gewirr von Tunneln und Gängen, gingen über Laufbänder und Rolltreppen. Wie Fische im Wasser ließen wir uns im Strom der vielen Menschen treiben. In der Metro saßen wir uns gegenüber, fremde Menschen, manche abwesend in Gedanken versunken, manche gleichgültig, gelangweilt oder traurig, manche wach und freundlich. Eine sonderbare und ganz eigene Welt, in die die Menschen an einem Ort der Stadt hineintauchen, um an einer anderen Stelle wieder hervorzukommen.

Und das Verrückteste ist: Das geschieht an jedem Tag der Woche, auch wenn wir längst wieder zu Hause sind, auch wenn du jetzt diese Zeilen liest. Täglich gibt es dieses unterirdische Menschengewirr, auch wenn ich nicht dabei bin. In vielen Städten der Erde.

Es passiert so unendlich viel auf unserem Planeten. An jedem Tag auf unserer Erde entladen sich fast 100 000 Gewitterblitze, legen alle Hühner der Welt etwa 2 Milliarden Eier, werden ungefähr 1,2 Milliarden Briefe verschickt, feiern über 16 Millionen Menschen ihren Geburtstag, werden ungefähr 1,4 Milliarden Kilo Weizen und 1,5 Milliarden Kilo Reis geerntet, fallen über 100 000 Kilo Staub und kleine Steine aus dem Weltraum auf die Welt.

Ich kann nur an einem Ort sein. Und selbst dort kriege ich nicht alles mit, was geschieht.

was brauchst du

was brauchst du? einen Baum ein Haus zu
ermessen wie groß wie klein das Leben als Mensch
wie groß wie klein wenn du aufblickst zur Krone
dich verlierst in grüner üppiger Schönheit
wie groß wie klein bedenkst du wie kurz
dein Leben vergleichst du es mit dem Leben der Bäume
du brauchst einen Baum du brauchst ein Haus
keines für dich allein nur einen Winkel im Dach
zu sitzen zu denken zu schlafen zu träumen
zu schreiben zu schweigen zu sehen den Freund
die Gestirne das Gras die Blume den Himmel

Friederike Mayröcker

Ich habe eine Frau kennen gelernt, die 738 Tage und Nächte in der Krone eines über 60 Meter hohen und 1000 Jahre alten Mammutbaumes in Amerika gelebt hat. Sie ist nicht ein einziges Mal heruntergeklettert. Leider war die Frau nur in einer Fernsehsendung, gern würde ich mal selbst mit ihr sprechen.

Kinder klettern auf Bäume, weil das Spaß macht, spannend ist und sie die Welt von oben sehen können. Die Baumfrau – sie heißt Julia Hill – ist aus Protest gegen eine große Holzfirma auf den Baum gestiegen. Mit ihrem eigenen Leben wollte sie die uralten Bäume vor den Holzfällern retten. Eigentlich dachte sie, nur drei Wochen dort oben zu bleiben –, es wurden mehr als zwei Jahre daraus. Während der ganzen Zeit musste sie aufpassen nicht herunterzufallen, besonders nachts und bei den heftigen Stürmen.

Die Leute von der Firma haben ihr Angst gemacht, sind sogar mit einem Hubschrauber um sie herumgeflogen. Die bitterkalten Winter haben es ihr schwer gemacht. Obwohl sie von Freunden mit Essen versorgt wurde, musste sie auf fast alles verzichten. Mit anderen Menschen war sie nur mit einem Handy telefonisch verbunden.

Seitdem sie vom Baum wieder heruntergekommen ist, ist für sie nichts mehr selbstverständlich. Sie sieht die Welt mit anderen Augen. Und das Beste ist: Am Ende hatte sie Erfolg. Die Bäume dürfen nicht gefällt werden, jetzt und auch in Zukunft nicht. Erst als das feststand, hat sie den Baum verlassen. Da war sie zugleich traurig, nicht mehr bei ihrem Baum sein zu können, und froh und dankbar, wieder auf der Erde zu sein.

Bäume sind für uns wie ältere Geschwister. Für unsere Vorvorvorfahren vor langer Zeit waren sie der wichtigste Lebensraum. Die Menschen haben sich das Stehen von ihnen abgeguckt. Wie wir stehen sie stolz und aufrecht. Bäume sind in der Pflanzenwelt das, was Menschen in der Welt der Lebewesen sind. Wir müssen zu ihnen halten, auch weil wir sie brauchen. Sie schenken uns Luft zum Atmen, Schatten zum Kühlen, Früchte zum Genießen.

Vom Baum lernen

Vom baum lernen
der jeden tag neu
sommers und winters
nichts erklärt
niemanden überzeugt
nichts herstellt

Einmal werden die bäume die lehrer sein
das wasser wird trinkbar
und das lob so leise
wie der wind an einem septembermorgen

Dorothee Sölle

Als ich Papa von der Frau auf dem Baum erzählte, war er begeistert und bedankte sich bei mir mit einer anderen Baum-Geschichte. Gelesen hat er sie in einem Buch des Franzosen Jean Giono, der sie erlebt und aufgeschrieben hat. Erzählt hat Papa sie mir, als hätte er selbst sie erlebt, obwohl sein Leben erst viel später begann. Das hörte sich ungefähr so an:

DIE GESCHICHTE VON DEM MANN MIT DEN BÄUMEN

Was ich dir erzähle, beginnt im Jahr 1913 ... Stell dir eine öde, ausgetrocknete Landschaft vor, irgendwo in Frankreich zwischen den Alpen und der Provence. Dort wandere ich schon seit Tagen und übernachte in Dörfern, die von den Menschen verlassen und völlig verfallen sind. Mein Wasservorrat ist zu Ende und die Sommerhitze macht meinen Durst langsam unerträglich. Da begegne ich einem Schäfer. Dieser stille freundliche Mann bietet mir frisches Wasser und sein Haus zum Übernachten an, damit ich wieder zu Kräften komme.

Ich lerne den Mann näher kennen und erfahre, dass er seit drei Jahren in dieser gottverlassenen Gegend Bäume pflanzt. Nur mithilfe einer Eisenstange bohrt er kleine Löcher und setzt Tag für Tag 100 Eicheln in den Boden. Elzéard Bouffier, so sein Name, ist mit 52 Jahren in die Einsamkeit gezogen, nachdem erst sein Sohn und dann seine Frau gestorben waren. Er ist überzeugt, dass auch dieses Land stirbt, weil die Bäume fehlen, und will daran etwas ändern. 100 000 Eicheln hat er schon in die Erde gelegt, von denen, wenn Gott es will, vielleicht 10 000 zu Bäumen heranwachsen. Er zeigt mir die Pflanzen und erzählt von seinen Plänen für die nächsten 30 Jahre. Ein einziger riesiger Wald soll hier entstehen. Am nächsten Tag nehmen wir voneinander Abschied.

Im Jahr darauf beginnt der Erste Weltkrieg und hält die Welt fünf Jahre in Atem. Ich habe keine Zeit über Bäume nachzudenken und vergesse den Mann und seinen verrückten Plan.

Nach dem Krieg jedoch zieht es mich wieder hin zu diesem alten Menschen und seinen jungen Bäumen. Und tatsächlich: Noch immer pflanzt er unerschütterlich Baum für Baum. Er hat sich von seinen Schafen getrennt, die die jungen Pflanzen fraßen, und züchtet nun Bienenvölker.

Der wunderbare Anblick der schon zehn Jahre alten Eichen und der jüngeren Buchen und Birken verschlägt mir die Sprache. So wandern wir den ganzen Tag schweigend durch einen Wald in einer Landschaft, in der es vorher nichts gab. Nur durch die Kraft und Ausdauer eines einzigen Menschen ist hier das Leben zurückgekehrt. Sogar die ausgetrockneten Bäche führen wieder Wasser.

Nach diesem überwältigenden Erlebnis besuche ich jedes Jahr den beharrlichen Alten und seinen immer größer werdenden Wald. Kein Rückschlag, keine Enttäuschung lässt ihn von seinem Vorhaben abbringen, obwohl er dafür keinerlei Anerkennung bekommt. Die Menschen in der Gegend wundern sich zwar über das erfreuliche Wachstum, doch selbst die Experten halten den Wald für eine unerklärliche Laune der Natur. Dabei ist es das Werk eines Menschen mit der Geduld Gottes.

Auch der Zweite Weltkrieg von 1939 bis 1945 kümmert den mittlerweile über Achtzigjährigen nicht. In einer Welt voller Krieg setzt er seine friedliche Arbeit fort.

Als ich nach dem Krieg wieder den Wald sehen will und auch zum letzten Mal seinen Vater Elzéard Bouffier, ist alles wie wunderbar verwandelt. Für den mittlerweile ganz verstummten Alten spricht nun sein Wald: Dort summt und raschelt, zwitschert und rauscht es. Die Luft ist sanft und voller Duft. Es fährt ein Bus in die belebten Dörfer, in denen glückliche Menschen in wieder errichteten Häusern leben. In der Mitte dieser Dörfer stehen Brunnen mit fließendem Wasser. Die Natur und die Menschen in ihr sind wie auferstanden. Und das alles, weil ein einfacher Mensch mit einer großherzigen Seele unbeirrbar seine Aufgabe gesehen und erfüllt hat. Im Jahr 1947 stirbt Elzéard Bouffier mit 89 Jahren in Frieden und lebenssatt.

Und heute? Was ist geworden aus seinem Wald?, fragte ich gespannt. Da konnte mir Papa nach der schönen Geschichte die Enttäuschung nicht ersparen. Alle Bäume wurden später von der Armee wieder gefällt: für unterirdische Atomraketenbunker, Schießplätze und Ölvorratsbehälter. Das ist entsetzlich traurig und lässt alles umsonst erscheinen. Was aber niemals vorüber sein wird, meinte Papa, ist die Erinnerung an einen Mann, der aus einer Wüste ein fruchtbares Land hervorbrachte. Was immer bleibt, ist diese Geschichte, solange sie weitererzählt wird, als wäre sie heute passiert, solange du sie weitererzählst, als hättest du sie erlebt. Dann wird die Geschichte plötzlich zur Gegenwart und kann die Zukunft verändern.

Ich habe sie hiermit weitererzählt. Jetzt bist du an der Reihe!

Ich schenke dir diesen Baum

Ich schenke dir diesen Baum.
Aber nur,
wenn du ihn wachsen lässt,
da wo er steht;
denn Bäume sind keine Ware,
die man einfach mitnehmen kann.
Sie keimen und wurzeln
in unserer alten Erde,
werden hoch wie ein Haus
und vielleicht sogar älter als du.
Ich schenke dir diesen Baum,
das Grün seiner Blätter,
den Wind in den Zweigen,
die Stimmen der Vögel dazu
und den Schatten,
den er im Sommer gibt.
Ich schenke dir diesen Baum,
nimm ihn wie einen Freund,
besuche ihn oft,
aber versuche nicht, ihn zu ändern.
So wirst du sehen,
dass du viel von ihm lernen kannst.
Eines Tages sogar
seine Weisheit und Ruhe.
Auch wir sind nämlich Bäume,
die in Bewegung geraten sind.

Harald Braem

Seit drei Stunden regnet es Bindfäden. Der Himmel zeigt sich Grau in Grau und lässt die Sonne nicht einmal erahnen. So langweilig er aussieht, so langweilig ist mir.

Als Regen nervt mich Wasser meistens. Da ist mir die Sonne lieber. In Mamas Weltatlas steht, mehr als zwei Drittel der Welt sind vom Wasser der Ozeane bedeckt. Eigentlich müsste unsere Erde dann doch Planet Wasser heißen oder Planet Ozean. Die Flüsse durchziehen das Land wie die Blutadern unseren Körper. Ohne den Kreislauf des Wassers – vom Meer in die Luft, auf die Kontinente, in die Flüsse, zurück ins Meer – könnte das Leben auf der Erde nicht bestehen. Im Wasser ist das Leben entstanden, von den Einzellern bis hin zum Menschen. Jeder Mensch verbringt vor seiner Geburt im Bauch der Mutter viele Monate im Fruchtwasser. Während seines Lebens fließt Wasser durch ihn, denn der Mensch besteht zu zwei Dritteln aus Wasser – genauso wie die Erdoberfläche. Mehrere Wochen kann der Mensch ohne Nahrung leben. Er stirbt aber schon nach längstens zehn Tagen ohne Wasser. Er braucht das Wasser wie die Sonne.

Meinetwegen soll es also ruhig noch weiterregnen, wenn nur morgen wieder die Sonne scheint.

Sonne 2000

Alle Tage weckt sie
mit ihren Strahlen die Erde.

Jedem Käfer im Gras
allen Blättern am Strauch
bringt sie Wärme und Licht.

Am schwülen Sommertag
hitzegeladen
zünden die Wolken den Blitz.

Winters entfernt sie sich weit –
aber ihr Feuer schlummert
im Scheit, im schwarzen Gestein.

Bliebe sie aus
bald zögen Kälte und
tödliche Nacht ins Haus.

Werner Dürrson

Im August 1999 gab es im Süden von Deutschland eine totale Sonnenfinsternis. Für kurze Zeit schob sich der Mond genau zwischen Erde und Sonne und machte den Tag zur Nacht. Zu sehen war ein wunderschöner Strahlenkranz um den schwarzen Mondball herum.

Ich kann mich noch an die Aufregung der Menschen vor diesem seltenen Ereignis erinnern. Alle kauften Spezialbrillen, um die Augen zu schützen. Viele fuhren in den Süden, um das Schauspiel zu sehen. Doch die meisten waren enttäuscht, weil das Wetter nicht mitspielte. Wolken verdeckten den Blick auf die verdunkelte Sonne.

Manchmal brauchen wir das Besondere, um zu merken, dass schon das Alltägliche eigentlich außergewöhnlich ist. Seit der Sonnenfinsternis denke ich öfter, wie gut das doch eingerichtet ist mit der Sonne. Ohne ihr Licht und ihre Wärme wäre Leben auf der Erde überhaupt nicht entstanden. Wäre sie kleiner oder größer, kälter oder heißer, näher oder weiter entfernt von uns, dann wäre das Leben auf der Erde unmöglich.

Vor vielen Jahrhunderten, als die Menschen den Grund für die Sonnenfinsternis noch nicht kannten, bekamen sie eine fürchterliche Angst vor der unerwarteten Dunkelheit. Sie meinten, die Welt gehe unter. Diese Befürchtung kann ich verstehen. Es ist ja auch gar nicht selbstverständlich, dass die Sonne so regelmäßig scheint. Papa sagt, sie tut das bereits seit ungefähr fünf Milliarden Jahren und wird das noch weitere beruhigende fünf Milliarden Jahre tun. Was uns betrifft, müsste das reichen!

Ich weiß noch, mit etwa fünf Jahren konnte ich an einem Abend nicht einschlafen vor lauter Angst, die Sonne würde in dieser Nacht für immer verlöschen. Mama und Papa haben mich beruhigt. Ich durfte in ihr warmes Bett, wir haben das Licht angelassen und am nächsten Morgen ging dann auch die Sonne wieder auf.

Vielleicht habe ich damals zum ersten Mal gespürt, dass alles nicht nur einen Anfang, sondern auch ein Ende hat. Alles, was entsteht, vergeht auch irgendwann wieder. Alles auf der Welt muss einmal sterben.

Weil wir Menschen das wissen, fragen wir nach dem Geheimnis des Lebens. Woher kommt das Leben, warum gibt es das Leben und was kommt danach? Weil wir so klein und zerbrechlich sind und unsere Zeit auf der Erde gegenüber der Ewigkeit nur wie ein Atemzug ist, wollen wir dieses Geheimnis des Lebens verstehen. Wir wollen staunen über die Kraft eines Samenkornes und über die Unendlichkeit des Weltalls. Deshalb blicken wir zum Himmel und suchen nach etwas, das größer ist als wir selbst. Und dabei ahnen wir, dass das Geheimnis und die Macht des Lebens stärker ist als der Tod.

Irgendwo irgendwann

Irgendwo
außerhalb der Erde
über uns im All
wird es doch wohl Leben geben,
oder?
Wir wissen's nicht.

Irgendwann
wird es ein Mensch herauskriegen.
Und dann eine ganze Familie,
dann ein Dorf, eine Stadt, ein Land,
ein großer Kontinent
und auf einmal die ganze Welt.
Das wäre doch ein Wunder,
aber!
Wir wissen's nicht.

Lena Oberthür
9 Jahre

Gestern Abend waren wir in einer Sternwarte. Schon auf dem Weg dorthin fiel uns ein hell leuchtender Stern am Himmel auf, der Abendstern. Später erklärte uns der Mann in der Sternwarte, dass das der Planet Venus ist. Wir können die Venus nach dem Sonnenuntergang höchstens drei Stunden sehen. Denn die Venus ist der Sonne viel näher als die Erde und sie geht auf ihrer Innenbahn um die Sonne für uns auf der Erde bereits früh unter.

In einer großen Holzkuppel – die Sternwarte liegt am dunkleren Rand unserer Stadt – haben wir dann durch ein vier Meter langes Fernrohr in die Unendlichkeit des Weltraums geschaut. Es war eine klirrend kalte und sternenklare Winternacht. Die Sicht war fantastisch. Erst haben wir den Jupiter gesehen, den größten Planeten in unserem Sonnensystem, in den unsere Erde 1400 Mal hineinpasst. Am besten aber hat mir der Saturn gefallen. Seine Ringe aus kreisenden Staubkörnchen, Felsbrocken und Eisteilchen strahlten wie ein doppelter Heiligenschein. Es sind aber nicht nur die zwei Ringe, die unsere Augen sehen, sondern mehr als 100 000 einzelne Ringe! Auch von seinen mindestens 30 Monden konnte ich nur drei entdecken. Dieser Planet ist im Durchschnitt 1500 Millionen Kilometer von uns entfernt; doch er liegt im Vergleich zu anderen Sternen am Himmel sozusagen direkt vor unserer Haustür. Am Ende betrachteten wir ein Gebiet, in dem zur Zeit aus Gaswolken neue Sterne geboren werden. Bis zu diesem Orion-Nebel braucht sogar das schnelle Licht 1500 Jahre. Dagegen ist das Licht schon in gut einer Stunde beim Saturn und in gut einer Sekunde beim Mond.

Eins habe ich jetzt verstanden: Wer in den Himmel schaut und die Sterne betrachtet, der schaut in die Vergangenheit. Denn das Licht der Sterne ist lange Zeit unterwegs, bis es auf unsere Augen trifft. Stell dir vor: Die entferntesten Sterne, die wir kennen, sind mehr als 13 Milliarden Lichtjahre weit weg, sie haben also ihr Licht zu uns losgeschickt, lange bevor unsere Sonne und unsere Planeten entstanden waren. Wenn ein Stern un-

gefähr 2000 Lichtjahre von uns entfernt ist, hat er das Licht, das
unser Auge heute erreicht, vielleicht gerade ausgestrahlt, als Jesus geboren wurde –, dann ist er ein Weihnachts-Stern für uns.
Das Himmelszelt über uns breitet auf einem Lichterteppich die
ganze Geschichte des Universums aus. Das Licht der Vergangenheit erreicht uns heute. Was vergangen ist, ist nicht vorbei.

Und dasselbe gilt ja auch umgekehrt: Wer zum Beispiel ungefähr 2000 Lichtjahre von uns entfernt von einem Ort der
Milchstraße mit einem ausreichend guten Fernrohr auf die Erde
blicken könnte, würde vielleicht gerade die Geburt Jesu erleben.
Jedes Ereignis auf der Erde breitet sich mit Lichtgeschwindigkeit
in alle Richtungen des Universums aus. Kein Augenblick im Leben eines Menschen geht verloren, solange sich das Weltall
ausdehnt. Man muss nur von der richtigen Stelle in der richtigen
Entfernung zur richtigen Zeit auf die Welt schauen. Was vorüber
ist, ist nicht vorüber ...

Wenn ich in die Sterne schaue, bin ich begeistert und erschrocken über die Weite des Alls. So viele Welten wären möglich, nur diese eine gibt es wirklich. Auch erfahre ich etwas über
meine Grenze und über meine Größe. So klein komme ich mir in
unserem Universum vor, doch so groß bin ich, um das zu erkennen. Meine Winzigkeit und Großartigkeit gehören zu mir, damit
ich nicht ohnmächtig oder größenwahnsinnig werde.

Nach dem aufregenden Abend gestern bin ich früh am Morgen wach geworden. Jetzt, während ich im Bett sitze und dies alles aufschreibe, sehe ich durch mein Dachfenster einen hellen
Stern: Ist es wieder die Venus, der selbe Planet jetzt als Mor-
genstern? Nein, das kann nicht sein! Dann ist es Jupiter, der
zweithellste Planet am Himmel. Heimlich zwinkere ich ihm zu.
Mir scheint, er antwortet mit einem leichten Funkeln. Mit ihm
begrüße ich den neuen Tag in unserem einzigartigen Universum.

Ein Schnurps grübelt

Also, es war einmal eine Zeit,
da war ich noch gar nicht da. –
Da gab es schon Kinder, Häuser und Leut'
und auch Papa und Mama,
jeden für sich –
bloß ohne mich!

Ich kann mir's nicht denken. Das war gar nicht so.
Wo war ich denn, eh es mich gab?
Ich glaub', ich war einfach anderswo,
nur, dass ich's vergessen hab',
weil die Erinnerung daran verschwimmt –
Ja, so war's bestimmt!

Und einmal, das sagte der Vater heut,
ist jeder Mensch nicht mehr hier.
Alles gibt's noch: Kinder, Häuser und Leut',
auch die Sachen und Kleider von mir.
Das bleibt dann für sich –
bloß ohne mich.

Aber ist man dann weg? Ist man einfach fort?
Nein, man geht nur woanders hin.
Ich glaube, ich bin dann halt wieder dort,
wo ich vorher gewesen bin.
Das fällt mir dann bestimmt wieder ein.
Ja, so wird es sein!

Michael Ende

Wieder habe ich etwas von mir selbst gelernt. Papa erzählte mir, vor einigen Jahren habe ich auf seine Frage: Was ist Leben?, geantwortet: DA-Sein. Und auf die Frage: Was ist Tod?, sagte ich: WEG-Sein. Das sind einfache Antworten, die es aber in sich haben. Denn sie helfen meinen Gedanken auf die Sprünge.

Alles, was es gibt, war vorher nicht DA, hat irgendwann angefangen und wird einmal WEG sein, nicht mehr bei uns. Was war vor dem Anfang und was wird nach dem Ende sein? Woher komme ich und wohin werde ich gehen?

Ich weiß, dass ich jetzt bin. Doch mich selbst und den jetzigen Moment kann ich nicht begreifen. Ich bin mehr als alle meine Körperteile. Ich bin mehr, als ich oder jemand anders von mir wissen kann. Ich bleibe mir selbst ein Rätsel. Und der Augenblick ist vorbei, sobald ich ihn erfassen will.

Mama meint, nur Gott hat keinen Anfang und kein Ende. Gott war vor der Zeit. Gott war immer schon DA und wird immer DA sein. Von diesem Geheimnis verrät schon der Name Gottes etwas. Mama erzählte mir aus der Bibel, dass Gott sich Mose am brennenden Dornbusch zeigte. Da hat Gott ihn seinen Namen wissen lassen. Der Name lautet JAHWE. In unsere Sprache übersetzt heißt das: ICH BIN DER ICH-BIN-DA UND DER ICH-WERDE-DA-SEIN-FÜR-DICH.

Ein merkwürdiger Name, finde ich, eigentlich mehr ein langer Satz, fast schon eine Geschichte. Gott ist wohl der Einzige, der sich selbst und die Zeit – was war, was ist und was sein wird – versteht. Wenn wir leben, wenn wir also DA sind, ist Gott DA. Und auch wenn wir tot sind, wenn wir WEG sind von dieser Erde, ist Gott DA.

Das sind beruhigende Gedanken.

Wo?

Wo ist der unendliche Ozean, Mama?
Den all jene Wale und Haifische sahen, Mama? –
Du schwimmst doch schon drinne, kleine Sardine,
Dummerchen du! –
Quatsch, das ist Wasser, salzig dazu!

Ach, gibt es ihn wirklich, den Himmel, den blauen, Mama?
Den all jene Adler und Zugvögel schauen, Mama? –
Du fliegst doch schon drinne, niedliche Biene,
Dummerchen du! –
Quatsch, das ist Luft nur, farblos dazu!

Wo ist Gott zu finden, wo kann ich ihn sehen, Mama?
Um den alle streiten und doch nicht verstehen, Mama? –
Er umfließt die Sardine, trägt dort die Biene,
dich hüllt er ein.
Er will in dir wohnen. – Ich lass ihn rein!

Gerhard Schöne

In drei Tagen ist Weihnachten. Wie jedes Jahr werden wir dieses Fest feiern, uns einander etwas schenken, meine Omas und Opas besuchen und die Ferien genießen. Es ist eigentlich immer gleich und trotzdem bin ich ein bisschen aufgeregt. Ich weiß, was kommt, und es würde etwas fehlen, wenn es ganz anders käme.

Wir feiern den Geburtstag von einem Menschen, der vor ungefähr 2000 Jahren in einem fernen und fremden Land geboren wurde. Als Papa vorhin in mein Zimmer kam, um mir eine gute Nacht zu wünschen, habe ich ihn gefragt, warum wir uns nach so langer Zeit eigentlich noch an Jesus erinnern und von ihm erzählen. Vielleicht weil er selbst den Menschen so viel erzählt hat, meinte Papa. Er holte ein kleines Bild und fing auch an zu erzählen. Danach haben wir seine Geschichte gemeinsam für mein Buch aufgeschrieben (und das Bild ist auch dabei).

DIE GESCHICHTE VON DEM MENSCHEN,
DER GOTT SICHTBAR MACHTE

Vielleicht war es so: 15 Milliarden Jahre nach dem Urknall, nach der Entstehung des Universums und des Lebens gab es Wesen auf der Erde, die angefangen hatten zu sprechen, die »ich« und »du« sagen konnten, die fragen konnten, woher sie kommen und wohin sie gehen, da sie gemerkt hatten, dass für sie alle das Leben einen Anfang und ein Ende hat. Dieses Wesen – wir nennen es Mensch oder auch man, homme, uomo oder hombre – hatte vielleicht Hunderttausende von Jahren gebraucht, bis es eine erste Gottesahnung spürte. Zuerst hatten Menschen in ihren Bildern Gebete für die Götter an die Höhlenwände gemalt. Sie hatten in Liedern die Götter gelobt und ihren Kindern von ihrer Ehrfurcht gegenüber den Göttern erzählt. In Farben und Linien, Tönen und Klängen, Lauten und Worten kam Gott in die Welt der Menschen und die Menschen zu ihrem Gott. Und mit der Zeit erfuhren und erkannten die Menschen immer deutlicher, dass es ein einziger Gott sein muss, dem sie ihr Leben verdankten. Ein Gott, so einzigartig wie sie selbst. Immer mehr Menschen glaubten auf verschiedene Weise an diesen einen Gott. Viele glaubten an den Gott des Volkes Israel, der sich Abraham, Isaak und Jakob, Mose und vielen anderen aus diesem Volk gezeigt hatte.

Und Gott, der über diese fast unendliche Zeit die ganze Entwicklung bis hin zu seinen Menschen mit Geduld und Liebe beeinflusst, begleitet und beobachtet hatte, dachte und sprach: Jetzt ist die Zeit gekommen, ein neues und starkes Zeichen zu setzen, den Menschen zu helfen, mich und sich selbst zu finden und besser zu verstehen.

Und wieder – so erzählten später die Christen – begann es mit einem Ereignis im Weltall, ein Fingerzeig am Himmel für die, die den Kopf erheben und über sich selbst hinausschauen. Ein Stern zeigte den Weg zu einem Kind, das arm auf die Erde kam und viele Menschen, besonders die armen ganz reich im Herzen machte. Der Name des Kindes war Jesus, das heißt: Jahwe rettet – Gott befreit. Von Anfang an war etwas Eigenartiges mit diesem Kind. Es war ganz Mensch wie jeder andere und doch nicht nur von dieser Welt.

Als Jesus dreißig Jahre alt war, sammelte er Männer und Frauen um sich, die mit ihm durch das Land zogen. Seine Worte von Gottes Liebe und der Liebe zu Gott und zu allen Menschen beeindruckten viele. Sie merkten, er meint es ganz ernst. Sie ahnten, er kann nicht aus sich heraus so sprechen. Sie spürten, bei ihm ist Gott ganz nah. Menschen, deren Körper oder Seele krank war, wurden durch Jesus wieder gesund. Jesus erzählte Gleichnisse, Geschichten von einer neuen Zeit bei Gott, die mit ihm schon angefangen hatte. Das alles machte den Menschen Mut zum Leben in einer hoffnungslosen Zeit, in der die Römer als fremde Herrscher die Macht hatten. Die Römer aber hielten Jesus für gefährlich, sie fürchteten um ihre Macht und kreuzigten ihn.

Aber der Tod war nicht das Ende der Geschichte Jesu. Seine Anhänger waren in tiefer Trauer, als etwas ganz und gar Unglaubliches passiert sein muss. Sie erfuhren und glaubten: Jesus ist anders da und bleibt weiter nah bei uns. Auf der Erde ist er gestorben, doch er ist auferstanden wieder bei Gott und auch bei uns. Erst jetzt glaubten die Menschen und verstanden ein bisschen, was sie vorher nur ahnten: Jesus selbst ist auf eine unerklärliche, geheimnisvolle Weise gleichzeitig Mensch und Gott. Er ist ganz Mensch, wie jeder fühlt er Freude, Vertrauen und Liebe, aber auch Angst, Zweifel und Schmerz. Er ist ganz Gott. Er zeigt wie kein anderer, wie Gott ist. Er ist das beste Bild von Gott, den niemand sehen kann. Da merkten die Freunde von Jesus: Erlebt hatten sie

die Geschichte von Gott,
der Mensch wurde.

Nun steht diese Geschichte in meinem Buch. Es ist eine weitere Geschichte unserer Welt – wie meine kleinen Geschichten vom Anfang der Welt und des Menschen –, aus anderer Sicht erzählt und anders wahr. Wenn es so war, wie Papa erzählt und glaubt, dann frage ich mich: Wie wird sie wohl weitergehen, die Geschichte von Gott und den Menschen? Ich hoffe, ich werde noch viel davon erfahren, in meinem Leben auf dieser Erde und darüber hinaus.

Für mehr als mich

Ich bin ein Sucher
Eines Weges.
Zu allem was mehr ist
Als
Stoffwechsel
Blutkreislauf
Nahrungsaufnahme
Zellenzerfall.

Ich bin ein Sucher
Eines Weges
Der breiter ist
Als ich.
Nicht zu schmal.

Kein Ein-Mann-Weg.
Aber auch keine
Staubige, tausendmal
Überlaufene Bahn.

Ich bin ein Sucher
Eines Weges.
Sucher eines Weges
Für mehr
Als mich.

Günter Kunert

Was ist denn das?
Eine Explosion, bei der sich eine Staubwolke ausweitet?
Ein Feuer, das ununterbrochen qualmt und raucht?
Ein Sturm, der über die Landschaft fegt?
Wasser, das aus einer Quelle sprudelt?
Eine Pflanze, die ohne Ende wächst?
Was siehst du?

Von der Mitte geht etwas in alle Richtungen,
breitet sich unaufhaltsam aus.
Entdeckst du am Rand die Umrisse von Gesichtern?
Sie sind verschieden und gehören doch zusammen,
bilden eine Gemeinschaft von Menschen.
Alle reden sie ohne Unterbrechung.
Es sind Worte, die sich ausbreiten
wie Erdstaub oder Feuer,
wie Wind, Wasser oder eine Pflanze.
Es sind Worte des Lebens, die die Menschen weitersagen.
Alle Menschen, die sie hören, begreifen diese Worte,
in allen Sprachen der Welt.
Die Bibel erzählt davon, dass dieser Traum wahr wird:
Alle Menschen verstehen sich,
weil sie eine gemeinsame Mitte haben,
weil sie ihr Herz von Gott und Gott im Herzen haben
– siehst du das Herz? –,
weil Gottes Geist in ihnen ist
und Gottes Atem sie erfüllt hat,
ein Atem, der Menschen lebendig machen kann,
vom Anfang bis zum Ende.
Die Anziehungskraft der Erde hält uns am Boden,
damit wir auf unserer Welt bleiben und nicht abheben.
Eine Himmelsanziehung, die von Gott kommt,
der Geist Gottes über und in uns erhebt uns,
lässt uns aufstehen und aufrecht gehen auf der Erde
und einander in die Augen schauen.

Gemeinsam

Vergesset nicht
Freunde
wir reisen gemeinsam

besteigen Berge
pflücken Himbeeren
lassen uns tragen
von den vier Winden

Vergesset nicht
es ist unsre
gemeinsame Welt
die ungeteilte
ach die geteilte

die uns aufblühen läßt
die uns vernichtet
diese zerrissene
ungeteilte Erde
auf der wir
gemeinsam reisen

Rose Ausländer

Heute geht das Jahr zu Ende. Ich bin im Wald, zusammen mit meinem Buch, das nur noch wenige freie Seiten hat. Ein Jahr lang habe ich immer wieder etwas hineingeschrieben. Nun ist es ganz und gar mein Buch geworden. Über viele Fragen habe ich mit Mama und Papa nachgedacht. Jetzt möchte ich einmal ganz für mich allein sein.

Ich sitze auf einem entwurzelten Baumstamm. Vorhin habe ich beim Gehen den Schnee leise knirschen und hin und wieder Äste knacken hören. Jetzt erst bemerke ich die Ruhe des Waldes. Doch es gibt trotzdem eine ganze Menge zu hören: das Bellen eines Hundes in der Ferne, das Zwitschern von Vögeln in meiner Nähe, das sanfte Schwingen der vom Wind bewegten Bäume über mir. Alle diese Töne breiten sich in mir aus wie eine stille Musik, die mir gut tut.

Als der Baum, auf dem ich sitze, umstürzte, war der Lärm sicher gewaltig. Ob wohl ein Mensch dabei war und das gehört hat? Gab es dieses Geräusch überhaupt, wenn niemand es hörte? Die Stille entsteht doch auch erst in mir. Zur Musik gehört immer jemand, der sie hört. Ein Bild gibt es erst richtig, wenn es jemand ansieht. Eine Geschichte muss erzählt, gelesen und gehört werden. Wir selber werden lebendig, wenn wir von uns und anderen angeschaut und beachtet werden, wenn wir gefragt sind und andere uns zeigen, dass es uns gibt. Die Welt brauchte Luft, Wasser und Erde – Pflanzen, Tiere und Menschen, die zur Welt kommen, die die Welt sehen und hören, riechen, schmecken und fühlen können, die die Welt beleben. Sonst wäre die Welt nicht die Welt geworden, sonst wäre sie öde und leer geblieben. Und dich und mich gäbe es nicht.

Am Ende bleiben die Welt und wir selbst uns ein Geheimnis. Wie die Welt ist, wie wir wirklich sind, können wir nicht sagen, kann uns keiner sagen. Wir sehen die Welt und uns mit unseren Augen: immer anders und überraschend, einmalig und unergründlich, eine einzige große Frage.

Ich glaube, in diesem Geheimnis und in dieser Frage erfahren wir Gott. So kann Gott für uns zur Erklärung der Welt werden. Ich kann Gott erfahren, in mir und außerhalb, beim Blick in die Milchstraße und in meine eigene Tiefe, in den Schweizer Bergen und in Portugal am Meer, beim Anblick einer Zecke oder einer Ameise, wenn ich etwas von Jesus höre oder dir in die Augen schaue. Und ich entdecke: Kein Etwas, keine Sache, kein Ding auf der Erde ist Gott, aber Gott ist da und ich kann Gott in jedem Lebewesen und jedem Ding der Welt erkennen.

Gott denkt im Menschen und sieht die Welt und jeden Menschen an. Gott war von Anfang an mit dabei. Mit Gott konnte alles so werden, wie es ist, das Universum und die Erde, du und ich.

Wer denkt die Welt?
Am Anfang nur Gott,
und das bis heute und in ewige Zeiten.
Später alles Leben auf der Erde.
Jedes Lebewesen nach seinen Möglichkeiten,
die Zecke und die Ameise,
die Katze und der Affe,
das Mädchen und der Junge,
die Frau und der Mann,
Die Menschen, immer besser, immer neu.
Ich und du, wir alle gemeinsam.

Zweiter Vorhang zu!

Darf ich mich am Ende verabschieden?
Ich war und bin eure Nele.

Was wird nun geschehen, mit meinen Gedanken und den Gedichten und Geschichten in diesem Buch. Wer wird sie lesen,
weiterdenken, weitererzählen? Wie werden sie sich verändern
in euren Köpfen und Herzen? Werden sie vielleicht sogar ein wenig euch verändern? Darüber werde ich mir nicht den Kopf zer-
brechen! Lieber bedanke ich mich für euer offenes Ohr und wünsche euch das Beste!

Dieses Buch konnte wie eigentlich jedes nur entstehen, weil
es andere Bücher schon gibt. Zum einen habe ich die Gedichte
und Geschichten und Bilder in Büchern gefunden. Zum anderen
haben viele Ideen und Informationen aus Büchern meine Gedanken vorangetrieben. Deshalb nenne ich am Ende einige Bücher
aus meiner Sammlung, auch als Tipps zum Weiterlesen:

Neles Bibliothek

Bücher mit Kindergedichten für alle

- Hans-Joachim Gelberg (Hg.): Überall und neben dir, Gedichte für
  Kinder, Beltz & Gelberg, Weinheim-Basel 1986 (in der Taschenbuch-
  ausgabe 2001).
- Hans-Joachim Gelberg (Hg.): Großer Ozean, Gedichte für alle, Beltz
  & Gelberg, Weinheim-Basel 2000.
- Ute Andresen (Hg.): Im Mondlicht wächst das Gras. Gedichte für Kin-
  der und alle im Haus, Ravensburger, Ravensburg 1991.

- Edmund Jacoby (Hg.)/Rotraut Susanne Berner (Ill.): Dunkel war´s, der Mond schien helle. Verse, Reime und Gedichte, Gerstenberg Verlag, Hildesheim 1999.
- Heinz Jürgen Kliewer (Hg.): Die Wundertüte. Alte und neue Gedichte für Kinder, Reclam Verlag, Stuttgart 1989.
- Ursula Zakis (Hg.)/Cornelia von Seidlein (Ill.): Wenn die weißen Riesenhasen abends übern Rasen rasen. Kindergedichte aus vier Jahrhunderten, Sanssouci-Verlag, Zürich 1998.

Kinderbücher zum Nachdenken über Gott und die Welt

- Peter Bichsel: Kindergeschichten, Luchterhand Literaturverlag, München 1969/1995.
- Susanne Kilian: Kinderkram. Kinder-Gedanken-Buch, Beltz & Gelberg, Weinheim-Basel 1987.
- Michèle Lemieux: Gewitternacht, Beltz & Gelberg Verlag, Weinheim-Basel 1996
- Martin Auer: Der bunte Himmel. 23 Wunschgeschichten zum Lachen und Wundern, zum Nachdenken und Nachträumen, St. Gabriel, Mödling-Wien 1995.
- Jürg Schubiger: Als die Welt noch jung war, Beltz & Gelberg Verlag, Weinheim-Basel 1995.
- Jürg Schubiger: Mutter, Vater, ich und sie, Beltz & Gelberg Verlag, Weinheim-Basel 1997.
- Jürg Schubiger: Wo ist das Meer?, Beltz & Gelberg Verlag, Weinheim/Basel 2000.
- Jutta Richter: Der Hund mit dem gelben Herzen oder die Geschichte vom Gegenteil, Carl Hanser Verlag, München-Wien 1998.
- Marie Desplechin: Ich, Gott und Onkel Frederic, Arena Verlag, Würzburg 1998.
- Jostein Gaarder: Hallo, ist da jemand?, Carl Hanser Verlag, München-Wien 1999.
- Russel Ash: Die Welt an einem Tag, ars Edition, München 1998.
- Axel Weiß/Franz-Peter Burkard: Geheimnisvoller Kosmos. Wie Menschen sich die Welt erklärten, Herder-Verlag, Freiburg 1994.

Eure Nele

Bücher

Alle Bücher dieser Welt
Bringen dir kein Glück,
Doch sie weisen dich geheim
In dich selbst zurück.

Dort ist alles, was du brauchst,
Sonne, Stern und Mond,
Denn das Licht, danach du frugst,
In dir selber wohnt.

Weisheit, die du lang gesucht
In den Büicherein,
Leuchtet jetzt aus jedem Blatt –
Denn nun ist sie dein.

Hermann Hesse

Erster Vorhang zu!

Darf ich mich am Ende noch vorstellen:
Ich bin Neles Papa.

Zwar habe ich keine Tochter, die Nele heißt, aber Nele ist auf andere Weise trotzdem mein Kind. Auf einmal war sie da und mit ihr habe ich ihre Gedanken gedacht und ihre Gefühle erlebt. Und all das habe ich aufgeschrieben. Ich habe das als Erwachsener getan und deshalb anders als ein Kind. Doch die Kinder, mit denen ich Woche für Woche zusammen bin, und ganz besonders meine Tochter Lena und mein Sohn Daniel haben mir dabei mit ihren Gedanken geholfen. Und dann gibt es noch das Kind in mir, die Erfahrungen und Erinnerungen aus meiner Kindheit, die mir als Erwachsener im Innern geblieben sind. Schließlich haben mich – Nele hat es ja schon gesagt – viele Bücher auf neue Gedanken gebracht. Hier kommen noch einige hinzu, vielleicht zum Weiterlesen für die Erwachsenen oder für dich, wenn du mit diesem Buch größer wirst.

Papas Bibliothek

Bücher mit Gedichte-Sammlungen

- Der Neue Conrady: Das große deutsche Gedichtbuch von den Anfängen bis zur Gegenwart, Karl Otto Conrady (Hg.), Artemis und Winkler, Düsseldorf-Zürich 2000.
- Meine Deutschen Gedichte, gesammelt von Hartmut von Hentig, Kallmeyer, Velber 1999.
- Gedichte fürs Gedächtnis. Zum Inwendig-Lernen und Auswen-

dig-Sagen, ausgewählt und kommentiert von Ulla Hahn, Deutsche Verlags-Anstalt, Stuttgart 1999.
- Kindheit im Gedicht. Deutsche Verse aus acht Jahrhunderten, herausgegeben und kommentiert von Dieter Richter, S. Fischer Verlag, Frankfurt a.M. 1992

Bücher zum Nachdenken über Gott und die Welt

- Gerhard Staguhn: Die Rätsel des Universums, Carl Hanser Verlag, München-Wien 1998.
- H. Reeves/J.d. Rosnay/Y. Coppens/D. Simmonet: Die schönste Geschichte der Welt. Von den Geheimnissen unseres Ursprungs, Lübbe Verlag, Bergisch Gladbach 1998.
- A. Langaney/J. Clottes/J. Guilaine/D. Simmonet: Die schönste Geschichte des Menschen. Von den Geheimnissen unserer Herkunft, Lübbe Verlag, Bergisch Gladbach 2000.
- Erwin Neu: Staunen ist der Anfang der Weisheit. Eine meditative Reise zum Ursprung des Menschen und des Kosmos, Kösel Verlag, München 2000.
- Johann Grolle: Darwins Finken oder Wie der Affe zum Menschen wurde, Rowohlt Verlag, Berlin 1999.
- Michael Gleich u.a.: Life Counts. Eine globale Bilanz des Lebens, Berlin Verlag, Berlin 2000.
- Jean Giono: Der Mann, der Bäume pflanzte, Sanssouci-Verlag, München 1998.
- Fernando Savater: Die Fragen des Lebens, Campus Verlag, Frankfurt-New York 2000.
- Hans Cornelissen: Der Faktor Gott. Ernstfall oder Unfall des Denkens? Herder Verlag, Freiburg 1999.
- Eckhard Nordhofen: Die Mädchen, der Lehrer und der liebe Gott, Reclam Verlag, Stuttgart 1998.
- »Die Menschen lügen. Alle« und andere Psalmen, übertragen von Arnold Stadler, Insel-Verlag, Frankfurt a.M.-Leipzig 1999.
- Die Bibel (für die Schöpfungserzählung »Im Anfang«, eine Übersetzung von H.-G. Schöttler und F.W. Niehl).

Ich hoffe, dir hat gefallen, was Nele und mir eingefallen ist. Vielleicht hast du beim Lesen deine eigenen Gedanken, Fragen und Antworten wieder entdeckt, vielleicht sogar Neues zum Fragen, Nachdenken und Staunen gefunden: Das wäre schön!

Wenn du möchtest, kannst du mir deine Gedanken mitteilen. Schreibe einfach eine E-Mail an:

R.Oberthür@gmx.de. Ich werde sie gerne lesen und Nele natürlich auch.

Ich öffnete den ersten Vorhang.
Jetzt ziehe ich ihn wieder zu.
Allein die Fragen bleiben offen.
Der Urknall war am Anfang
und auf der Welt bist heute du.
Dies Wunder gibt uns Grund zu hoffen.

Dein Rainer Oberthür

Quellenverzeichnis

12 Aus: Reiner Kunze, Wohin der Schlaf sich schlafen legt. © S. Fischer Verlag GmbH, Frankfurt am Main 1991

14 Quint Buchholz, Das Kind unter dem Buch. Aus: Ders., BuchBilderBuch. Geschichten zu Bildern. © 1997 Sanssouci im Verlag Nagel & Kimche AG, Zürich

17 © Hans Manz

19 Aus: Jürg Schubiger, Wo ist das Meer? Beltz Verlag, Weinheim und Basel 2000. Programm Beltz & Gelberg, Weinheim

21 Aus: Peter Härtling, Die kleine Welt. © 1987 by Radius-Verlag, Olgastr. 114, 70180 Stuttgart

26 Aus: Martin Gutl, Aus der Sehnsucht. © Verlag Styria, Graz

29 Aus: Vasko Popa (1922–1990), Die kleine Schachtel. Aus dem Serbischen von Milo Dor. © 1993 im Wieser Verlag, Klagenfurt

33 Aus: Martin Auer, Der bunte Himmel. © 1995 by Gabriel Verlag in K. Thienemanns Verlag, Stuttgart–Wien

37 Aus: Martin Auer, Der bunte Himmel, a.a.O.

41 In: Walt Whitman, Salut au monde. Berlin 1946

43 Aus: Mascha Kaléko, In meinen Träumen läutet es Sturm. © 1977 Deutscher Taschenbuch Verlag, München

45 Aus: Hans-Joachim Gelberg (Hg.), Großer Ozean. Beltz Verlag, Weinheim und Basel 2000. Programm Beltz & Gelberg, Weinheim

47 Aus: Hans-Joachim Gelberg (Hg.), Überall und neben dir (Gulliver TB). Beltz Verlag, Weinheim und Basel 1986. Programm Beltz & Gelberg, Weinheim

52 Aus: Hans-Joachim Gelberg (Hg.), Überall und neben dir, a.a.O.

55 Fassung des Autors unter Zuhilfenahme der Einheitsübersetzung und der Übersetzung von Heinz-Günther Schött-

ler/Franz W. Niehl (... bis Elija kommt. Erzählungen, Lieder und Gebete aus dem AT. Lesehefte für den Religionsunterricht Band 3. Katechetisches Institut Trier)

60   Thomas Zacharias, Es werde Licht! © VG Bild-Kunst, Bonn 2001

63   Aus: Jürg Schubiger, Als die Welt noch jung war. Beltz Verlag, Weinheim und Basel 1995. Programm Beltz & Gelberg, Weinheim

69   Fassung des Autors unter Zuhilfenahme der Einheitsübersetzung und der Übersetzung von Arnold Stadler (»Die Menschen lügen. Alle« und andere Psalmen, übertragen von Arnold Stadler. Insel Verlag, Frankfurt 1999

72   Aus: Hans-Joachim Gelberg (Hg.), Das achte Weltwunder. Beltz Verlag, Weinheim und Basel 1979. Programm Beltz & Gelberg, Weinheim

74   Aus: Hans-Joachim Gelberg (Hg.), Großer Ozean, a.a.O.

76   Aus: Ernst Jandl, poetische werke, hg. von Klaus Siblewski, Band 7 (die bearbeitung der mütze & der versteckte hirte & verstreute gedichte 5), S. 142. © 1997 Luchterhand Literaturverlag GmbH, München

79   Aus: Rose Ausländer, Einverständnis. © 1980 Pfaffenweiler Presse, Mittlere Str. 23, 79292 Pfaffenweiler

82   © Günter Kunert

84   Aus: Albrecht Goes, Lichtschatten du. Gedichte aus fünfzig Jahren. © S. Fischer Verlag GmbH, Frankfurt am Main 1978

86   Aus: Erich Fried, Lebensschatten. © Verlag Klaus Wagenbach, Berlin 1981, NA 1996

88   Aus: Hans Manz, Welt der Wörter. Beltz Verlag, Weinheim und Basel 1991. Programm Beltz & Gelberg, Weinheim

91   Aus: Martin Auer, Der seltsame Krieg (Gulliver TB). Beltz Verlag, Weinheim und Basel 2000. Programm Beltz & Gelberg, Weinheim

94   Aus: Susanne Kilian, Kinderkram (Gulliver TB). Beltz Verlag, Weinheim und Basel 1987. Programm Beltz & Gelberg, Weinheim

98 Aus: Gerhard Schöne, Das Leben der Dinge, CD. © Busch-funk Musikverlag GmbH, Berlin

101 Aus: Hans-Joachim Gelberg (Hg.), Großer Ozean, a.a.O.

103 Aus: Wolfgang Bächler, Nachtleben. © S. Fischer Verlag GmbH, Frankfurt am Main 1982

105 Aus: Hans-Joachim Gelberg (Hg.), Großer Ozean, a.a.O.

107 Aus: Hans-Joachim Gelberg (Hg.), Großer Ozean, a.a.O.

109 Aus: Dorothee Sölle, Fliegen lernen. © Wolfgang Fietkau Verlag, Berlin 1979

113 Aus: Hans-Joachim Gelberg (Hg.), Überall und neben dir, a.a.O.

115 Aus: Hans-Joachim Gelberg (Hg.), Großer Ozean, a.a.O.

118 © Lena Oberthür

121 Aus: Michael Ende, Das Schnurpsenbuch. © 1979 by K. Thienemanns Verlag, Stuttgart–Wien

123 © Gerhard Schöne

125 Thomas Zacharias, Sie gebar ihren ersten Sohn. © VG Bild-Kunst, Bonn 2001

128 Aus: Günter Kunert, Erinnerungen an einen Planeten. © 1963 Carl Hanser Verlag, München–Wien

130 Thomas Zacharias, Sie redeten in anderen Sprachen. © VG Bild-Kunst, Bonn 2001

132 Aus: Rose Ausländer, Ich höre das Herz des Oleanders. Ge-dichte 1977–1979. S. Fischer Verlag GmbH, Frankfurt am Main 1984

137 Aus: Hermann Hesse, Sämtliche Werke in 20 Bänden, Band 10, Die Gedichte. © Suhrkamp Verlag, Frankfurt

Was *Kinder* alles *wissen*

Die großen Menschheitsfragen nach dem Ziel des Lebens, nach dem Leid in der Welt und nach Gott treiben Kinder genauso wie Erwachsene um. Wenn wir auf Kinder hören und sie ernst nehmen, sie erzählen, dichten und malen lassen, dann wird unser Nachdenken und die Suche nach Orientierung mit neuen Perspektiven überrascht.

Viele Anregungen werden gegeben, Kinder zu Hause, in der Gemeinde und in der Schule intensiv zu Wort kommen zu lassen. Das Buch lädt alle Erwachsenen zu einer spirituellen Entdeckungsreise ein.

Die Seele ist eine Sonne
Was Kinder über Gott und die Welt wissen

Rainer Oberthür

168 Seiten. Gebunden
Mit zahlreichen farbigen Abbildungen
ISBN 3-466-36542-2

KÖSEL

Einfach lebendig.
LEBEN MIT KINDERN

Kösel-Verlag, München, e-mail: info@koesel.de
Besuchen Sie uns im Internet: www.koesel.de